◎湖南省职业教育教学改革研究项目（ZJGB2020423）资助
◎湖南理工职业技术学院教材出版基金（2021JC005）资助

应用数学基础

主　编：肖前军
副主编：邓总纲　石双龙　周金玉
编　委：蔡斯凡　唐建华　孙定中

湖南师范大学出版社
·长沙·

图书在版编目（CIP）数据

应用数学基础/肖前军主编. —长沙：湖南师范大学出版社，2021.8(2025.7重印)
ISBN 978-7-5648-4234-5

Ⅰ.①应… Ⅱ.①肖… Ⅲ.①应用数学—高等职业教育—教材 Ⅳ.①O29

中国版本图书馆 CIP 数据核字（2021）第 136233 号

应用数学基础
Yingyong Shuxue Jichu

肖前军　主编

◇策划组稿：李　阳
◇责任编辑：唐诗柔　颜李朝
◇责任校对：申　聘
◇出版发行：湖南师范大学出版社
　　　　　　地址/长沙市岳麓区　邮编/410081
　　　　　　电话/0731-88873071　88873070　传真/0731-88872636
　　　　　　网址/https：//press.hunnu.edu.cn
◇经　销：新华书店
◇印　刷：长沙市宏发印刷有限公司
◇开　本：787 mm×1092 mm　1/16
◇印　张：15.75
◇字　数：358 千字
◇版　次：2021 年 8 月第 1 版
◇印　次：2025 年 7 月第 4 次印刷
◇书　号：ISBN 978-7-5648-4234-5
◇定　价：58.00 元

凡购本书，如有缺页、倒页、脱页，由本社发行部调换。
投稿热线：0731-88872256　13975805626　QQ：1349748847

目 录

第一章 高等数学基础 1

    第一节 函数的概念 2

    第二节 函数的性质 9

    第三节 反函数与复合函数 12

    第四节 初等函数 16

    第五节 数学软件 MathCAD 简介 19

第二章 函数的极限 35

    第一节 函数的极限 35

    第二节 函数的连续性与极限运算 41

    第三节 两个重要极限 49

    第四节 无穷小量与无穷大量 54

    第五节 用 MathCAD 求极限 59

第三章 函数的微分及其应用 63

    第一节 导数的概念 63

    第二节 函数的和、差、积、商的求导法则 74

    第三节 其他函数及其求导法则 77

    第四节 初等函数的导数 85

    第五节 高阶导数 88

    第六节 函数的微分 92

    第七节 微分中值定理 100

    第八节 洛必达法则 104

第九节　函数的单调性、极值和最值 …………………………………… 108

　　第十节　函数的凹凸性、拐点和渐近线 …………………………………… 115

　　第十一节　导数在经济分析上的应用 …………………………………… 120

　　第十二节　曲线的曲率 …………………………………………………… 126

　　第十三节　MathCAD 在导数与微分中的应用 …………………………… 129

第四章　函数的积分及其应用 …………………………………………………… 135

　　第一节　定积分的概念 …………………………………………………… 135

　　第二节　微积分的基本公式 ……………………………………………… 147

　　第三节　无限区间上广义积分 …………………………………………… 152

　　第四节　不定积分 ………………………………………………………… 155

　　第五节　定积分的计算 …………………………………………………… 170

　　第六节　定积分的应用 …………………………………………………… 177

　　第七节　用 MathCAD 求积分 …………………………………………… 199

部分习题参考答案 ……………………………………………………………… 206

参考文献 ………………………………………………………………………… 219

附录 I　常用积分简表 …………………………………………………………… 225

附录 II　Matlab 手机版注册及使用说明 ……………………………………… 246

前 言

为更好地服务于高素质技术技能人才培养和深入贯彻落实教材建设的新要求，适应人才培养模式改革，我们在充分的教学实践基础上编写了本教材，可作为高职高专院校各专业高等数学课程的教材或教学参考书.

本书以习近平新时代中国特色社会主义思想为指导，以为党育人、为国育才为根本任务，贯彻"理论必需、知识够用"的原则，以职业素质和职业能力培养为核心构建知识体系. 通过精选生产生活一线的真实项目和案例使本书的知识体系更加契合专业学习需要，有助于因专业施教. 将数学建模思想融入知识体系并用数学建模方法解决生产生活中的一些实际问题，既缩短了数学与生产生活实际的距离，也有助于提升学生的自主学习能力和创新能力，培养学生精益求精、刻苦钻研的工匠精神和团队协作意识. 引入数学软件 MathCAD 和 Matlab 辅助计算有利于培养学生的科学计算能力. 同时注重挖掘思政教育资源和创新创业教育资源，将个人品德塑造、职业素养养成、工匠精神培养等思政元素和创新意识、创新思维等双创教育元素有机地融入知识体系，实现了数学课程与思政课程的同向同行. 本书能够适应人才培养模式改革和优化课程体系的需要，具有较高的实践应用价值.

本书共四章. 第一章主要介绍高等数学的一些基础知识和数学软件 MathCAD 的操作；第二章主要介绍函数极限的概念与计算方法以及如何用 MathCAD 求函数极限；第三章主要介绍函数导数、微分及其应用以及如何用 MathCAD 求解导数问题；第四章主要介绍函数积分及其应用以及如何用 MathCAD 求解积分问题. 在附录中，介绍了如何用手机版 matlab 进行函数极限、导数、积分的计算. 每节后都根据内容精选了一些习题，以帮助学生更好地培养解决问题的能力.

本书的基本教学学时数约为 60 学时.

本书的第一章由周金玉编写,第二章由石双龙和唐建华编写,第三章由邓总纲和蔡斯凡编写,第四章由肖前军和孙定中编写.本书由湖南理工职业技术学院肖前军、邓总纲和石双龙任主编并统稿,由湖南第一师范学院数学与计算科学学院院长欧阳章东教授任主审.本书在编写过程中得到了有关领导与老师的大力支持,并为本书的编写提出了许多有益的建议,在此表示衷心的感谢.

限于编者的水平,书中难免存在缺点和错误,请有关专家及使用本书的师生批评指正.

肖前军

第一章 高等数学基础

引 言

函数是微积分的主要研究对象,客观世界中任何事物都是不断变化和运动的,而且总是相互依存和相互制约的.所谓函数关系就是从数量上反映事物在运动变化过程中若干个变量之间的关系.本章将在初等数学的基础上进一步讨论一元函数,并介绍一元函数的性质、反函数、复合函数、基本初等函数和数学软件 MathCAD 的操作与使用.

引例1(旅馆定价) 旅馆有 200 间房间,如果定价不超过 140 元/间,则可全部出租,若每间定价高出 1 元,则会少出租 1 间,设房间出租后的服务成本费为 20 元,试建立旅馆每天的利润与房价之间的函数关系,并求房间定价为多少时旅馆每天利润最大?

引例2(折扣与分段函数) 某店为了吸引顾客,做了如下的折扣方案:

(1) 10 件以下(不含 10 件)按原价(原价为 A 元)计算;

(2) 10 件以上(含 10 件),20 件以下(不含 20 件)每件按 8.5 折优惠;

(3) 20 件以上(含 20 件)按 8 折优惠;

请问这种折扣方式是否合理.

引例3(滑块的位置) 有一油泵的曲柄连杆机构主动轮转动时,连杆带动滑块 B 作往返直线运动,设曲柄 OA 的长为 r,连杆 AB 的长为 l,旋转的角速度是 ω,如图 1-1 所示,开始时,曲柄 OA 与 OB 重合,求滑块的运动规律.

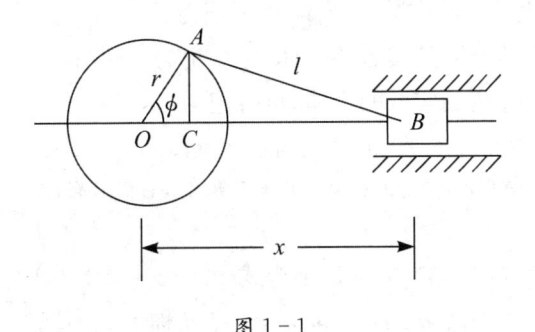

图 1-1

第一节　函数的概念

一、常量与变量

1. 变量的定义

我们在观察某一现象的过程时,常常会遇到各种不同的量,有的量在过程中不起变化,我们把其称为**常量**;有的量在过程中会发生变化,也就是可以取不同的数值,我们则把其称为**变量**.

注:在过程中还有一种量,它虽然是变化的,但是它的变化相对于所研究的对象是极其微小的,我们则把它看作常量.

2. 变量的表示

如果变量的变化是连续的,则常常用区间来表示其变化范围.

在数轴上来说,区间是指介于某两点之间的线段上全体的点.

表 1-1　区间的表示

区间的名称	区间的不等式表示	区间的记号	区间在数轴上的表示	区间长度
闭区间	$a \leqslant x \leqslant b$	$[a,b]$		$b-a$
开区间	$a < x < b$	(a,b)		$b-a$
半开区间	$a < x \leqslant b$ 或 $a \leqslant x < b$	$(a,b]$ 或 $[a,b)$		$b-a$

以上我们所述的都是有限区间,除此之外,还有无限区间:

$[a,+\infty)$:表示不小于 a 的实数的全体,也可记为: $x \geqslant a$;

$(a,+\infty)$:表示大于 a 的实数的全体,也可记为: $x > a$;

$(-\infty,b]$:表示不大于 b 的实数的全体,也可记为: $x \leqslant b$;

$(-\infty,b)$:表示小于 b 的实数的全体,也可记为: $x < b$;

$(-\infty,+\infty)$:表示全体实数,也可记为: $-\infty < x < +\infty$.

注:其中 $-\infty$ 和 $+\infty$,分别读作"负无穷大"和"正无穷大",它们不是数,仅仅是记号.

3. 邻域

设 a 与 δ 是两个实数,且 $\delta > 0$. 满足不等式 $|x-a| < \delta$ 的实数 x 的全体称为以 a 为中心, δ 为半径的邻域,简称点 a 的 δ 邻域,其中点 a 称为此邻域的中心, δ 称为此邻域的半径,记为 $U(a,\delta)$. 满足不等式 $0 < |x-a| < \delta$ 的实数 x 的全体称为以 a 为中心, δ 为半

径的去心邻域,简称点 a 的 δ 去心邻域,记为 $\overset{\circ}{U}(a,\delta)$.

二、函数的定义

1. 函数的定义

当变量 x 在其变化范围内任意取定一个数值时,若变量 y 按照一定的法则总有确定的数值与 x 对应,则称 y 是 x 的函数. 变量 x 的变化范围叫做这个函数的定义域. 通常 x 叫做自变量(输入变量),y 叫做因变量(输出变量).

函数可以类比为:自变量为生产原料,对应法则为加工过程,因变量为产品.

(1)为了表明 y 是 x 的函数,我们用记号 $y=f(x)$、$y=F(x)$ 等来表示. 字母"f"、"F"表示 y 与 x 之间的对应法则即函数关系,它们是可以任意采用不同的字母来表示的.

(2)如果自变量在定义域内任取一个确定的值时,函数只有一个确定的值和它对应,这种函数叫做单值函数,否则叫做多值函数. 这里我们只讨论单值函数.

如:相同的原材料在同样的加工条件下,所生产的产品只能是相同的(单值函数)或所生产的产品可以是不同的(多值函数).

如果对于不同的自变量,通过对应法则对应着不同的因变量;并且对于不同的因变量,通过对应法则对应着不同的自变量,这样的函数称为一一对应,它具有反函数,记为 f^{-1}.

如:$f(x)=\pi x^2$,当 $x\in \mathbf{R}$ 时,函数不是一一对应的;当 $x\in \mathbf{R}^+$ 时,函数则是一一对应的. 若将 x 理解为半径 r,则 $f(x)$ 表示圆的面积 $S=f(r)=\pi r^2$,反之,$r=\sqrt{\dfrac{S}{\pi}}$ 可通过圆的面积求圆的半径.

例 1.1 已知 $f(x)=x-3x^2$,求 $f(4)$ 和 $f(x+h)$.

解:用数值或其他变量代替两边的 x 值,于是有
$$f(4)=4-3\times 4^2=-44$$
$$f(x+h)=x+h-3(x+h)^2$$

对于一条平面曲线,能否确定它是否可以表示成为一个函数呢?

我们可以用竖直线法检验:一个图形表示一个函数,则不可能在图上画出一条竖直线与该图形的交点多于一个.

例 1.2 确定下列各图形(图 1-2)是否为一个函数的图形.

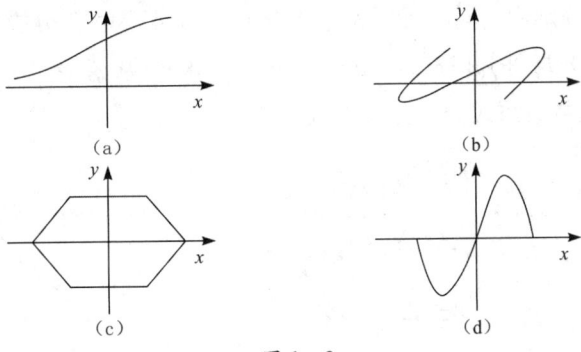

图 1-2

解:(a) 该图形是函数的图形,因为不可能画出一条竖直线与该图形的交点多于一个;

(b) 该图形不是函数的图形,因为有一条竖直线(实际上是许多条)与该图形的交点多于一个;

(c) 该图形不是函数的图形;

(d) 该图形是函数的图形.

2. 函数的三要素:函数的定义域、对应法则和值域.

例 1.3 图 1-3 近似反映了 100000 名女性的乳腺癌发病数 l,它是年龄 x 的函数,该图形的方程多项式

$$l(x) = -0.0000554x^4 + 0.0067x^3 - 0.0997x^2 - 0.84x - 0.25$$

试用函数图形求其定义域.

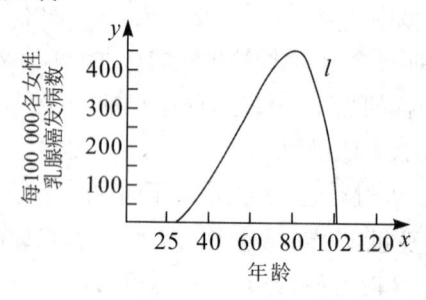

图 1-3

解:由于负的发病数是没有意义的,由图 1-3 可知,对于介于 25 与 102 之间的 x 值,函数值是非负的,在这个年龄段考察女性乳腺癌的发病数应该是合理的,因此定义域是 $[25, 102]$.

3. 函数的表示

(1) 解析法(公式法):用数学式表示自变量和因变量之间的对应关系的方法即是解析法.自变量与因变量之间的关系主要表现为两种形式:显函数和隐函数.

显函数:例如 $f(x) = x^2 + 2x - 3$; $f(x) = \sin x$.

隐函数:通常以方程 $f(x, y) = 0$ 的形式表示,例如:直角坐标系中,半径为 r、圆心在原点的圆的方程是:$x^2 + y^2 = r^2$.

分段函数:在实际应用中经常遇到这样的函数:在其定义域的各个不相交的子集(多为子区间)上,函数分别用不同的解析表达式表示,这类函数称为分段函数.

例 1.4 (**单三角脉冲**)脉冲器产生一个单三角脉冲,其波形如图 1-4 所示,电压 U 与时间 $t (t \geq 0)$ 的函数关系式为一分段函数.

$$U(t) = \begin{cases} \dfrac{2E}{\Delta} t, & t \in [0, \dfrac{\Delta}{2}]; \\ -\dfrac{2E}{\Delta}(t - \Delta), & t \in [\dfrac{\Delta}{2}, \Delta]; \\ 0, & t \in (\Delta, +\infty). \end{cases}$$

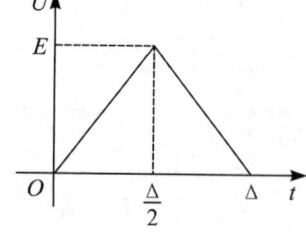

图 1-4

例1.5 绝对值函数

$$y=|x|=\begin{cases} x, & x\geq 0; \\ -x, & x<0. \end{cases}$$

例1.6 符号函数

$$y=\operatorname{Sgn}x=\begin{cases} 1, & x>0; \\ 0, & x=0; \\ -1, & x<0. \end{cases}$$

注意：分段函数在其整个定义域上是一个函数，而不是几个函数．

引例1（**旅馆定价**） 旅馆有200间房间，如果定价不超过140元/间，则可全部出租，若每间定价高出1元，则会少出租1间，设房间出租后的服务成本费为20元，试建立旅馆每天的利润与房价之间的函数关系，并求房间定价为多少时旅馆每天利润最大？

解：设旅馆的房价为x元/间，旅馆的天利润为y元，

若$x\leq 140$，则旅馆出租200间，利润为$y=200(x-20)$．

若$x>140$，则旅馆少出租$(x-140)$间，出租了$200-(x-140)$间，利润为$y=[200-(x-140)](x-20)$．

综上分析，旅馆利润与房价之间的函数为

$$y=\begin{cases} 200(x-20), & x\leq 140; \\ [200-(x-140)](x-20), & x>140. \end{cases}$$

当$x>140$时，函数可化为$y=-(x-180)^2+25600$，由二次函数的知识可知当旅馆定价为180元每间时可获利最大，最大值为25600元．如果旅馆房价为150元/间，则应用公式$y=-(x-180)^2+25600$求值，旅馆一天的利润为$y=-(150-180)^2+25600=24700$（元）．

引例2（**折扣与分段函数**） 某店为了吸引顾客，做了如下的折扣方案：

(1) 10件以下（不含10件）按原价（原价为A元）计算；

(2) 10件以上（含10件），20件以下（不含20件）每件按8.5折优惠；

(3) 20件以上（含20件）按8折优惠．

试写出购买数量与总价格的函数关系并说明是否合理．

解：设购买的数量为x件，总价格为$y=f(x)$，依题意得

$$f(x)=\begin{cases} Ax, & 0\leq x<10; \\ 0.85Ax, & 10\leq x<20; \\ 0.8Ax, & x\geq 20. \end{cases}$$

这个促销方案看起来合理，但：

$$f(9)=9A>f(10)=8.5A; f(19)=16.15A>f(20)=16A.$$

这表明买9件所支付的费用比买10件支付的多．买20件的费用比买19件的费用少．这是不合理的，即折扣方式有问题．

那怎样改才合理？

我们可以将折扣方式进行如下修改：

(1) 10 件以下(含 10 件)按原价(原价为 A 元)计算；

(2) 10 件以上(不含 10 件)，20 件以下(含 20 件)超过 10 件的部分每件按 8.5 折优惠；

(3) 20 件以上(不含 20 件)超过 20 件的部分按 8 折优惠.

则函数变为：

$$f(x)=\begin{cases} Ax, & 0\leqslant x\leqslant 10; \\ 10A+0.85A(x-10), & 10<x\leqslant 20; \\ 18.5A+0.8A(x-20), & 20<x. \end{cases}$$

改动后的折扣方式就更加合理一些，买卖双方均有利．一方面，购买者支付的单位价格能降低，另一方面，商家的资金流动也能加快．

(2) 表格法：将一系列的自变量值与对应的函数值列成表来表示函数关系的方法即是表格法．

在实际应用中，我们经常会用到的平方表，三角函数表等都是用表格法表示的函数.

例 1.7 设某一物理现象的数学关系为 $y=\varphi(t)$，用实验测得 t 时刻 $\varphi(t)$ 的值见下表 1-2：

表 1-2 t 与 $\varphi(t)$ 的值

t	0	t_1	t_2	……	t_m
$\varphi(t)$	φ_0	φ_1	φ_2	……	φ_m

(3) 图示法：用坐标平面上曲线来表示函数的方法即是图示法．一般用横坐标表示自变量，纵坐标表示因变量．函数图象是函数的直观体现，能让人们感觉到函数的变化趋势.

例 1.8 直角坐标系中，半径为 r、圆心在原点的圆用图示法表示见图 1-5：

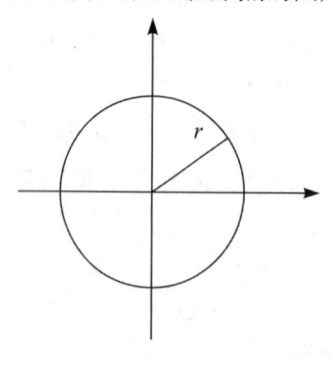

图 1-5

例 1.9 (股票曲线) 股票在某天的价格和成交量随时间的变化常用图形表示，某一股票在某天的走势如图 1-6 所示.

从股票曲线，我们可以看出这只股票当天的价格和成交量随时间的波动情况.

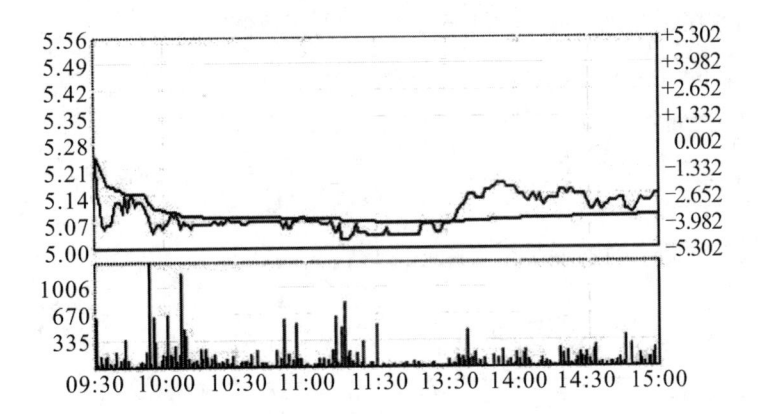

图 1-6

例 1.10 面积为 4 的矩形，长为 x，求其周长函数.

解：因矩形的长为 x，则宽为 $\dfrac{4}{x}$，所以周长为：

$$y = 2\left(x + \dfrac{4}{x}\right)$$

以图示法表示，如图 1-7 所示：

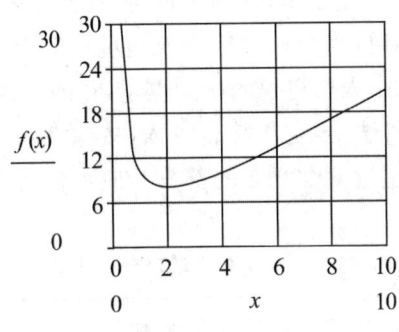

图 1-7

从图 1-7 可以看出，当长大约为 2 个单位时，周长最小.

习题一

1. 求解下列不等式：

   (1) $x^2 > 9$　　　　　　　　　　(2) $0 < |x-2| \leqslant 2$

   (3) $|x-2| < 2$　　　　　　　　　(4) $|x+1| < |x|$

2. 用区间表示下列函数的定义域：

   (1) $y = \dfrac{1}{1-x^2} + \sqrt{x+2}$　　　　(2) $y = \sqrt{\sin(\sqrt{x})}$

3. 求下列函数在 x 分别为 $0, -1, 1.5, 1+a$ 时的函数值：

(1) $f(x) = \begin{cases} \sqrt{1-x^2}, & |x| \leqslant 1; \\ x^2 - 1, & |x| > 1. \end{cases}$

(2) $f(x) = \begin{cases} x+1, & x < 1; \\ 2x+3, & x > 1. \end{cases}$

4. 用竖直线法判断下列图形是否为函数图形：

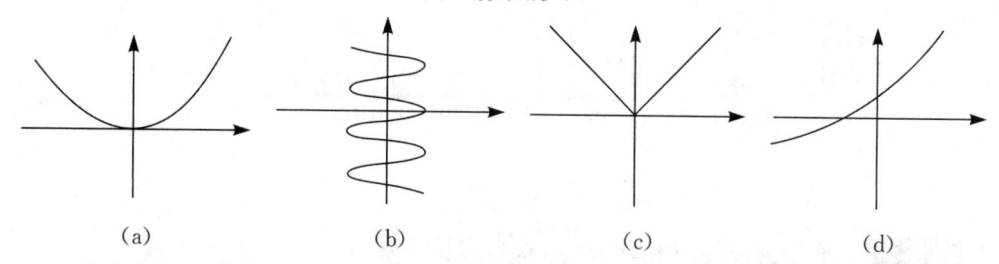

(a)　　　　(b)　　　　(c)　　　　(d)

5. 某房地产公司有 50 套公寓要出租，当租金定为每套每月 180 元时，公寓会全部租出去. 当租金每套每月增加 10 元时，就有一套公寓租不出去，而租出去的房子每月需花费 20 元的整修维护费. 试问房租定为多少可获得最大收入？

6. (最优折扣价格方案) 设某商品原价 100 元/件，据市场调查发现：当价格变动 $x\%$，其销售量会反向变动 $2x\%$（代销商品较多），请制定价格方案，使得收益最大化.

7. (个人所得税) 我们知道，当个人的年收入超过一定金额时，应向国家交纳个人所得税，收入越高，国家征收的个人所得税的比例也越高. 即"高收入，高税收". 我国现行的《中华人民共和国个人所得税法》规定年综合收入（去除专项扣款、专项附加扣除和依法确定的其他扣除后的余款）超过 60000 元的部分为应纳税所得额（表一中仅保留了原表中前 3 级的税率）.

表 1-3　全年应纳税额速算表

级数	全年应纳税所得额	税率
1	不超过 36000 元的	3%
2	超过 36000 元至 144000 元的部分	10%
3	超过 144000 元至 300000 元的部分	20%

个人所得税一般在工资中直接扣发. 若某单位所有人的年综合收入都不超过 300000 元，请建立年收入与纳税金额之间的函数关系.

8. (飞行距离) 一架飞机 A 中午 12 时从某地以 400 公里/小时的速度朝北飞行，一小时后，另一架飞机 B 从同一地点起飞，速度为 300 公里/小时，方向朝东. 如果两架飞机飞行高度相同，不考虑地球表面的弧度和阻力. 问这两架飞机在时刻 t（飞机 B 起飞的时刻为 0）相距多远？

第二节　函数的性质

一、函数的有界性

如果对属于某一区间 I 的所有 x 的值,总有 $|f(x)|\leqslant M$ 成立,且 M 是一个与 x 无关的常数,那么我们就称 $f(x)$ 在区间 I 上有界,否则便称其无界.

注意:一个函数,如果在其整个定义域内有界,则称为有界函数.

例 1.11　函数 $\cos x$ 在 $(-\infty,+\infty)$ 内是有界的,M 是任意一个大于等于 1 的常数.

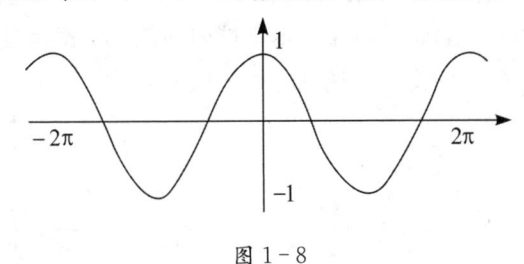

图 1-8

二、函数的单调性

如果函数 $f(x)$ 在区间 (a,b) 内随着 x 增大而增大,即:对于 (a,b) 内任意两点 x_1 及 x_2,当 $x_1<x_2$ 时,有 $f(x_1)<f(x_2)$,则称函数 $f(x)$ 在区间 (a,b) 内是**单调增加的**.

如果函数 $f(x)$ 在区间 (a,b) 内随着 x 增大而减小,即:对于 (a,b) 内任意两点 x_1 及 x_2,当 $x_1<x_2$ 时,有 $f(x_1)>f(x_2)$,则称函数 $f(x)$ 在区间 (a,b) 内是**单调减小的**.

单调性是局部属性,不是全局的,一般以区间为单位进行某个单调性的刻画.对于在全局上单调性较为复杂的情况,一般要分区间讨论.

例 1.12　函数 $f(x)=x^2$ 在区间 $(-\infty,0)$ 上是单调减小的,在区间 $(0,+\infty)$ 上是单调增加的.如图 1-9 所示:

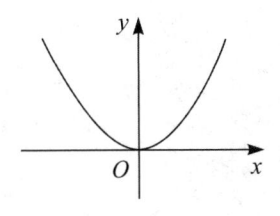

图 1-9

例 1.13　证明函数 $y=2(x+\dfrac{4}{x})$ 在区间 $(0,2)$ 单调递减,在区间 $(2,+\infty)$ 单调递增.

证明:

对任意的 $0<x_1<x_2<2$,有

$$f(x_2)-f(x_1)=2[(x_2-x_1)+(\dfrac{4}{x_2}-\dfrac{4}{x_1})]=2(x_2-x_1)(1-\dfrac{4}{x_1\cdot x_2})<0,$$

所以函数 $y=2(x+\dfrac{4}{x})$ 在区间 $(0,2)$ 单调递减；

对任意的 $2<x_1<x_2$，有

$$f(x_2)-f(x_1)=2[(x_2-x_1)+(\dfrac{4}{x_2}-\dfrac{4}{x_1})]=2(x_2-x_1)(1-\dfrac{4}{x_1\cdot x_2})>0,$$

所以函数 $y=2(x+\dfrac{4}{x})$ 在区间 $(2,+\infty)$ 单调递增.

三、函数的奇偶性

如果函数 $f(x)$ 对于定义域内的任意 x 都满足 $f(-x)=f(x)$，则 $f(x)$ 叫做偶函数，其图像关于 y 轴对称；如果函数 $f(x)$ 对于定义域内的任意 x 都满足 $f(-x)=-f(x)$，则 $f(x)$ 叫做奇函数，其图像关于原点对称. 如图 1-10 所示：

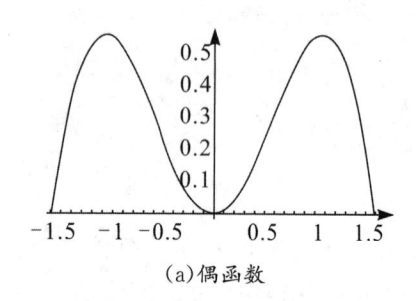

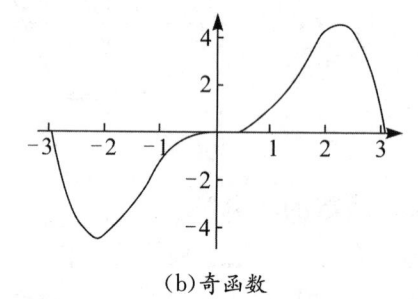

(a) 偶函数　　　　　　　　　　(b) 奇函数

图 1-10

推广：若函数 $y=f(x)$ 在区间 $[u-\delta,u+\delta]$ 上有 $f(u+t)=f(u-t)$，其中 $(-\delta\leqslant t\leqslant\delta)$，则函数 $y=f(x)$ 的图像关于直线 $x=u$ 成轴对称；若函数 $y=f(x)$ 在区间 $[u-\delta,u+\delta]$ 上有 $f(u+t)=-f(u-t)$，其中 $(-\delta\leqslant t\leqslant\delta)$，则函数 $y=f(x)$ 的图像关于点 $(u,0)$ 成中心对称. 如图 1-11 所示：

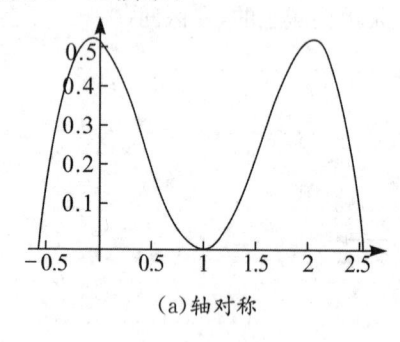

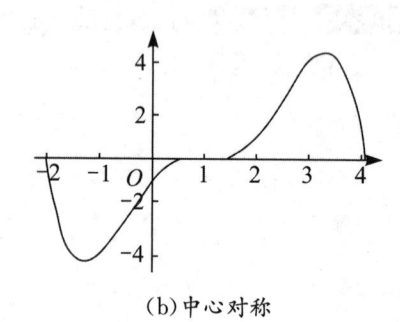

(a) 轴对称　　　　　　　　　　(b) 中心对称

图 1-11

四、函数的周期性

对于函数 $f(x)$，若存在一个不为零的数 l，使得关系式 $f(x+l)=f(x)$ 对于定义域内任何 x 值都成立，则 $f(x)$ 叫做周期函数，l 是 $f(x)$ 的一个周期.

注：我们约定，本书中以后提到的周期均是指最小正周期.

例 1.14 函数 $\sin x,\cos x$ 是以 2π 为周期的周期函数；函数 $\tan x$ 是以 π 为周期的周期函数. 函数 $\sin x$ 的图像如图 1-12 所示：

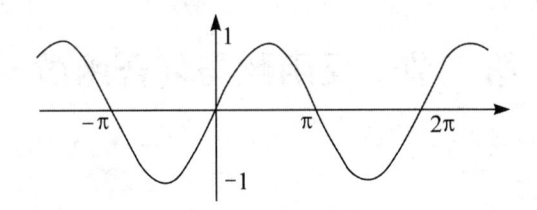

图 1-12

例 1.15（波形函数）在电子科学中，有大量波形函数，一周期为 T 的锯齿形波的图形如图 1-13 所示：

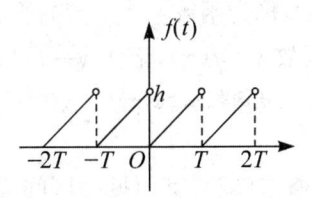

图 1-13

此函数在一个周期 $[0,T]$ 上可表示为 $y=\dfrac{h}{T}x(0\leqslant x<T)$.

习 题 二

1. 讨论下列函数的单调性：

   (1) $y=\sqrt{2x-x^2}$ (2) $y=e^{|x|}$

   (3) $y=\cos x, x\in[0,2\pi]$ (4) $y=x^2-6x+7$

2. 讨论下列函数的奇偶性：

   (1) $f(x)=x\cos x+\sin x$ (2) $f(x)=x^3-x^5-1$

   (3) $y=x^2\tan(\sin x)$ (4) $y=\cos(\arctan x)$

   (5) $y=\dfrac{\sin 2x}{\tan 3x}$ (6) $y=x(e^x+e^{-x})$

3. 判断下列函数是否为周期函数，如果是周期函数，求其周期：

   (1) $f(x)=\cos(x-3)$ (2) $f(x)=|\sin x|$

   (3) $f(x)=\tan 2x$ (4) $f(x)=\cot(3x+4)$

第三节　反函数与复合函数

一、反函数

1. 反函数的定义

设有函数 $y=f(x)$，若变量 y 在函数的值域内任取一值 y_0 时，变量 x 在函数的定义域内有唯一值 x_0 与之对应，即 $f(x_0)=y_0$，那么变量 x 是变量 y 的函数.

这个函数用 $x=\varphi(y)$ 来表示，称为函数 $y=f(x)$ 的反函数(直接反函数)，将 $x=\varphi(y)$ 中的 x 和 y 交换，可得间接反函数 $y=\varphi(x)$，记作 $y=f^{-1}(x)$.

注：由此定义可知，函数 $y=f(x)$ 也是函数 $y=\varphi(x)$(即 $y=f^{-1}(x)$)的反函数.

2. 反函数的存在定理

若 $y=f(x)$ 在区间 A 上严格增(减)，其值域为区间 B，则它的反函数必然在区间 B 上确定，且严格增(减).

注：严格增(减)即是单调增(减).

例 1.16 函数 $y=x^2$，其定义域为 $(-\infty,+\infty)$，值域为 $[0,+\infty)$. 对于 y 取定的非负值，可求得 $x=\pm\sqrt{y}$. 如若我们不加条件，由 y 的值就不能唯一确定 x 的值，也就是在区间 $(-\infty,+\infty)$ 上，函数不是严格增(减)，故其没有反函数. 如果我们加上条件，要求 $x\geqslant 0$，则对 $y\geqslant 0$，$x=\sqrt{y}$ 为 $y=x^2$ 在 $x\geqslant 0$ 时的反函数. 即是：函数在此要求下严格增(减).

3. 反函数的性质

(1) 在同一坐标平面内，$y=f(x)$ 与 $y=f^{-1}(x)$ 的图形是关于直线 $y=x$ 对称的.

(2) $f(f^{-1}(x))=x$，$f^{-1}(f(x))=x$.

例 1.17 函数 $y=2^x$ 与函数 $y=\log_2 x$ 互为反函数，则它们的图形在同一直角坐标系中是关于直线 $y=x$ 对称的. 如图 1-14 所示：

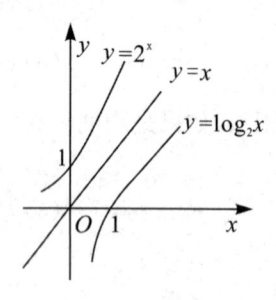

图 1-14

例 1.18 求 $y=\dfrac{x+1}{2x-3}$ 的反函数.

解：原式可化为

$$y(2x-3)=x+1$$

$$2yx-x=1+3y$$

$$(2y-1)x = 1+3y$$
$$x = \frac{1+3y}{2y-1} \quad (直接反函数)$$

再将 x 用 y 代替，y 用 x 代替，可得间接反函数：
$$y = \frac{1+3x}{2x-1}$$

我们平时所说的反函数指的是间接反函数．

4. 反三角函数

三角函数的反函数叫做反三角函数．

$y = \arcsin x$ 是 $y = \sin x$ 的反函数．$y = \arcsin x$ 的函数曲线如图 1-15 所示：

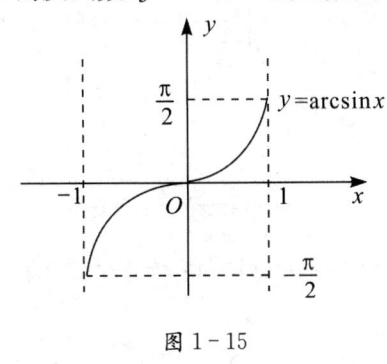

图 1-15

由反函数的性质可知：
$$\sin(\arcsin x) = x, x \in [-1,1]$$
$$\arcsin(\sin x) = x, x \in \left[-\frac{\pi}{2}, \frac{\pi}{2}\right]$$

由三角函数的性质可知：
$$\cos(\arcsin x) = \sqrt{1-\sin^2(\arcsin x)} = \sqrt{1-x^2}$$

$y = \arccos x$ 是 $y = \cos x$ 的反函数．$y = \arccos x$ 的函数曲线如图 1-16 所示：

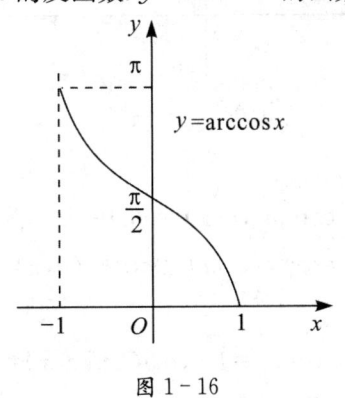

图 1-16

由反函数的性质可知：
$$\cos(\arccos x) = x, x \in [-1,1]$$
$$\arccos(\cos x) = x, x \in [0, \pi]$$

由三角函数的性质可知：
$$\sin(\arccos x)=\sqrt{1-\cos^2(\arccos x)}=\sqrt{1-x^2}$$

$y=\arctan x$ 是 $y=\tan x$ 的反函数. $y=\arctan x$ 的函数曲线如图 1-17 所示：

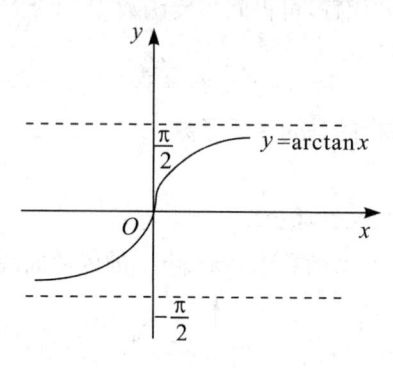

图 1-17

由反函数的性质可知：
$$\tan(\arctan x)=x, x\in \mathbf{R}$$
$$\arctan(\tan x)=x, x\in\left(-\frac{\pi}{2},\frac{\pi}{2}\right)$$

由三角函数的性质可知：
$$\sec^2(\arctan x)=1+\tan^2(\arctan x)=1+x^2$$

$y=\text{arccot}\,x$ 是 $y=\cot x$ 的反函数. $y=\text{arccot}\,x$ 的函数曲线如图 1-18 所示：

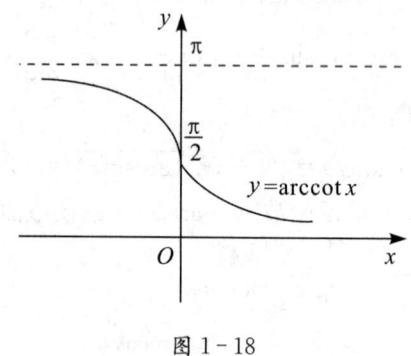

图 1-18

由反函数的性质可知：
$$\cot(\text{arccot}\,x)=x, x\in \mathbf{R}$$
$$\text{arccot}(\cot x)=x, x\in(0,\pi)$$

由三角函数的性质可知：
$$\csc^2(\text{arccot}\,x)=1+\cot^2(\text{arccot}\,x)=1+x^2$$

$y=\text{arcsec}\,x$ 是 $y=\sec x$ 的反函数；$y=\text{arccsc}\,x$ 是 $y=\csc x$ 的反函数.

二、复合函数的定义

若 y 是 u 的函数：$y=f(u)$，而 u 又是 x 的函数：$u=\varphi(x)$，且其函数值的全部或部分

在 $f(u)$ 的定义域内,那么,y 通过 u 的联系也是 x 的函数,我们称后一个函数是由函数 $y=f(u)$ 及 $u=\varphi(x)$ 复合而成的函数,简称复合函数,记作 $y=f(\varphi(x))$,其中 u 叫做中间变量.

例 1.19 已知 $f(x)=x^3$,$u(x)=1+x^2$,求 $f(u(x))$ 和 $u(f(x))$.

解:$f(u(x))=f(1+x^2)=(1+x^2)^3$

$u(f(x))=u(x^3)=1+(x^3)^2=1+x^6$

注:并不是任意两个函数就能复合;复合函数还可以由两个以上函数构成.

例如函数 $y=\arcsin u$ 与函数 $u=2+x^2$ 是不能复合成一个函数的.

因为对于 $u=2+x^2$ 的定义域 $(-\infty,+\infty)$ 中的任何 x 值所对应的 u 值(都大于或等于2),使 $y=\arcsin u$ 都没有定义.

定理 1.1(复合函数的单调性) 若函数 $y=f(u)(u\in I)$ 是严格单调递增函数(任意 $u_1<u_2$,有 $f(u_1)<f(u_2)$),又函数 $u=u(x)$ 的定义区间为 $D=\{x|u(x)\subset I\}$,则函数 $y=f(u)=f(u(x))$ 在区间 D 上的单调性与 $u=u(x)$ 的单调性一致.

例 1.20 线性函数 $u(x)=ax+b$ 与函数 $y=e^{ax+b}$ 的单调性一致.

因为 $y=f(u)=e^u$;$u(x)=ax+b$,函数 $y=f(u)$ 是严格单调增函数,故:

当 $a>0$ 时,函数 $u(x)=ax+b$ 与函数 $y=e^{ax+b}$ 同时单调递增;

当 $a<0$ 时,函数 $u(x)=ax+b$ 与函数 $y=e^{ax+b}$ 同时单调递减.

习 题 三

1.求下列函数的反函数及反函数的定义域:

(1) $y=\lg(1-x)$, $x\in(-\infty,0)$ 　　　　(2) $y=\sqrt{4-x^2}$, $x\in[-2,0]$

(3) $y=10^{2x+3}$ 　　　　(4) $y=\dfrac{3-2x}{1+x}$

2.在下列各题中,求由所给函数复合而成的复合函数,并求各复合函数的定义域和单调性:

(1) $y=10^u$,$u=1+x^2$ 　　　　(2) $y=u^2$,$u=\sin v$,$v=1+2x$

(3) $y=\sqrt{u}$,$u=1-e^x$ 　　　　(4) $y=\ln u$,$u=x-x^2$

3.下列函数由哪些较简单的函数复合而成?

(1) $y=[\ln(1+\sqrt{x})]^2$ 　　　　(2) $y=\arcsin(1+3x)$

(3) $y=\dfrac{1}{3}\arctan^2(1-2x)$ 　　　　(4) $y=e^{\sin(4x-1)}$

第四节　初等函数

一、基本初等函数

我们最常用的有六种基本初等函数,分别是:常值函数、指数函数、对数函数、幂函数、三角函数及反三角函数.下面我们用表格来把它们总结一下:

表 1-4　初等函数

函数名称	函数的记号	函数的图形	函数的特征
常值函数	$f(x)=c$		定义域内任意点的函数值相同
指数函数	$y=a^x(a>0,a\neq 1)$		不论 x 为何值,y 总为正数; 当 $x=0$ 时,$y=1$
对数函数	$y=\log_a x(a>0,a\neq 1)$		其图形总位于 y 轴右侧,并过 $(1,0)$ 点; 当 $a>1$ 时,在区间 $(0,1)$ 的值为负;在区间 $(1,+\infty)$ 的值为正;在定义域内单调增
幂函数	$y=x^a$ (a 为任意实数)	注:这里只画出部分函数图形的一部分.	令 $a=m/n$,当 m 为偶数 n 为奇数时,y 是偶函数; 当 m,n 都是奇数时,y 是奇函数; 当 m 为奇数 n 为偶数时,y 在 $(-\infty,0)$ 无意义
三角函数	$y=\sin x$(正弦函数) 以正弦函数为例		正弦函数是以 2π 为周期的周期函数; 正弦函数是奇函数且 $|\sin x|\leq 1$
反三角函数	$y=\arcsin x$(反正弦函数) 以反正弦函数为例		由于此函数为多值函数,因此我们此函数值限制在 $\left[-\dfrac{\pi}{2},\dfrac{\pi}{2}\right]$ 上,并称其为反正弦函数的主值

二、初等函数

由基本初等函数经过有限次的四则运算及有限次的函数复合所产生并且能用一个解析式表出的函数称为初等函数.

例 1.21 $y=2^{\cos x}+\ln(\sqrt[3]{4^{3x}+3}+\sin 8x)$ 是初等函数.

初等函数是高等数学的主要研究对象.注意,分段函数一般不是初等函数.但是,由于分段函数在其定义域的各个子区间上常由初等函数表示,故我们仍可通过初等函数来研究它们.

在工程计算中常用到以下双曲函数与反双曲函数.称以下四个函数为双曲函数.

双曲正弦函数 $\sinh x=\dfrac{e^x-e^{-x}}{2}$;双曲余弦函数 $\cosh x=\dfrac{e^x+e^{-x}}{2}$;

双曲正切函数 $\tanh x=\dfrac{e^x-e^{-x}}{e^x+e^{-x}}$;双曲余切函数 $\coth x=\dfrac{e^x+e^{-x}}{e^x-e^{-x}}$.

以上四个函数的反函数称为反双曲函数,它们是:

反双曲正弦函数 $\text{arcsinh} x=\ln(x+\sqrt{x^2+1})$;

反双曲余弦函数 $\text{arctanh} x=\ln(x+\sqrt{x^2-1})$;

反双曲正切函数 $\text{arctanh} x=\dfrac{1}{2}\ln\dfrac{1+x}{1-x}$;

反双曲余切函数 $\text{arccoth} x=\dfrac{1}{2}\ln\dfrac{1-x}{1+x}$.

三、初等函数的应用

例 1.22(生物增长速度)Monod(法国学者)提出,微生物增长速度与微生物数量有关,且与基质浓度(限制性营养物质)有关,得到增长速度模型:

$$u=u(S)=u_{\max}\dfrac{S}{K_S+S}$$

其中:$u_{\max}$ 为微生物最大比增长速度,K_S 为半饱和常数,在研究微生物的增长速度时,常被认为是常数,S 表示基质浓度.这样就构成了一个关于基质浓度 S 与增长速度 $u=u(S)$ 的函数关系.

(1)如果 $\dfrac{S}{K_S}$ 很小,充分接近 0,则函数可表示成线性模式

$$u=u(S)=u_{\max}\dfrac{S}{K_S+S}=\dfrac{u_{\max}}{K_S}\dfrac{S}{1+\dfrac{S}{K_S}}\approx\dfrac{u_{\max}}{K_S}S=CS$$

(2)如果 $\dfrac{K_S}{S}$ 很小,充分接近 0,函数可简化为

$$u=u(S)=u_{\max}\dfrac{S}{K_S+S}=u_{\max}\dfrac{1}{1+\dfrac{K_S}{S}}\approx u_{\max}$$

此时,$u=u_{\max}$ 为常值函数,即自变量的略微增加或减少,不改变微生物的增长速度.

▶ 引例3 (滑块的位置)　有一油泵的曲柄连杆机构主动轮转动时,连杆带动滑块 B 作往返直线运动,设曲柄 OA 的长为 r,连杆 AB 的长为 l,旋转的角速度是 ω,如图 1-19 所示,开始时,曲柄 OA 与 OB 重合,求滑块的运动规律.

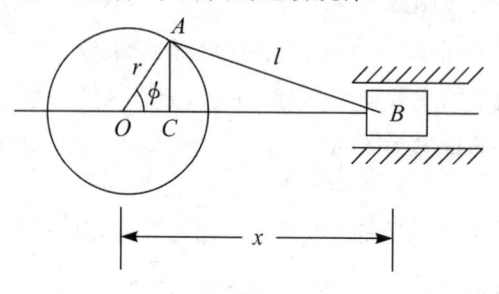

图 1-19

解：设经过 t 秒主动轮转过的角度为 ϕ(弧度),此时滑块 B 离 O 的距离为 x,过 A 点作 $AC \perp OB$,交 OB 于 C 点,则

$$OC = r\cos\phi, AC = r\sin\phi$$

$$BC = \sqrt{AB^2 - AC^2} = \sqrt{l^2 - r^2 \sin^2 \phi}$$

于是 $x = OC + BC = r\cos\phi + \sqrt{l^2 - r^2 \sin^2 \phi}$.

因为 ω 是角速度,$\phi = \omega t$,所以滑块 B 的运动规律为

$$x = r\cos\omega t + \sqrt{l^2 - r^2 \sin^2 \omega t}, t \in [0, +\infty)$$

同学们也可以用正弦定理直接计算得到结果.

习　题　四

1. 某电冰箱厂的总成本由两部分组成:一是反映设备折旧的固定成本,每天为 50 万元;二是变动成本,每天多生产一台电冰箱便增加成本 1000 元,该厂最大生产能力为每天 2000 台,试列出其总成本函数,并求其定义域和值域.

2. 设铁路运输每吨货物的运价为:在 200 公里(含 200 公里)内,每公里为 a 元;若运输距离超过 200 公里,则超过 200 公里的部分,每公里的运价为 $0.7a$ 元,请列出每吨货物的运费与路程之间的函数关系式.

第五节　数学软件 MathCAD 简介

一、数学软件的概况

MathCAD 软件的定位是：向广大教师、学生、工程技术人员提供一个兼备文字、数学和图像处理能力的集成工作环境，方便地准备教案（自然科学）、完成作业（自然科学）和准备科学分析报告．

二、全屏幕编辑器、计算器和活的数学

MathCAD 的工作区是一个全屏幕的编辑器，用户可以在屏幕的任何位置输入数学公式、文字以及制作图形，而对它们的编辑也和其它常用图文编辑软件一样方便，特别是输入数学公式就像我们平时在纸上书写一样．

它还是一个全屏幕的计算器，我们看到只需在数学区域内式子后输入等号，就可以得出一定精度的数值解，如果用"Ctrl+."输入"→"，还可以得出没有任何误差的解析解（准确解）．

MathCAD 中的所有的公式、函数、图形都是"活的"，对任何参数作出改动，系统自动会将结果予以更新．

三、MathCAD 的界面（MathCAD2001）

1. 菜单栏

2. 工具栏

常用工具栏

格式工具栏

数学工具栏

3. 信息栏

窗口下方提示与用户操作有关信息的位置．

4. 基本概念

普通 MathCAD 文件（*.mcd）

MathCAD 电子书文件（*.hdb）

MathCAD 模板文件（*.mct）

MathConnex 使用项目文件（*.mxp）

5. 区域(Region)

MathCAD 文件由若干区域(不同的窗口)构成.区域按用途不同分为三种:数学区域、文本区域和图形区域.

数学区域

在红色十字光标处输入字符,即以默认的方式建立一个数学区域.

在文本区调用插入—数学区(Insert\Math Region)命令也可创建数学区.

数学区域内以蓝色竖线作为编辑定位线,蓝色水平线指示编辑范围,按空格键改变(注:在软件中显示为蓝色).

$$\sin(\alpha+\beta) \text{ expand} \rightarrow \sin(\alpha) \cdot \cos(\beta) + \cos(\alpha) \cdot \sin(\beta)$$

所有区域都以锚点定位,建立区域时红色光标位置即锚点位置,锚点只有在显示区域时才可见.

文本区域

用插入(Insert)菜单下的文本区(Text Region)命令创建一个文本区.插入文本区域的快捷键是半角字符双引号""".红色竖线为编辑位置.(注:在软件中显示为红色)

以上是三角函数两角和公式

在红十字光标处输入字符而不含运算符、函数等时插入空格,则默认的数学区域自动变为文本区域.

右边、下边的中间和右下角有一个称为"把手"的黑色小方块,它的作用是通过鼠标拖动可以调整区域的大小.

文本区域内也可以用插入数学区域的命令插入—数学区(Insert/Math Region)插入数学区域.

图形区域

执行任何一种建立图形命令都会创建一个图形区域,它用于绘制函数关系曲线、曲面等各种图形.图形区域的定位锚点在左上角.图 1-20 是一个直角坐标系下的平面图形区域的例子.

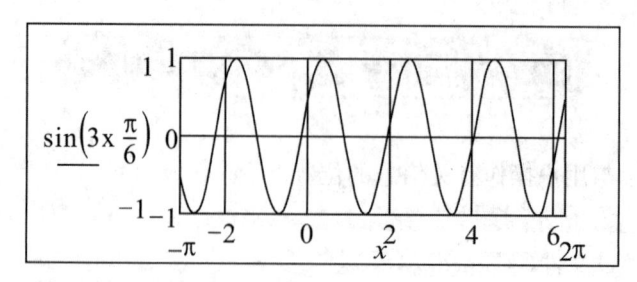

图 1-20

区域的选择、编辑

选择区域是对区域的内容进行各种编辑操作的前提.

选择

1)鼠标点取

用鼠标单击区域对象,可选择单个区域对象.

单击一个区域后按住 Shift 键再单击另一个区域,可以连续选取两个对象之间的所有区域.

单击一个区域后,按住 Ctrl 键,再单击其它区域,可以选取所有被单击的区域.

2)用鼠标拖动

在不击中任何区域的情况下,按下鼠标左键后拖出一个包含所要选取的区域的虚线框,则框内包含的区域都将各自被虚线框定.

用编辑(Edit)菜单中的全选(Select all)命令可以选取所有的区域.

编辑

对已选择的区域,可以进行各种编辑操作,移动、复制、删除所选择区域的内容等.它们都往往由三个命令(菜单或工具按钮)cut(剪切)、copy(拷贝)和 paste(粘贴)配合使用来完成.此外还有水平对齐与垂直对齐区域的操作.

6. 等号说明

赋值等号":=":其意义是把等号右边的值赋给等号左边,因此等号左边必须是一个变量或者一个函数名,等号右边或是一个数值,或是一个含有已定义过的变量的算式.键入":"即输入":=". 当给单个未定义的变量赋值时,键入"=",也会自动产生":=". 我们通常称它为赋值号,可读作"赋值为".

计算等号"=":其是普通意义上的等号,它是一个运算命令,执行此命令后,其右侧是左侧的计算结果. 因此它左侧算式中的变量必须都是预先已定义(赋值)的,右侧的数除了单位,不能人为改变. 我们也可称它为运算号.

逻辑等号"=":它表示一种逻辑条件,用于逻辑表达式,如果左右两边相等,它的运算结果为1(真),否则为0(假). 解方程(组)和编程中常用到它,键入组合键"Ctrl+="输入逻辑等号. 方程和方程组中的等号必须用"=",因为在方程和方程组中它表示的是相等的逻辑关系,而并非表示右边是左边的运算结果.

恒等号"≡":用于定义全局变量,全局变量不论出现位置的先后,都对整个文件产生同样的影响. 恒等号可以通过键入"Shift+~"得到.

代数运算符"→":用来作为符号运算的等号,它也是一个运算命令,键入"Ctrl+."得到.

7. 占位符(Placeholder)

在数学区域或图形区域内出现的小黑方块,它表明算式或图形参数不完整,需要在此处添加适当的字符. 单击占位符,填入数字或变量名后,占位符消失,如图1-21所示:

$$\sum_{\blacksquare=\blacksquare}^{\blacksquare} \blacksquare \longrightarrow \sum_{n=1}^{\infty} u_n$$

图 1-21

如上图 1-21,在数学区域内,当占位符没有全部用数字、字符或表达式等填写,可以用 Tab 键进行占位符之间的切换.没有空占位符了,用 Tab 键可以跳出区域.

四、变量与函数

1. 变量名(标识符) 它遵循以下规则:①以字母或∞等符号开头(不可以数字开头);②区分大小写;③字符数不限,但必须是同一种字体;④除开头字符外,其后允许用数字、汉字、希腊字母、百分号、圆点等;⑤不要用系统的"保留字"作为变量名,所谓"保留字"就是具有特定意义的 MathCAD 专用标识符.

变量包括内部变量、系统变量和自定义变量.

2. 函数 用于规定变量(包括常量)的运算法则.对于函数名也遵循与变量名相同的规则,但函数名后都带有参数表.在函数的参数表中通常遵循下述习惯:①i,j,k,m,n 表示整型数(Integer);②a,b,x,y 表示实型数(Real);③z 表示复数(Complex);④v 表示矢量(Vector);⑤M,A,B 表示矩阵(Matrix);⑥后缀_val 表示数值(Value);⑦前缀 expr_ 表示算术表达式(Expression);⑧前缀 cond_ 表示逻辑表达式(Condition).式中的下划线"_"可以用任何小写字母代替.

1) 内置函数:

MathCAD2001 有 241 个内置函数,可以用插入内置函数按钮打开插入函数对话框,从对话框的函数列表中选择所需函数名,单击 Insert 按钮和 OK 按钮,插入选定的函数,也可以直接键盘键入.

表 1-5 常用的初等函数与 MathCAD 中对应的内置函数对照表

函数名称	普通书写	MathCAD 中输入	说明
指数函数	e^x	exp(x)	表示以自然常数 e 为底的指数函数
自然对数	$\ln x$	ln(x)	表示以自然常数 e 为底的自然对数函数
常用对数	$\lg x$	log(x)	表示以 10 为底的常用对数函数
对数函数	$\log_a x$	log(x,a)	表示以常数 a 为底的对数函数
绝对值函数	$\|x\|$	$\|x\|$	表示为 x 的绝对值
正弦函数	$\sin x$	sin(x)	表示角为 x 弧度的正弦函数
余弦函数	$\cos x$	cos(x)	表示角为 x 弧度的余弦函数
正切函数	$\tan x$	tan(x)	表示角为 x 弧度的正切函数
余切函数	$\cot x$	cot(x)	表示角为 x 弧度的余切函数
正割函数	$\sec x$	sec(x)	表示角为 x 弧度的正割函数
余割函数	$\csc x$	csc(x)	表示角为 x 弧度的余割函数
反正弦函数	$\arcsin x$	asin(x)	表示 $[-\frac{\pi}{2},\frac{\pi}{2}]$ 范围内正弦值为 x 的角

续表

函数名称	普通书写	MathCAD 中输入	说明
反余弦函数	$\arccos x$	$\mathrm{acos}(x)$	表示$[0,\pi]$范围内余弦值为x的角
反正切函数	$\arctan x$	$\mathrm{atan}(x)$	表示$(-\frac{\pi}{2},\frac{\pi}{2})$范围内正切值为$x$的角
反余切函数	$\mathrm{arccot}\, x$	$\mathrm{acot}(x)$	表示$(0,\pi)$范围内余切值为x的角
双曲正弦函数	$\sinh x=\dfrac{e^x-e^{-x}}{2}$	$\sinh(x)$	其反函数为:反双曲正弦函数 $\mathrm{arcsinh}\,x=\ln(x+\sqrt{x^2+1})$，MathCAD 中输入为 $a\sinh(x)$
双曲余弦函数	$\cosh x=\dfrac{e^x+e^{-x}}{2}$	$\cosh(x)$	其反函数为:反双曲余弦函数 $\mathrm{arctanh}\,x=\ln(x+\sqrt{x^2-1})$ MathCAD 中输入为 $a\cosh(x)$
双曲正切函数	$\tanh x=\dfrac{e^x-e^{-x}}{e^x+e^{-x}}$	$\tanh(x)$	其反函数为:反双曲正切函数 $\mathrm{arctanh}\,x=\dfrac{1}{2}\ln\dfrac{1+x}{1-x}$ MathCAD 中输入为 $a\tanh(x)$
双曲余切函数	$\coth x=\dfrac{e^x+e^{-x}}{e^x-e^{-x}}$	$\coth(x)$	其反函数为:反双曲余切函数 $\mathrm{arccoth}\,x=\dfrac{1}{2}\ln\dfrac{1-x}{1+x}$ MathCAD 中输入为 $a\coth(x)$

2) 自定义函数:

自定义函数的格式为:函数名(自变量列表). 多个自变量之间用逗号分隔. 函数名规则与一般变量名相同,只不过函数名后必有自变量列表. 左右两边的自变量一定要一致.

如 $f(x)=x^2-x, y=\sin 3x, z=x^2-y^2$,在 MathCAD 中必须以下列形式输入：

$f(x):=x^2-x; y(x):=\sin(3x); z(x,y):=x^2-y^2$

3) 常用函数的输入

(1)绝对值函数的输入步骤为:在 MathCAD 中,直接用键盘键入或点击"数学—计算器—绝对值";

(2)根式函数的输入步骤为:在 MathCAD 中,直接用键盘键入或点击"数学—计算器—平方根"或"数学—计算器—N 次方根";

(3)函数的 N 次方的输入步骤为:在 MathCAD 中输入函数 $f(x)$,然后按一次空格键,随后点击"数学—计算器—幂",最后在占位符处输入"N".

例如: $\sin^2 x$ 在 MathCAD 中输入为 $\sin(x)^2$,$\arctan^4 x$ 在 MathCAD 中输入为 $a\tan(x)^4$.

(4)分式函数的输入步骤为:在 MathCAD 中直接用键盘键入或点击"数学—计算器—除法",然后在分子、分母占位符处输入对应的函数或数字.

五、初等数学运算与作图举例

1. 算术与代数运算

例 1.23 求值:

(1) $\dfrac{\dfrac{25}{48}+3.6}{4}+4\times\left[\left(1-\dfrac{1}{48}\right)\times\left(5+\dfrac{1}{2}\right)-2\right]$

(2) 2^{30}

(3) $\sqrt{2+\sqrt{2+\sqrt{2+\sqrt{2+\sqrt{2+\sqrt{2}}}}}}$

解:(1)步骤 1:在 MathCAD 中,直接用键盘键入或点击"数学—计算器"面板输入

$$\dfrac{\dfrac{25}{48}+3.6}{4}+4\cdot\left[\left(1-\dfrac{1}{48}\right)\cdot\left(5+\dfrac{1}{2}\right)-2\right]$$

步骤 2:键盘键入"="或点击"数学—计算器"或"数学—计算"面板中"数值计算="得到近似结果:

$$\dfrac{\dfrac{25}{48}+3.6}{4}+4\cdot\left[\left(1-\dfrac{1}{48}\right)\cdot\left(5+\dfrac{1}{2}\right)-2\right]=14.572$$

说明:可通过设置"格式——结果"调整小数位数.

如果输入代数式后,键盘键入"Ctrl+."或点击"数学—计算"面板中"符号计算"得精确结果:

$$\dfrac{\dfrac{25}{48}+3.6}{4}+4\cdot\left[\left(1-\dfrac{1}{48}\right)\cdot\left(5+\dfrac{1}{2}\right)-2\right]\rightarrow 14.5718750000000000$$

(2)同理,得 $2^{30}=1.074\times10^9$

$2^{30} \rightarrow 1073741824$

(3) $\sqrt{2+\sqrt{2+\sqrt{2+\sqrt{2+\sqrt{2+\sqrt{2}}}}}}=1.999$

2. 求代数式的值

例 1.24 (求代数式的值)当 $x=-2.2$ 时,求代数式 $3x^3+2x^2-5x+10$ 的值.

解:方法一

步骤1:先对 x 赋值(等号须是"计算"面板中"定义:="或用键盘键入"Shift+;"得到):

$$x:=-2.2$$

步骤2:输入代数式:

$$3x^3+2x^2-5x+10$$

步骤3:键盘键入"="或点击"计算"面板上"数值计算=",得到

$$3x^3+2x^2-5x+10=-1.264$$

说明:此方法先对自变量进行赋值,将对后续有关代数式产生影响.

方法二

步骤1:先定义函数(即对函数 $f(x)$ 赋值):

$$f(x):=3x^3+2x^2-5x+10$$

步骤2:然后求得函数值:

$$f(-2.2)=-1.264$$

说明:推荐使用本方法.

3. 作函数的直角坐标图象与极坐标图象

例 1.25 (直角坐标图象)在直角坐标系中作出函数 $f(x)=\dfrac{4(x+1)}{x^2}-2$ 的图象.

解:方法一

步骤1:点击"数学—图形"面板中"直角坐标图"得到图形区域,图形区域左边与下方

分别有一个占位符,如图 1-22 所示:

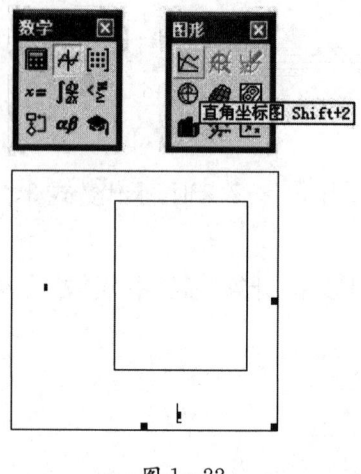

图 1-22

步骤 2:在左边占位符输入函数表达式,在下方占位符输入自变量,即可得到函数的图象.如图 1-23 所示:

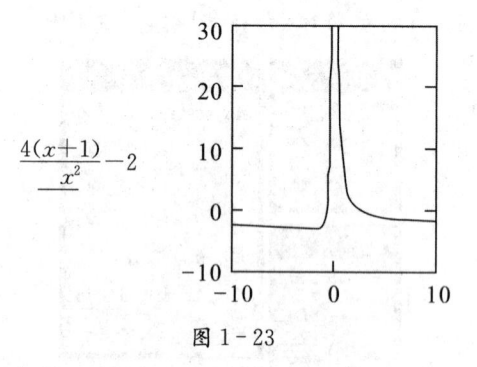

$$\frac{4(x+1)}{x^2}-2$$

图 1-23

步骤 3:设置格式,鼠标置于图形区域,点击右键,"格式—坐标轴式样—十字",并用鼠标适当拖动设置图形区域的大小,得到函数图象.如图 1-24 所示:

$$\frac{4(x+1)}{x^2}-2$$

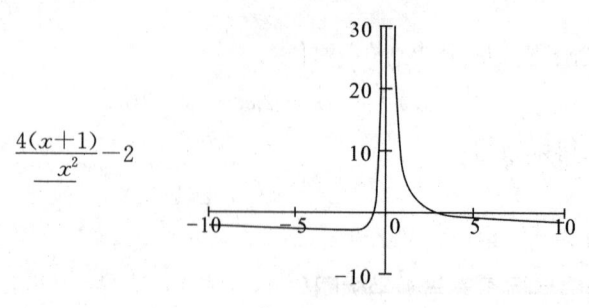

图 1-24

说明:如果在左边占位符输入函数表达式结束后,键入",",可输入第二个函数表达式,依此类推,可输入多个函数表达式,在同一个坐标系中作出多个函数的图象.还可以通过调整左边占位符的上下两个数字和下方占位符左右两个数字设置图象的范围.如图

1-25 所示:

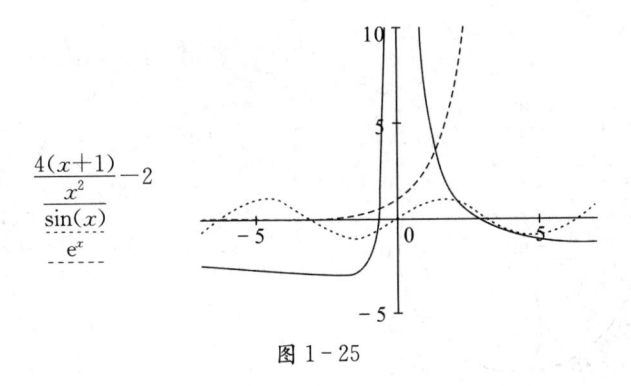

$$\frac{\frac{4(x+1)}{x^2}-2}{\frac{\sin(x)}{e^x}}$$

图 1-25

方法二

步骤1:同方法一中步骤1.

步骤2:在图形区域的上方定义函数,在左边占位符输入函数名称,下方占位符输入自变量,即可得函数图象. 如图 1-26 所示:

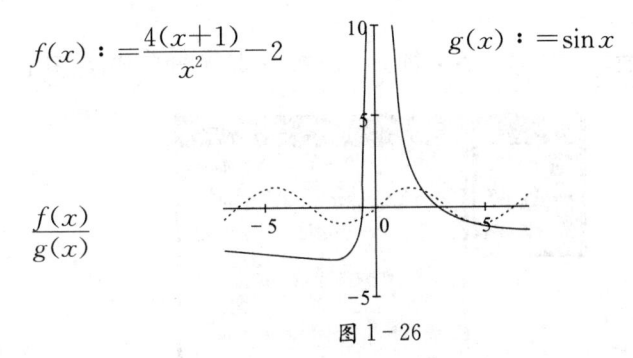

$$f(x) := \frac{4(x+1)}{x^2} - 2 \qquad g(x) := \sin x$$

$$\frac{f(x)}{g(x)}$$

图 1-26

例 1.26 (**极坐标图象**) 在极坐标系中作出函数 $r(\theta) = \sin(3\theta)$ 和 $r(\theta) = \frac{1}{2}\theta$ 的图象.

解:步骤1:点击"数学—图形"面板中"极坐标图"得到图形区域,图形区域左边与下方分别有一个占位符. 如图 1-27 所示:

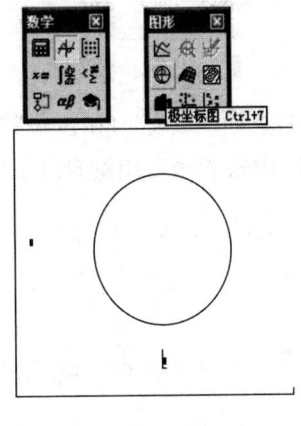

图 1-27

步骤2:与例1.26中步骤2相同.如图1-28所示:

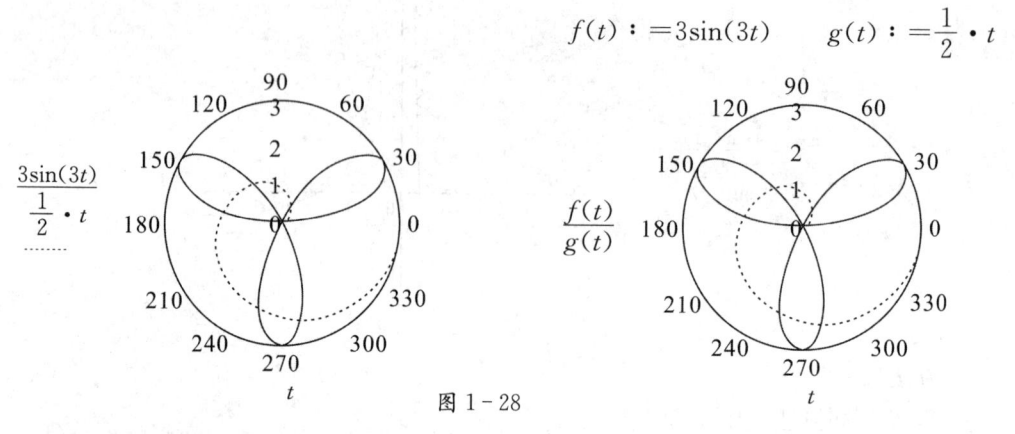

$$f(t):=3\sin(3t) \qquad g(t):=\frac{1}{2}\cdot t$$

图1-28

4. 求方程(组)的解及不等式的解集

(1)用"solve"命令求一元代数方程的符号解

例1.27 解方程 $x^3-3x^2+5x-3=0$.

解:步骤1:点击"数学—符号计算关键词—求解变量(关键词)",如图1-29所示:

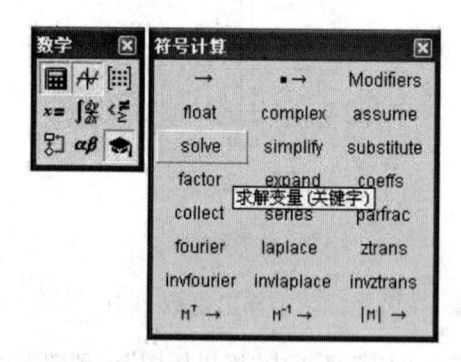

图1-29

得到计算区域:

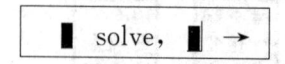

■ solve, ■ →

步骤2:在关键词右边占位符输入未知数 x,在占位符左边输入方程(注意方程的等号必须用"布尔代数"工具栏中的"逻辑等号",用键盘"Ctrl+="也可得到),将光标移开后即可得到方程的三个解:$1,1+\sqrt{2}i,1-\sqrt{2}i$.

$$x^3-3\cdot x^2+5\cdot x-3=0 \text{ solve}, x \rightarrow \begin{pmatrix} 1 \\ 1+1i\cdot\sqrt{2} \\ 1-1i\cdot\sqrt{2} \end{pmatrix}$$

例 1.28 解方程 $x^2+2ix-3=0$.

$$x^2-2i\cdot x-3=0 \text{ solve}, x \to \begin{bmatrix} -1i+\sqrt{2} \\ -li-\sqrt{2} \end{bmatrix}$$

说明:

1)"solve"命令不仅可以求解整系数的代数方程,也可求解复系数的代数方程.

2)如果方程右边等于零,方程的等号及右边的零可以不输入(系统默认方程右边为零),同样可以得到解.如:

$$x^3-3\cdot x^2+5\cdot x-3 \text{ solve}, x \to \begin{bmatrix} 1 \\ 1+1i\cdot\sqrt{2} \\ 1-li\cdot\sqrt{2} \end{bmatrix}$$

$$x^2-2i\cdot x-3 \text{ solve}, x \to \begin{bmatrix} -1i+\sqrt{2} \\ -li-\sqrt{2} \end{bmatrix}$$

3)如果方程中的系数含有小数,则只能得到浮点解(系统默认20位有效数字,如有更高要求,可设置更高精度).如:

$$0.25x^2+2.4x-4.1 \text{ solve}, x \to \begin{bmatrix} -11.080127387243032668 \\ 1.4801273872430326682 \end{bmatrix}$$

$$\frac{1}{4}\cdot x^2+\frac{24}{10}\times-\frac{41}{10} \text{ solve}, x \to \begin{bmatrix} \frac{-24}{5}+\frac{1}{5}\cdot\sqrt{986} \\ \frac{-24}{5}+\frac{1}{5}\cdot\sqrt{986} \end{bmatrix} = \begin{bmatrix} 1.48 \\ -11.08 \end{bmatrix}$$

4)"solve"命令也可以求解部分非代数方程的数值解.如

$$x+\sin(x)-1 \text{ solve}, x \to 51097342938856910952$$

5)使用上述方法在求某些方程的符号解时,会遇到返回的符号解相当复杂的情况,这时应用符号解反而不利于观察解的特点,此时建议去寻求方程的数值解.

注:数值解即为解析解或解析解的近似结果,符号解是指运算对象中包含字符表示的符号变量或参数,或者可以得到完全精确度的解析解,或者得到任意精确度的浮点运算解.

(2)用"solve"命令求一元代数不等式的符号解

求一元代数不等式的符号解,其解法与求一元代数方程的符号解几乎相同,区别是"solve"命令的左边必须输入完整的不等式,需要注意的是:结果所表示的区间要仔细甄别.如:

$$x^2-3x+2<0 \text{ solve}, x \to \begin{bmatrix} 1<x \\ x<2 \end{bmatrix}$$

表示不等式的解集为 $\{x|1<x<2\}$;

$$x^2-3x+2>0 \text{ solve}, x \to \begin{bmatrix} x<1 \\ 2<x \end{bmatrix}$$

表示不等式的解集为 $\{x|x<1\} \cup \{x|x>2\}$；

$$x^3-2x^2-x+2>0 \text{ solve}, x \to \begin{bmatrix} (-1<x) \cdot (x<1) \\ 2<x \end{bmatrix}$$

表示不等式的解集为 $\{x|-1<x<1\} \cup \{x|x>2\}$.

提示：根据函数的图象，结合方程的解，同样可以求出不等式的解集．具体办法请同学们自己总结．

(3) 用"solve"或"given－find"求多元方程组的符号解

例1.29 解下列三元方程组 $\begin{cases} x^2+y^2+z^2=1; \\ x+2y+3z=1; \\ 2x-y+z=2. \end{cases}$

解： 方法一，用"solve"命令求方程组的解

步骤1：点击"数学—符号计算关键词—求解变量（关键词）"得到计算区域：

$$\blacksquare \text{ solve}, \blacksquare \to$$

步骤2：在左边占位符输入三行一列的矩阵（点击：数学—矢量和矩阵工具栏—矩阵或矢量—确定），如图1-30所示：

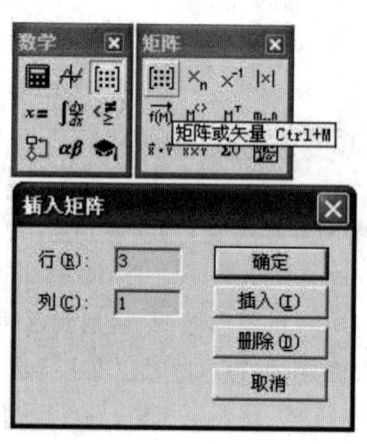

图1-30

得到：

$$\begin{bmatrix} \blacksquare \\ \blacksquare \\ \blacksquare \end{bmatrix} \text{ solve}, \blacksquare \to$$

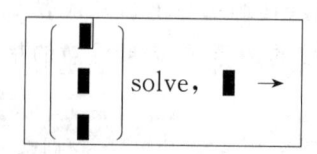

步骤3：在生成的三个占位符分别输入方程组的三个方程，右边占位符输入三个未知数（或三个未知数构成的列向量），将光标移开后即可得到方程组的解．

$$\left.\begin{cases} x^2+y^2+z^2=1 \\ x+2y+3z=1 \\ 2x-y+z=2 \end{cases}\right\} \text{solve}, x, y, z \rightarrow \begin{pmatrix} 1 & 0 & 0 \\ \dfrac{1}{3} & -\dfrac{2}{3} & \dfrac{2}{3} \end{pmatrix}$$

$$\left.\begin{cases} x^2+y^2+z^2=1 \\ x+2y+3z=1 \\ 2x-y+z=2 \end{cases}\right\} \text{solve}, \begin{pmatrix} x \\ y \\ z \end{pmatrix} \rightarrow \begin{pmatrix} 1 & 0 & 0 \\ \dfrac{1}{3} & -\dfrac{2}{3} & \dfrac{2}{3} \end{pmatrix}$$

说明:方程组的解以矩阵形式给出,矩阵的第一行为第一组解,第二行为第二组解,依此类推.又如:

$$\left.\begin{cases} x+y+z=3 \\ x+2y+3z=1 \\ 2x-y+z=2 \end{cases}\right\} \text{solve}, x, y, z \rightarrow (3 \quad 2 \quad -2)$$

$$\left.\begin{cases} \dfrac{x^2}{4}+y^2=1 \\ y=x^2-1 \end{cases}\right\} \text{solve}, x, y \rightarrow \begin{pmatrix} 0, & -1 \\ 0, & -1 \\ \dfrac{1}{2}\cdot\sqrt{7} & \dfrac{3}{4} \\ \dfrac{-1}{2}\cdot\sqrt{7} & \dfrac{3}{4} \end{pmatrix}$$

方法二:用"given—find"命令求方程组的解

步骤1:输入命令"given",在"given"的下方输入三个方程(不需要用大括号)

given

$x^2+y^2+z^2=1 \quad x+2y+3z=1 \quad 2x-y+z=2$

步骤2:在方程的下方输入命令"find(x,y,z)",点击"符号计算→",得到方程组的解.此时第一列为方程组的第一组解,第二列为方程组的第二组解.

$$\text{find}(x,y,z) \rightarrow \begin{pmatrix} 1 & \dfrac{1}{3} \\ 0 & \dfrac{-2}{3} \\ 0 & \dfrac{2}{3} \end{pmatrix}$$

(4)用"root"命令,结合图象,求方程的数值解

当已知方程根的大致范围时,调用函数 root$(f(x),x,[a,b])$,求出方程 $f(x)=0$ 在区间$[a,b]$内的根.

具体方法为:

1.将方程化为 $f(x)=0$ 的形式;

▶ 应用数学基础

2.在直角坐标系中画出函数 $f(x)$ 的图象,估计图象与 x 轴的交点的大致范围(如交点在区间 $[a,b]$ 内,其中 $a<b$,且 $f(a)\cdot f(b)<0$);

3.调用函数 $\text{root}(f(x),x,[a,b])$,按键盘上的等号,即可得出方程在 $[a,b]$ 内的近似解.

注意:用"root"命令一次只能求出方程的一个解,如果方程有多个解,则需多次调用函数.

例 1.30 解方程 $x+\sin x=1$.

解:步骤1:将方程化为 $x+\sin x-1=0$,令
$$f(x):=x+\sin x-1$$

步骤2:画出函数 $f(x):=x+\sin x-1$ 的图象

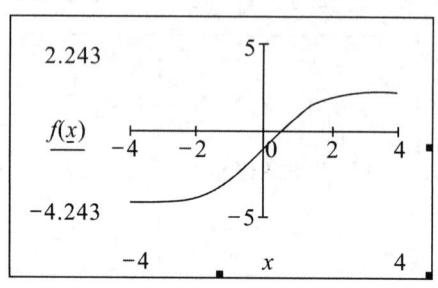

图 1-31

观察图1-31可知:图象与 x 轴的交点在 $[0,2]$ 或 $[0,1]$ 区间内.

步骤3:调用命令 "$\text{root}(f(x),x,[a,b])$",按键盘上的等号.
$$\text{root}(f(x),x,[0,2])=0.511 \text{ 或 } \text{root}(f(x),x,[0,1])=0.511$$

说明:根的精确程度可以通过设置"格式—结果—数字格式—小数位数"进行调整.

例 1.31 解方程 $e^x=6x+5$.

解:步骤1:将方程化为 $e^x-6x-5=0$,令
$$f(x):=e^x-6x-5$$

步骤2:画出函数 $f(x):=e^x-6x-5$ 的图象

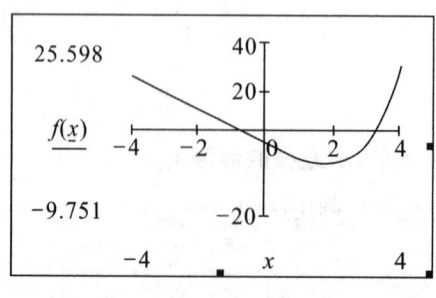

图 1-32

观察图象可知:图象与 x 轴有两个交点,分别在 $[-2,0]$ 和 $[2,4]$ 区间内.

步骤 3:调用命令"root($f(x),x,[a,b]$)",按键盘上的等号.

$$\text{root}(f(x),x,[-2,0])=-0.755 \quad \text{root}(f(x),x,[2,4])=3.182$$

说明:此时如果用"solve"命令,则结果为

$$f(x)\text{solve},x \to \begin{bmatrix} \ln\left(-6 \cdot W\left(\dfrac{-1}{6} \cdot \exp\left(\dfrac{-5}{6}\right)\right)\right) \\ \ln\left(-6 \cdot W\left(-1,\dfrac{-1}{6} \cdot \exp\left(\dfrac{-5}{6}\right)\right)\right) \end{bmatrix}$$

六、MathCAD 有非常强大的计算功能,除以上介绍的各种功能外,还可以进行三角函数运算、复数运算、极限运算、导数与微分的运算、积分的运算、各种积分变换、微分方程的求解及初值问题、函数的级数展开、向量与矩阵的运算、概率及数理统计的分析、回归分析等等,除了可以作出二维(直角坐标系、极坐标系)图象外,也可以作出三维图象,制作动画,还可以用于编写程序进行运行.这里不一一介绍了,在以后的章节中将会逐步介绍.

习 题 五

1. 求下列各式的值:

(1) $563 - \dfrac{71}{22} + 5 \times 9$

(2) $\dfrac{434[456+98^3-\dfrac{66}{9}\times(76+2)]+68}{6}$

(3) $\sin\dfrac{\pi}{4}+\tan\dfrac{\pi}{3}\times\sec\dfrac{\pi}{10}$

(4) $\lg 100+e^2\times\ln 2$

2. 当 $x=2, y=-\dfrac{3}{2}$ 时,求下列代数式的值:

(1) $-2x^3+3x^2+5x-1$

(2) $x^2-3xy-3y^2-4x+2y+1$

3. 在同一直角坐标系内作下列函数的图象:

(1)(a) $y=-x^2+4x+7$ (b) $y=-2x+5$

(2)(a) $y=\sin x$ (b) $y=\arcsin x$

(3)(a) $y=\arccos\sqrt{x}$ (b) $y=e^{-x}\cos x$

(4)(a) $y=2x^2-\ln x$ (b) $y=x^4-10x^2+8$

(5)(a) $y=\dfrac{\sin x}{1-\cos x}$ (b) $y=\dfrac{\cos x}{1-\sin x}$

(6)(a) $y=x\sqrt{6-x}$ (b) $y=\ln(1+x^2)$

4. 在同一极坐标系内作出下列函数的图象:

(1)(a) $r=\sqrt[3]{\theta}$ (b) $r=3\sin(2\theta)$

(2)(a) $r=2\cdot\cos\left(\dfrac{\theta}{8}\right)^2$ (b) $r=2(1-\cos\theta)$

(3)(a) $r=\dfrac{2}{1-2\cos 6}$ (b) $r=e^\theta$

5. 解下列方程(组)或不等式：

(1) $ax^2+bx+c=0$

(2) $x^4-2x^2+4x=0$

(3) $\begin{cases} \dfrac{x^2}{4}+y^2=1 \\ 2x-y=1 \end{cases}$

(4) $\begin{cases} 4x+8y+9z=-3 \\ 8x+3y+4z=-7 \\ 3x-7y+3z=7 \end{cases}$

(5) $x^3-3x^2-4x+12>0$

(6) $3x^2+2x-1<0$

(7) $\dfrac{1}{3}e^x=3x+1$

(8) $3\arctan 4x=x^2-x-1$

6. 在 MathCAD 中输入下列函数：

(1) $f(x)=\dfrac{x^2+6\sin\dfrac{1}{x}}{x^2+3x+\sin x}$

(2) $f(x)=\dfrac{e^{x^2}-1}{\cos x-1}$

(3) $f(x)=\sqrt{\dfrac{(x+1)(x+2)}{(x+3)(x+4)}}$

(4) $f(x)=2^{\sin\frac{1}{x}}+x\sqrt{x}$

(5) $f(x)=\dfrac{\sqrt{1+x}-\sqrt{1-x}}{\sqrt{1+x}+\sqrt{1-x}}$

(6) $f(x)=2^x+x^4+\sec^2 x$

(7) $f(x)=\dfrac{\cos 2x}{\sin^2 x}$

(8) $f(x)=\dfrac{2+\ln x}{x}$

(9) $f(x)=(1+x^2)e^{-x^2}$

(10) $f(x)=\dfrac{x^2+\ln(2-x)}{4\arctan x}$

(11) $f(x)=\cos\sqrt{x}+\ln\dfrac{1}{2x-1}$

(12) $f(x)=x\sqrt{\ln x(\ln x+2)}$

(13) $f(x)=\dfrac{\arctan e^x}{e^x}$

(14) $f(x)=x[\ln(1+x)-\ln x]$

(15) $f(x)=\dfrac{x+\ln(2-x)}{4\arctan^2 x}$

(16) $f(x)=\arctan\dfrac{x+1}{x-1}+\tan^2(x^2)$

(17) $f(x)=\dfrac{1}{\sin^2 x\cos^2 x}$

(18) $f(x)=|x^2-2x-3|$

(19) $f(x)=2x\arctan x$

(20) $f(x)=\left(1-\dfrac{1}{x^2}\right)\sqrt{x\sqrt{x}}$

第二章 函数的极限

引 言

微积分与初等数学有着很大的不同.初等数学主要研究事物处于相对静止状态时的数量关系,而微积分则主要研究事物处于运动、变化过程中的数量关系.因研究对象不同,其研究方法也不同.初等数学主要是以静止的观点去研究问题,而微积分则是以运动的、变化的观点去研究问题.极限是微积分学中最基本、最重要的概念,极限方法也是微积分中处理问题的最基本方法.因此,掌握极限的思想和方法是学好微积分的前提条件.本章介绍极限以及与极限概念密切相关的函数连续性的基本知识.

引例1 圆的面积是怎样得到的?

引例2 某顾客向银行存入本金 a 元, t 年后在银行的本金与利息之和称为本息和.假设银行规定年利率为 r.(1)分别按每年结算一次(年利率为 r)、每月结算一次(每月的利率为 $r/12$)、每天结算一次(每日的利率为 $r/365$)计算顾客 t 年后的本息和.(2)每年结算 m 次,每个结算周期的利率为 r/m 计算顾客 t 年后的本息和;(3)当 m 趋于无穷时,结算周期变为无穷小,这意味银行连续不断地向顾客付利息,这种存款方法称为连续复利.试计算连续复利情况下顾客的本息和.

引例3 假定某种疾病流行 t 天后,感染的人数 N 由下式给出

$$N = \frac{1000000}{1+5000e^{-0.1t}}$$

问:(1)有可能某天会有 100 万人染上病吗?50 万人呢?25 万人呢?

(2)从长远考虑,将最多有多少人感染上这种病?

第一节 函数的极限

一、极限的概念

图 2-1 锉圆形工件的示意图,钳工师傅在用平锉锉出一个圆形工件时,先粗锉成一个正多边形,再逐个地把角锉平得到一个边数多了一倍的正多边形,这样继续下去,边数越多,边长越锉越短,工件就逐渐接近圆形.虽然用平锉只能进行有限次的加工,所能达到的总是一个近似的圆,但是不难想象,如果把这个过程无限地进行下去,就可以得到一

个精确的圆形工件.

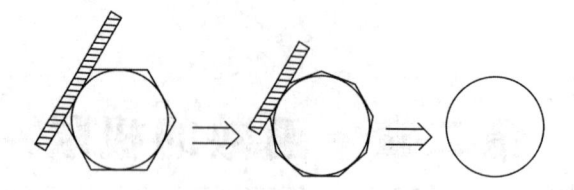

图 2-1

类似地,我国古代的"割圆术",在半径为 R 的圆内接边数为 n 正多边形,n 逐倍增多时,多边形的面积 A_n 就越来越接近圆的面积 πR^2,在有限次的过程中,用正多边形的面积来逼近圆的面积,只能达到近似的程度,但可以想象,如果把这个过程无限地继续下去,就能得到精确的圆面积.如图 2-2 所示:

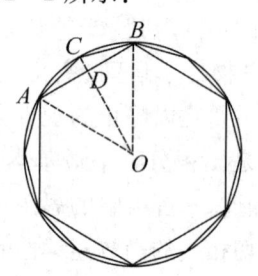

图 2-2

上述例子提供了解决"近似"与"精确"的矛盾的方法,从近似值的变化趋势中求得精确值.因此研究函数的变化趋势,对认识函数的特征,确定函数的值具有重要意义.

从上面几个例子可以看出,函数的变化是由自变量的变化决定的.因此,只有指出自变量的变化趋势后,才能确定在这个变化过程中函数的变化趋势.自变量的变化趋势,一般有两种情况:一种是自变量趋向无穷($x \to \infty$)的情况,另一种是自变量趋向于某一常数($x \to x_0$)的情况.下面就自变量的两种变化趋势讨论函数的变化趋势.

1. 当 $x \to \infty$ 时,函数 $f(x)$ 的极限

先列表考察 $f(x) = \dfrac{1}{x}$,当 $x \to \infty$ 时的变化趋势:

表 2-1　$f(x)$ 与 x 的取值关系表

$\|x\|$	$f(x)$
10000	0.0001
1000000	0.000001
100000000	0.00000001

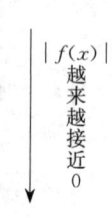

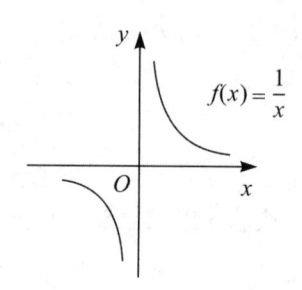

$|x|$ 越来越大 → ; $|f(x)|$ 越来越接近 0 →

图 2-3

由表 2-1 和图 2-3 上可知:当 $x \to \infty$ 时,函数 $f(x)$ 的值无限接近于零,即当 $x \to \infty$ 时,$f(x) \to 0$.

定义 2.1 如果当 x 的绝对值无限增大($x \to \infty$)时,函数 $f(x)$ 无限接近一个确定的常数 A,那么称 A 为 $x \to \infty$ 时函数 $f(x)$ 的极限,记为

$$\lim_{x \to \infty} f(x) = A, \text{或当} \ x \to \infty \text{时}, f(x) \to A.$$

由定义,当 $x \to \infty$ 时,$f(x) = \dfrac{1}{x}$ 的极限是 0,即 $\lim\limits_{x \to \infty} \dfrac{1}{x} = 0$.

在上述定义中,自变量 x 的变化趋势有两种情况,其一是 x 取正值且无限增大,即 $x \to +\infty$,其二是 x 取负值且绝对值无限增大,即 $x \to -\infty$.

定义 1 中要求这两种情况的函数都无限接近同一确定的值. 为此,我们用 $\lim\limits_{x \to +\infty} f(x)$ 表示正无穷处的极限,$\lim\limits_{x \to -\infty} f(x)$ 表示负无穷处的极限.

因此,为了确定无穷远处极限存在,上述两个正、负无穷处极限必须都存在且相等. 于是,上述定义又可以改述为:

定理 2.1 函数 $f(x)$ 在无穷远处极限存在的充要条件是:函数 $f(x)$ 在正无穷远处的极限与负无穷远处的极限都存在并且相等. 即

$$\lim_{x \to +\infty} f(x) = \lim_{x \to -\infty} f(x) = A = \lim_{x \to \infty} f(x)$$

例 2.1 观察并写出下列各极限:

(1) $\lim\limits_{x \to +\infty} \arctan x$ (2) $\lim\limits_{x \to -\infty} \arctan x$

(3) $\lim\limits_{x \to +\infty} e^{-x}$ (4) $\lim\limits_{x \to -\infty} e^{x}$

解: 各函数的曲线如图 2-4 所示:

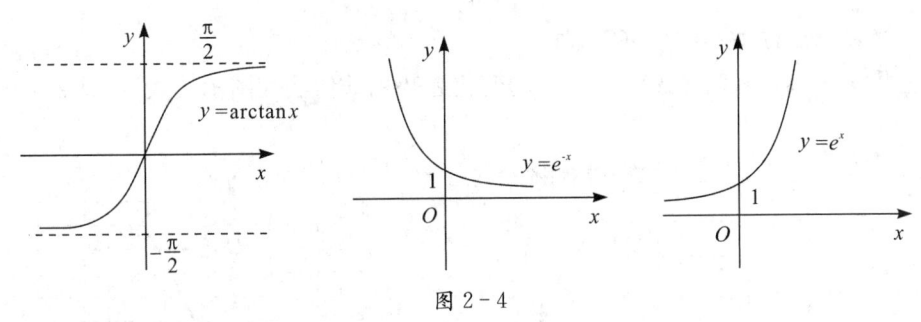

图 2-4

通过观察并结合函数的图象可知:

(1) $\lim\limits_{x \to +\infty} \arctan x = \dfrac{\pi}{2}$ (2) $\lim\limits_{x \to -\infty} \arctan x = -\dfrac{\pi}{2}$

(3) $\lim\limits_{x \to +\infty} e^{-x} = 0$ (4) $\lim\limits_{x \to -\infty} e^{x} = 0$

例 2.2 讨论当 $x \to \infty$ 时,函数 $f(x) = \text{arccot} \, x$ 的极限.

解: 函数的曲线如图 2-5 所示:

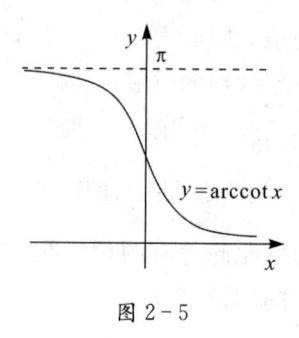

图 2-5

通过观察并结合函数的图象可知：$\lim\limits_{x\to+\infty}\operatorname{arccot} x=0$，$\lim\limits_{x\to-\infty}\operatorname{arccot} x=\pi$，所以$\lim\limits_{x\to\infty}\operatorname{arccot} x$ 不存在.

例 2.3 讨论当 $x\to+\infty$ 时，函数 $f(x)=\dfrac{1}{x^a}(a>0)$ 的极限.

解：函数的曲线如图 2-6 所示：

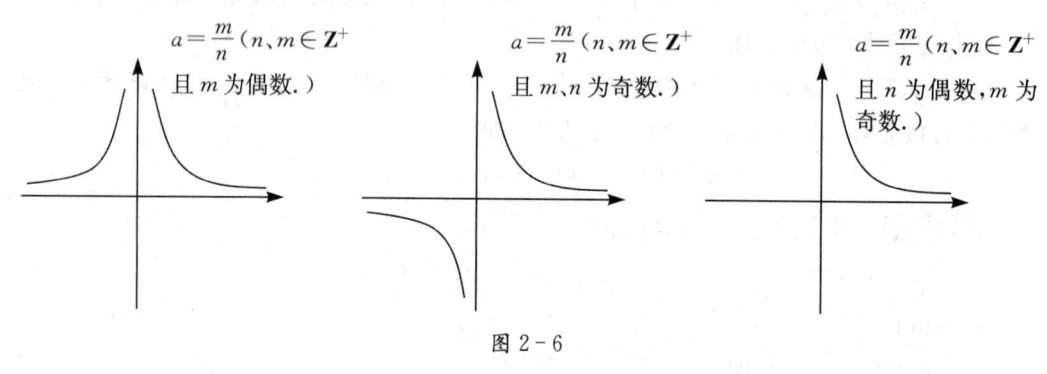

$a=\dfrac{m}{n}(n、m\in\mathbf{Z}^+$ 且 m 为偶数.)

$a=\dfrac{m}{n}(n、m\in\mathbf{Z}^+$ 且 $m、n$ 为奇数.)

$a=\dfrac{m}{n}(n、m\in\mathbf{Z}^+$ 且 n 为偶数，m 为奇数.)

图 2-6

通过观察并结合函数的图象可知：$\lim\limits_{x\to+\infty}\dfrac{1}{x^a}=0(a>0)$.

2. 当 $x\to x_0$ 时，函数 $f(x)$ 的极限

先将 $x\to 4$ 时，函数 $f(x)=2x+3$ 的变化趋势用数值法和图示法表示，见表 2-2 和图 2-7：

表 2-2 用数值法考察极限

x	$f(x)$
2	7
3.6	10.2
3.9	10.8
3.99	10.98
3.999	10.998
...	...
4.001	11.002
4.01	11.02
4.1	11.2
4.8	12.6
5	13

这些输入从左侧趋近于4 ↓ 4 ← 这些输出趋近于11

这些输入从右侧趋近于4 ↑ 11 ← 这些输出趋近于11

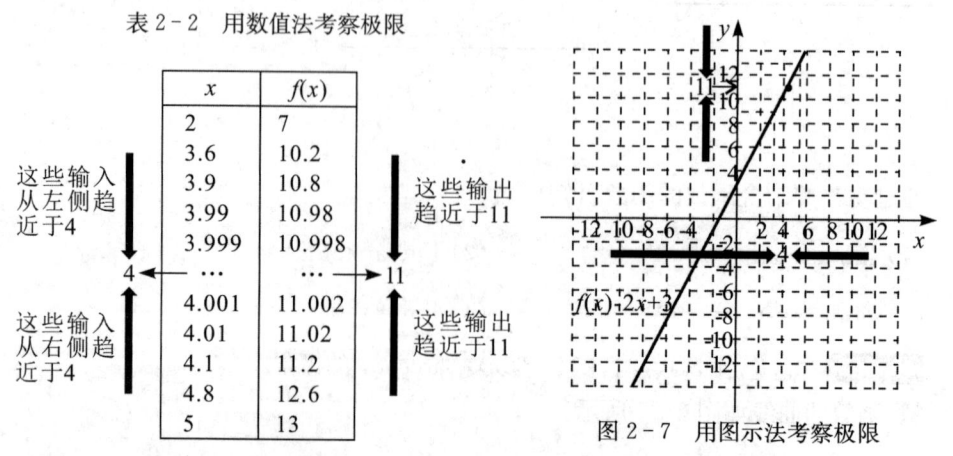

图 2-7 用图示法考察极限

从表 2-2 与图 2-7 中可看出，当 x 从左右两边趋近于 4 时，函数值趋近于 11. 记为

$$\lim_{x \to 4}(2x+3)=11.$$

定义 2.2 如果当 x 从左右两侧无限接近于定值 x_0,即 $x \to x_0$(x 可以不等于 x_0)时,函数 $f(x)$ 无限接近于一个确定的常数 A,那么称 A 为函数 $f(x)$ 在 $x \to x_0$ 时的极限,记为

$$\lim_{x \to x_0} f(x) = A, \text{或当 } x \to x_0 \text{ 时}, f(x) \to A.$$

应当注意,函数 $f(x)$ 在点 x_0 可以没有定义.

2. 当 $x \to x_0$ 时,函数 $f(x)$ 的左、右极限的表示

因为 $x \to x_0$ 有左右两种趋势,有时,只需讨论函数的单边趋势. 为此,我们用 $\lim_{x \to x_0^+} f(x)$ 表示右极限,$\lim_{x \to x_0^-} f(x)$ 表示左极限.

定理 2.2 函数 $f(x)$ 在点 x_0 有极限存在的充要条件是:函数 $f(x)$ 在点 x_0 的左、右极限存在并且相等. 即

$$\lim_{x \to x_0^+} f(x) = \lim_{x \to x_0^-} f(x) = A = \lim_{x \to x_0} f(x).$$

例 2.4 讨论函数 $f(x) = \begin{cases} x+1, & x \geq 0; \\ x-1, & x < 0. \end{cases}$ 在 $x \to 0$ 时的极限.

解:函数的曲线如图 2-8 所示:

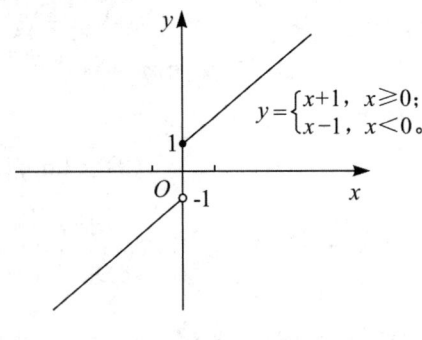

图 2-8

观察函数图象可知:

$$\lim_{x \to 0^-} f(x) = \lim_{x \to 0^-} (x-1) = -1$$

$$\lim_{x \to 0^+} f(x) = \lim_{x \to 0^+} (x+1) = 1$$

因此,当 $x \to 0$ 时,函数 $f(x)$ 的左、右极限存在,但不相等,所以极限 $\lim_{x \to 0} f(x)$ 不存在.

例 2.5(**矩形波分析**)对于如下的矩形波函数

$$f(x) = \begin{cases} 0, & -\pi \leq x < 0; \\ A, & 0 \leq x \leq \pi (A \neq 0). \end{cases}$$

因为 $\lim_{x \to 0^-} f(x) = \lim_{x \to 0^-} 0 = 0$

$\lim_{x \to 0^+} f(x) = \lim_{x \to 0^+} A = A,$

而 $\lim_{x \to 0^-} f(x) = 0 \neq A = \lim_{x \to 0^+} f(x),$

所以,此函数在 $x=0$ 处的极限不存在.

例 2.6 (电流)在一个电路中的电荷量 Q 由下式定义

$$Q=\begin{cases}C, & t\leq 0; \\ Ce^{-\frac{t}{RC}}, & t>0.\end{cases}$$

其中 C、R 为正的常数,分析电荷量 Q 在时间 $t\to 0$ 时的极限.

解:因为 $\lim\limits_{t\to 0^-}Q=\lim\limits_{t\to 0^-}C=C$,$\lim\limits_{t\to 0^+}Q=\lim\limits_{t\to 0^+}Ce^{-\frac{t}{RC}}=C$,

由于 $\lim\limits_{t\to 0^-}Q=C=\lim\limits_{t\to 0^+}Q$,所以 $\lim\limits_{t\to 0}Q=C$.

习题一

1. 观察并写出下列各极限:

(1) $\lim\limits_{x\to\infty}x^{-2}$ \qquad (2) $\lim\limits_{x\to-\infty}2^x$

(3) $\lim\limits_{x\to+\infty}\left(\dfrac{1}{2}\right)^x$ \qquad (4) $\lim\limits_{x\to 4}(x^2+3)$

(5) $\lim\limits_{x\to 0^+}\sin x$ \qquad (6) $\lim\limits_{x\to\frac{\pi}{4}^-}\tan x$.

2. 考察函数 $f(x)=\begin{cases}2x+1, & x>1; \\ 1, & x=1; \\ 3x-1, & x<1.\end{cases}$ 的图象:

(1) 求 $\lim\limits_{x\to 1^+}f(x)$ \qquad (2) 求 $\lim\limits_{x\to 1^-}f(x)$

(3) 求 $\lim\limits_{x\to 1}f(x)$ \qquad (4) 求 $f(1)$

(5) 求 $\lim\limits_{x\to 2}f(x)$ \qquad (6) 求 $\lim\limits_{x\to -2}f(x)$.

3. 设函数 $f(x)=\dfrac{|x|}{x}$,画出它的图象,求当 $x\to 0$ 时,函数的左、右极限,从而说明在 $x\to 0$ 时,$f(x)$ 的极限是否存在.

4. 求函数 $f(x)=\begin{cases}e^x, & x<0; \\ 0, & x=0; \\ x+1, & x>0.\end{cases}$ 当 $x\to 0$ 时的左、右极限,从而说明在 $x\to 0$ 时,$f(x)$ 的极限是否存在.

第二节 函数的连续性与极限运算

一、函数的连续性

定义 2.3 设函数 $y=f(x)$ 在常数 x_0 的某个邻域内有定义,若
$$\lim_{x\to x_0}f(x)=f(x_0)$$
则称函数 $y=f(x)$ 在 x_0 处连续,否则不连续(或间断).

这个定义指出了函数 $y=f(x)$ 处 x_0 连续应满足的三个条件:

(1) 函数 $f(x)$ 在 x_0 及其邻域有定义;

(2) $\lim\limits_{x\to x_0}f(x)$ 存在;

(3) $\lim\limits_{x\to x_0}f(x)=f(x_0)$.

函数在一个区间 I 上连续,是指它在 I 中的每一点都连续.

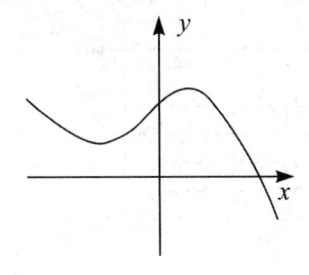

图 2-9

图 2-9 的函数曲线是连续的,

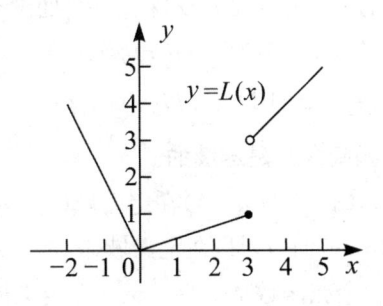

图 2-10

图 2-10 的函数曲线在 $x=3$ 处不连续.

用直观的方法,函数在某个区间上连续可定义为:其图形在笔不离纸的情况下能一笔画出来,即函数在区间上的每一点都连续.

下面讨论函数不连续的原因.见图 2-11:

(a)

(b)

(c)

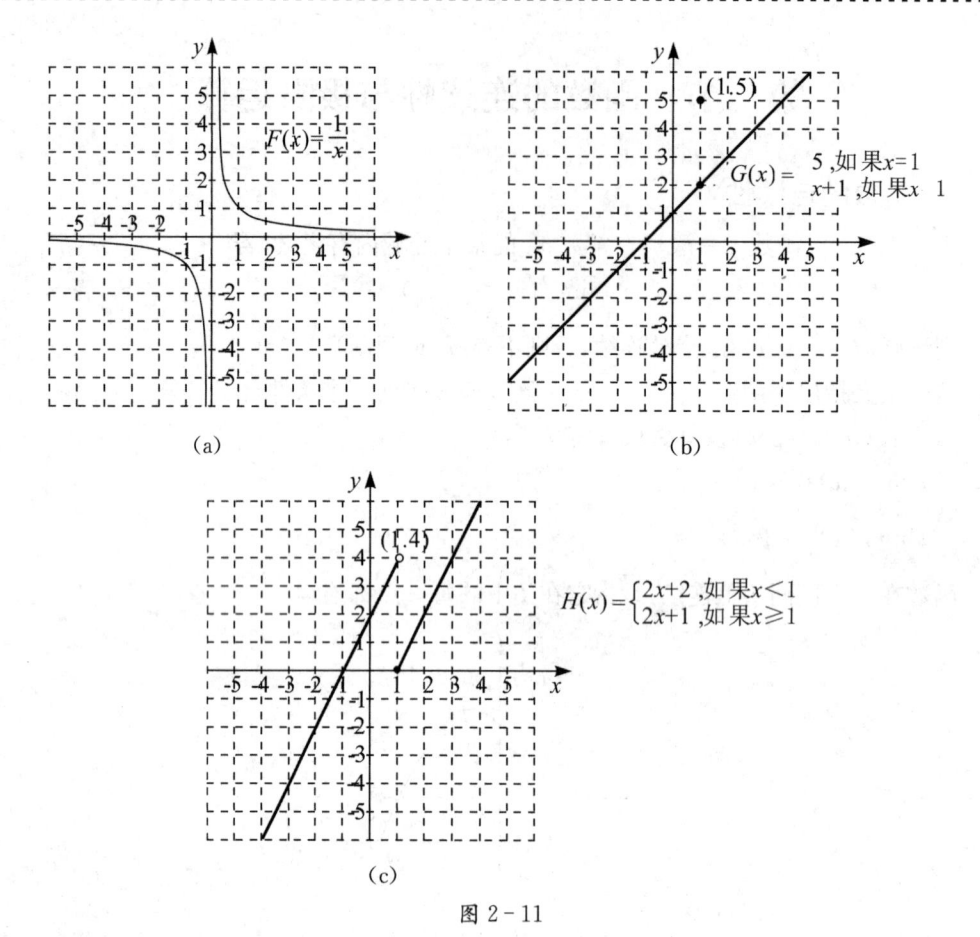

图 2-11

从图 2-11 可知,

函数 $F(x)$ 在 $x=0$ 处不连续,是因为 $F(x)$ 在 $x=0$ 处没有定义.

函数 $G(x)$ 在 $x=1$ 处不连续,是因为 $\lim\limits_{x\to 1}G(x)\neq G(1)$.

函数 $H(x)$ 在 $x=1$ 处不连续,是因为 $\lim\limits_{x\to 1}H(x)$ 不存在.

基本初等函数在其定义区间内都是连续的.

例如:指数函数 $f(x)=a^x(a>0$ 且 $a\neq 1)$ 在定义域 $(-\infty,+\infty)$ 内连续;

对数函数 $f(x)=\log_a x(a>0$ 且 $a\neq 1)$ 在定义域 $(0,+\infty)$ 内连续;

正弦函数 $f(x)=\sin x$ 和余弦函数 $f(x)=\cos x$ 在定义域 $(-\infty,+\infty)$ 内都连续;

反正弦函数 $f(x)=\arcsin x$ 在定义域 $[-1,1]$ 内连续,反正切函数 $f(x)=\arctan x$ 在定义域 $(-\infty,+\infty)$ 内连续.

例 2.7 求 $\lim\limits_{x\to 1}\dfrac{3x+1}{x^2-2x+3}$.

解: $\lim\limits_{x\to 1}\dfrac{3x+1}{x^2-2x+3}=\dfrac{3\times 1+1}{1^2-2\times 1+3}=2$.

例 2.8 求 $\lim\limits_{x\to \frac{\pi}{2}}\ln\sin x$.

解： 因为 $f(x)=\ln\sin x$ 是初等函数，它在点 $x=\dfrac{\pi}{2}$ 有定义，所以

$$\lim_{x\to\frac{\pi}{2}}\ln\sin x=\ln\sin\frac{\pi}{2}=0$$

例 2.9 求 $\lim\limits_{x\to 2}\dfrac{x^2-2x+3}{x+4}$.

解： $\lim\limits_{x\to 2}\dfrac{x^2-2x+3}{x+4}=\dfrac{3}{6}=\dfrac{1}{2}$.

二、极限运算法则

定理 2.3（极限的四则运算法则） 设 $\lim f(x)$ 和 $\lim g(x)$ 都存在，则

(1) $\lim[f(x)\pm g(x)]=\lim f(x)\pm\lim g(x)$；

(2) $\lim[f(x)g(x)]=\lim f(x)\lim g(x)$；

(3) 当 $\lim g(x)\neq 0$ 时，有 $\lim\dfrac{f(x)}{g(x)}=\dfrac{\lim f(x)}{\lim g(x)}$.

推论 2.1 若 $\lim f(x)$ 存在，c 为常数，则

$$\lim cf(x)=c\lim f(x).$$

推论 2.2 若 $f(x)=A$，n 为自然数，则

$$\lim[f(x)]^n=[\lim f(x)]^n=A^n.$$

说明：以上极限式中没有注明自变量 x 的变化趋势的，是指对 x 的任何一种变化都适应.

例 2.10 求 $\lim\limits_{x\to+\infty}\left(3\arctan x+\left(\dfrac{1}{2}\right)^x\right)$.

解： $\lim\limits_{x\to+\infty}\left(3\arctan x+\left(\dfrac{1}{2}\right)^x\right)=\lim\limits_{x\to+\infty}(3\arctan x)+\lim\limits_{x\to+\infty}\left(\dfrac{1}{2}\right)^x$

$$=3\lim\limits_{x\to+\infty}(\arctan x)+\lim\limits_{x\to+\infty}\left(\dfrac{1}{2}\right)^x=3\times\dfrac{\pi}{2}+0=\dfrac{3\pi}{2}.$$

例 2.11 求 $\lim\limits_{x\to 3}\dfrac{x^2-4x+3}{x^2-x-6}$.

解： 因当 $x\to 3$ 时，分子、分母的极限都是 0，故上述极限式称为 $\dfrac{0}{0}$ 型未定式，不能直接用极限运算法则，但可以应用恒等变形消去"未定型"，再使用运算法则.

$$\lim_{x\to 3}\dfrac{x^2-4x+3}{x^2-x-6}=\lim_{x\to 3}\dfrac{(x-1)(x-3)}{(x+2)(x-3)}=\lim_{x\to 3}\dfrac{x-1}{x+2}=\dfrac{2}{5}.$$

例 2.12 求 $\lim\limits_{x\to 3}\left(\dfrac{x^2-4x+3}{x^2-x-6}\right)^2$.

解： 由极限运算法则和例 2.11 可得

$$\lim_{x\to 3}\left(\dfrac{x^2-4x+3}{x^2-x-6}\right)^2=\left(\lim_{x\to 3}\dfrac{x^2-4x+3}{x^2-x-6}\right)^2=\left(\dfrac{2}{5}\right)^2=\dfrac{4}{25}.$$

例2.13 求 $\lim\limits_{x \to 1} \dfrac{x^2-4x+3}{\sqrt{x+3}-2}$.

解：
$$\lim\limits_{x \to 1} \dfrac{x^2-4x+3}{\sqrt{x+3}-2} = \lim\limits_{x \to 1} \dfrac{(x^2-4x+3)(\sqrt{x+3}+2)}{(\sqrt{x+3}-2)(\sqrt{x+3}+2)}$$
$$= \lim\limits_{x \to 1} \dfrac{(x^2-4x+3)(\sqrt{x+3}+2)}{(x+3)-4}$$
$$= \lim\limits_{x \to 1} \dfrac{(x-1)(x-3)(\sqrt{x+3}+2)}{x-1}$$
$$= \lim\limits_{x \to 1} (x-3)(\sqrt{x+3}+2) = (1-3)(\sqrt{1+3}+2) = -8.$$

例2.14 求 $\lim\limits_{x \to \infty} \dfrac{x^3-3x+1}{3x^3+x+2}$.

解： 因分子、分母的极限都是 ∞，故上述极限式称为 $\dfrac{\infty}{\infty}$ 型未定式，应用恒等变形，将分子、分母都除以 x^3，得

$$\lim\limits_{x \to \infty} \dfrac{x^3-3x+1}{3x^3+x+2} = \lim\limits_{x \to \infty} \dfrac{1-\dfrac{3}{x^2}+\dfrac{1}{x^3}}{3+\dfrac{1}{x^2}+\dfrac{2}{x^3}} = \dfrac{1-0+0}{3+0+0} = \dfrac{1}{3}$$

例2.15 求 $\lim\limits_{x \to \infty} \dfrac{2x^2-3x+1}{3x^3+x+2}$.

解： 因分子、分母的极限都是 ∞，故上述极限式称为 $\dfrac{\infty}{\infty}$ 型未定式，应用恒等变形，将分子、分母都除以 x^3，得

$$\lim\limits_{x \to \infty} \dfrac{2x^2-3x+1}{3x^3+x+2} = \lim\limits_{x \to \infty} \dfrac{\dfrac{2}{x}-\dfrac{3}{x^2}+\dfrac{1}{x^3}}{3+\dfrac{1}{x^2}+\dfrac{2}{x^3}} = \dfrac{0-0+0}{3+0+0} = 0$$

例2.16 求 $\lim\limits_{x \to \infty} \dfrac{2x^3-3x+1}{3x^2+x+2}$.

解： 因分子、分母的极限都是 ∞，故上述极限式称为 $\dfrac{\infty}{\infty}$ 型未定式，应用恒等变形，将分子、分母都除以 x^2，得

$$\lim\limits_{x \to \infty} \dfrac{2x^3-3x+1}{3x^2+x+2} = \lim\limits_{x \to \infty} \dfrac{2x-\dfrac{3}{x}+\dfrac{1}{x^2}}{3+\dfrac{1}{x}+\dfrac{2}{x^2}}$$

此时，$\lim\limits_{x \to \infty}\left(3+\dfrac{1}{x}+\dfrac{2}{x^2}\right)=3$，而 $\lim\limits_{x \to \infty}\left(2x-\dfrac{3}{x}+\dfrac{1}{x^2}\right)$ 不存在，但当 $|x|>\dfrac{1}{3}$ 时，随着 $|x|$ 越来越大，$\left|2x-\dfrac{3}{x}+\dfrac{1}{x^2}\right|$ 也越来越大，我们可记

$$\lim\limits_{x \to \infty}\left(2x-\dfrac{3}{x}+\dfrac{1}{x^2}\right)=\infty$$

而无穷大除以常数 3 仍然为无穷大,

所以, $\lim\limits_{x\to\infty}\dfrac{2x^3-3x+1}{3x^2+x+2}$ 不存在, 也可记为 $\lim\limits_{x\to\infty}\dfrac{2x^3-3x+1}{3x^2+x+2}=\infty$.

归纳为公式: $\lim\limits_{x\to\infty}\dfrac{a_nx^n+a_{n-1}x^{n-1}+\cdots+a_0}{b_mx^m+b_{m-1}x^{m-1}+\cdots+b_0}=\begin{cases}0, & n<m;\\ \dfrac{a_n}{b_m}, & n=m;\\ \infty, & n>m.\end{cases}$

例 2.17 (**产品利润中的极限问题**) 已知生产 x 对汽车挡泥板的成本是 $C(x)=10+\sqrt{1+x^2}$ (元), 每对的售价为 5 元. 于是销售 x 对的收入为 $R(x)$. 出售 $x+1$ 对, 比出售 x 对的利润增长额 $I(x)=[R(x+1)-C(x+1)]-[R(x)-C(x)]$. 当生产稳定、产量很大时, 这个增长额为 $\lim\limits_{x\to+\infty}I(x)$, 试求这个极限值.

解: $I(x)=[5(x+1)-(10+\sqrt{1+(1+x)^2})]-[5x-(10+\sqrt{1+x^2})]$
$=5+\sqrt{1+x^2}-\sqrt{1+(1+x)^2}$

求 $\lim\limits_{x\to+\infty}I(x)$, 实质上是求 $\lim\limits_{x\to+\infty}\sqrt{1+x^2}-\sqrt{1+(1+x)^2}$

原式 $=\lim\limits_{x\to+\infty}\dfrac{1+x^2-[1+(1+x)^2]}{\sqrt{1+x^2}+\sqrt{1+(1+x)^2}}$

$=\lim\limits_{x\to+\infty}\dfrac{-2x-1}{\sqrt{1+x^2}+\sqrt{1+(1+x)^2}}$

$=\lim\limits_{x\to+\infty}\dfrac{-2-\dfrac{1}{x}}{\sqrt{\dfrac{1}{x^2}+1}+\sqrt{\dfrac{1}{x^2}+(1+\dfrac{1}{x})^2}}=-1$

因此 $\lim\limits_{x\to+\infty}I(x)=5+(-1)=4$.

例 2.18 (**游戏销售**) 当推出一种新的电子游戏时, 在短期内销售量会迅速增加, 然后开始下降, 其函数关系为 $s(t)=\dfrac{200t}{t^2+100}$, t 为月份, 如图 2-12 所示.

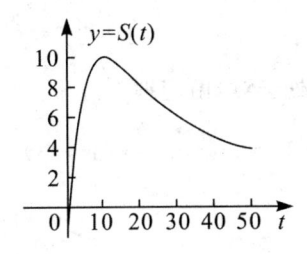

图 2-12

(1) 请计算游戏推出后第 6 个月、第 12 个月和第 36 个月的销售量.

(2) 如果要对该产品的长期销售量做出预测, 请建立相应的表达式.

解:

(1) $s(6) = \dfrac{200 \times 6}{6^2 + 100} = \dfrac{1200}{136} \approx 8.8235$

$s(12) = \dfrac{200 \times 12}{12^2 + 100} = \dfrac{2400}{244} \approx 9.8361$

$s(36) = \dfrac{200 \times 36}{36^2 + 100} = \dfrac{7200}{1396} \approx 5.1576$

(2) 随着时间的推移,该产品的长期销售量应为时间 $t \to +\infty$ 时的销售量,即

$$\lim_{t \to +\infty} \dfrac{200t}{t^2 + 100} = \lim_{t \to +\infty} \dfrac{200}{t + \dfrac{100}{t}} = 0$$

上式说明当时间 $t \to +\infty$ 时,销售量的极限为 0,即购买此游戏的人会越来越少,理论上会达到 0,人们转向购买新的游戏.

三、复合函数的极限

定理 2.4 设函数 $u = g(x)$ 当 $x \to x_0$ 时极限为 u_0,即

$$\lim_{x \to x_0} g(x) = u_0$$

而函数 $f(u)$ 在点 u_0 处连续,则复合函数 $f(g(x))$ 在 $x \to x_0$ 时极限存在且等于 $f(u_0)$,即

$$\lim_{x \to x_0} f(g(x)) = f(u_0)$$

又因为

$$\lim_{x \to x_0} f(g(x)) = f(u_0) = f(\lim_{x \to x_0} g(x))$$

所以,求复合函数的极限时,如果 $u = g(x)$ 在点 $x \to x_0$ 时极限存在且为 u_0,又 $y = f(u)$ 在点 u_0 处连续,则极限符号可以与函数符号交换位置.

例 2.19 求 $\lim\limits_{x \to 2} \arctan(x^2 - 3)$.

解: 令 $u = g(x) = x^2 - 3$,则函数 $y = \arctan(x^2 - 3)$ 可看成由函数 $y = \arctan u$ 以及 $u = x^2 - 3$ 复合而成的复合函数,又因为

$$\lim_{x \to 2}(x^2 - 3) = 1$$

而 $y = \arctan u$ 在点 $u_0 = 1$ 处连续,由定理可得

$$\lim_{x \to 2} \arctan(x^2 - 3) = \arctan(\lim_{x \to 2}(x^2 - 3)) = \arctan 1 = \dfrac{\pi}{4}$$

例 2.20 求 $\lim\limits_{x \to 1} 2^{\frac{x^2 - 6x + 5}{x^2 + 2x - 3}}$.

解: $\lim\limits_{x \to 1} 2^{\frac{x^2 - 6x + 5}{x^2 + 2x - 3}} = 2^{\lim\limits_{x \to 1} \frac{x^2 - 6x + 5}{x^2 + 2x - 3}} = 2^{\lim\limits_{x \to 1} \frac{(x - 5)(x - 1)}{(x + 3)(x - 1)}}$

$= 2^{\lim\limits_{x \to 1} \frac{x - 5}{x + 3}} = 2^{-1} = \dfrac{1}{2}$.

习 题 二

1. 参考图 2-13,解答下列问题

(1) 求 $\lim\limits_{x \to 0^+} f(x)$, $\lim\limits_{x \to 0^-} f(x)$, $\lim\limits_{x \to 0} f(x)$ 的值.

(2) 求 $f(0)$ 的值.

(3) $f(x)$ 在 $x=0$ 处连续吗?

(4) 求 $\lim\limits_{x \to 2} f(x)$ 的值.

(5) $f(x)$ 在 $x=2$ 处连续吗?

2. 参考图 2-14,确定每个论断是对还是错.

(1) $\lim\limits_{x \to 2^+} f(x) = 1$.

(2) $\lim\limits_{x \to 2^-} f(x) = 0$.

(3) $\lim\limits_{x \to 2^+} f(x) = \lim\limits_{x \to 2^-} f(x)$.

(4) $\lim\limits_{x \to -2} f(x)$ 不存在.

(5) $\lim\limits_{x \to -2} f(x) = 2$.

(6) $\lim\limits_{x \to 0} f(x) = 0$.

(7) $f(0) = 2$.

(8) $f(x)$ 在 $x=-2$ 处连续.

(9) $f(x)$ 在 $x=0$ 处连续.

(10) $f(x)$ 在 $x=-1$ 处连续.

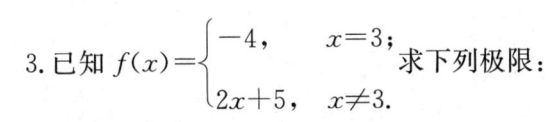

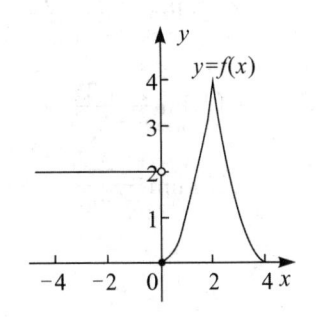

图 2-13

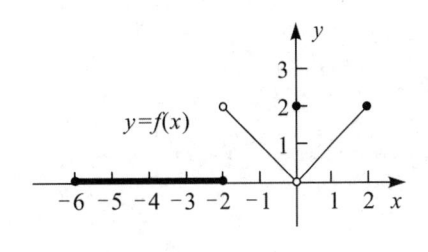

图 2-14

3. 已知 $f(x) = \begin{cases} -4, & x=3; \\ 2x+5, & x \neq 3. \end{cases}$ 求下列极限:

(1) $\lim\limits_{x \to 3^-} f(x)$

(2) $\lim\limits_{x \to 3^+} f(x)$

(3) $\lim\limits_{x \to 3} f(x)$

(4) $\lim\limits_{x \to 2} f(x)$

4. 计算下列极限:

(1) $\lim\limits_{x \to 2} \dfrac{3x^2-x+5}{2x+1}$

(2) $\lim\limits_{x \to 1} \dfrac{x^2-1}{2x}$

(3) $\lim\limits_{x \to \infty} \dfrac{3x^2-2x+1}{2x^2+1}$

(4) $\lim\limits_{x \to \infty} \dfrac{4x^3+x+3}{2x^4+1}$

(5) $\lim\limits_{x \to \infty} \dfrac{x-2}{x^2-4}$

(6) $\lim\limits_{x \to 2}(x^4-5x^2+2x-3)$

(7) $\lim\limits_{x \to 2} \dfrac{1}{x-2}$

(8) $\lim\limits_{h \to 0} \dfrac{5}{x(x+h)}$

47

(9) $\lim\limits_{x \to 1} \dfrac{\sqrt{x}-1}{x-1}$

(10) $\lim\limits_{x \to 0} \dfrac{\sqrt{1+x}-1}{x}$

(11) $\lim\limits_{x \to -2} \dfrac{x^2-4}{\sqrt{x^2+5}-4}$

(12) $\lim\limits_{x \to 0} \dfrac{\sqrt{x+4}-\sqrt{4-x}}{x}$

(13) $\lim\limits_{x \to 0} \dfrac{x^2+3x}{x-2x^4}$

(14) $\lim\limits_{x \to 0} \dfrac{x\sqrt{x}}{x+x^2}$

(15) $\lim\limits_{x \to -2} \dfrac{x^3+8}{x^2-4}$

(16) $\lim\limits_{x \to 0} \dfrac{\lfloor x \rfloor}{x}$

第三节 两个重要极限

一、$\lim\limits_{x \to 0} \dfrac{\sin x}{x}$.

我们先列表考察当 $x \to 0$ 时,函数 $\dfrac{\sin x}{x}$ 的变化趋势:

表 2-3 $\dfrac{\sin x}{x}$ 的函数值变化趋势

x	± 0.5	± 0.1	± 0.05	± 0.001	$\cdots$	$\to 0$
$\dfrac{\sin x}{x}$	0.958 86	0.998 33	0.999 58	0.999 98	$\cdots$	$\to 1$

由上可见,当 $x \to 0$ 时,$\dfrac{\sin x}{x} \to 1$.

可以证明:$\lim\limits_{x \to 0^+} \dfrac{\sin x}{x} = \lim\limits_{x \to 0^-} \dfrac{\sin x}{x} = 1$,从而 $\lim\limits_{x \to 0} \dfrac{\sin x}{x} = 1$.(证明略)

例 2.21 求 $\lim\limits_{x \to 0} \dfrac{\sin 2x}{x}$.

解:$\lim\limits_{x \to 0} \dfrac{\sin 2x}{x} = \lim\limits_{x \to 0} \left(\dfrac{\sin 2x}{2x} \times 2 \right) = 2 \lim\limits_{x \to 0} \dfrac{\sin 2x}{2x}$.

令 $t = 2x$,则当 $x \to 0, t \to 0$ 时,

$\lim\limits_{x \to 0} \dfrac{\sin 2x}{x} = 2 \lim\limits_{t \to 0} \dfrac{\sin t}{t} = 2$.

例 2.22 求 $\lim\limits_{x \to 0} \dfrac{\tan x}{x}$.

解:$\lim\limits_{x \to 0} \dfrac{\tan x}{x} = \lim\limits_{x \to 0} \left(\dfrac{\sin x}{x} \cdot \dfrac{1}{\cos x} \right) = \lim\limits_{x \to 0} \dfrac{\sin x}{x} \lim\limits_{x \to 0} \dfrac{1}{\cos x} = 1$.

例 2.23 求 $\lim\limits_{x \to 0} \dfrac{\sin 2x}{\tan 3x}$.

解:$\lim\limits_{x \to 0} \dfrac{\sin 2x}{\tan 3x} = \lim\limits_{x \to 0} \dfrac{\dfrac{\sin 2x}{x}}{\dfrac{\tan 3x}{x}} = \lim\limits_{x \to 0} \dfrac{\dfrac{\sin 2x}{2x} \times 2}{\dfrac{\tan 3x}{3x} \times 3}$

$= \dfrac{2}{3} \lim\limits_{x \to 0} \dfrac{\dfrac{\sin 2x}{2x}}{\dfrac{\tan 3x}{3x}} = \dfrac{2}{3} \dfrac{\lim\limits_{x \to 0} \dfrac{\sin 2x}{2x}}{\lim\limits_{x \to 0} \dfrac{\tan 3x}{3x}} = \dfrac{2}{3} \times \dfrac{1}{1} = \dfrac{2}{3}$.

例 2.24 求 $\lim\limits_{x \to 0} \dfrac{1 - \cos x}{x^2}$.

解:$\lim\limits_{x \to 0} \dfrac{1 - \cos x}{x^2} = \lim\limits_{x \to 0} \dfrac{1 - \left(1 - 2\sin^2 \dfrac{x}{2} \right)}{x^2} = \lim\limits_{x \to 0} \dfrac{2\sin^2 \dfrac{x}{2}}{x^2}$

$$= 2\lim_{x \to 0}\left(\frac{\sin\frac{x}{2}}{x}\right)^2 = 2\lim_{x \to 0}\left(\frac{\sin\frac{x}{2}}{2 \times \frac{x}{2}}\right)^2$$

$$= \frac{2}{4}\left(\lim_{x \to 0}\frac{\sin\frac{x}{2}}{\frac{x}{2}}\right)^2 = \frac{1}{2}.$$

归纳:若当 $x \to *$ 时,$u(x) \to 0$,则有:

(1) $\lim\limits_{x \to *}\dfrac{\sin u(x)}{u(x)} = 1$;

(2) $\lim\limits_{x \to *}\dfrac{\tan u(x)}{u(x)} = 1$;

(3) $\lim\limits_{x \to *}\dfrac{1-\cos u(x)}{u^2(x)} = \dfrac{1}{2}$.

二、$\lim\limits_{x \to \infty}\left(1+\dfrac{1}{x}\right)^x$

我们先列表考察当 $x \to +\infty$ 及 $x \to -\infty$ 时,函数 $\left(1+\dfrac{1}{x}\right)^x$ 的变化趋势:

表 2-4　$\left(1+\dfrac{1}{x}\right)^x$ 的函数值变化趋势

x	10	100	1000	10 000	100 000	$\to \infty$
$(1+\frac{1}{x})^x$	2.59	2.705	2.717	2.718	2.718 27	2.71828…
x	-10	-100	-1000	$-10\ 000$	$-100\ 000$	$\to +\infty$
$(1+\frac{1}{x})^x$	2.88	2.732	2.720	2.718 3	2.71828	2.71828…

从表 2-4 可以看出,当 $x \to +\infty$ 及 $x \to -\infty$ 时,函数 $\left(1+\dfrac{1}{x}\right)^x$ 的对应值无限地趋近于一个确定的数 2.718 28……

可以证明,当 $x \to +\infty$ 及 $x \to -\infty$ 时,函数 $\left(1+\dfrac{1}{x}\right)^x$ 的极限存在而且相等. 我们用自然常数 e 表示这个极限值,即

$$\lim_{x \to \infty}\left(1+\frac{1}{x}\right)^x = e \qquad (1)$$

这个 e 是一个无理数,它的值是 e = 2.718281828459045….

在(1)式中,设 $z = \dfrac{1}{x}$,则当 $x \to \infty$ 时,$z \to 0$,于是(1)式又可写成

$$\lim_{z \to 0}(1+z)^{\frac{1}{z}} = e$$

例 2.25　求 $\lim\limits_{x \to \infty}\left(1+\dfrac{2}{x}\right)^x$.

解:先将 $1+\dfrac{2}{x}$ 写成下列形式:

$$1+\dfrac{2}{x}=1+\dfrac{1}{\dfrac{x}{2}}$$

然后令 $t=\dfrac{x}{2}$,由于当 $x\to\infty$ 时,$t\to\infty$,从而

$$\lim_{x\to\infty}(1+\dfrac{2}{x})^x=\lim_{t\to\infty}(1+\dfrac{1}{t})^{2t}=\lim_{t\to\infty}\left[(1+\dfrac{1}{t})^t\right]^2=\left[\lim_{t\to\infty}(1+\dfrac{1}{t})^t\right]^2=e^2.$$

例 2.26 求 $\lim\limits_{x\to\infty}(1-\dfrac{1}{x})^x$.

解:令 $t=-x$,则 $x=-t$,由于当 $x\to\infty$ 时,$t\to\infty$ 从而

$$\lim_{x\to\infty}(1-\dfrac{1}{x})^x=\lim_{t\to\infty}(1+\dfrac{1}{t})^{-t}=\lim_{t\to\infty}\left[(1+\dfrac{1}{t})^t\right]^{-1}$$

$$=\lim_{t\to\infty}\dfrac{1}{(1+\dfrac{1}{t})^t}=\dfrac{1}{\lim\limits_{t\to\infty}(1+\dfrac{1}{t})^t}=\dfrac{1}{e}.$$

例 2.27 求 $\lim\limits_{x\to 0}(1+x)^{\frac{2}{x}+3}$.

解:
$$\lim_{x\to 0}(1+x)^{\frac{2}{x}+3}=\lim_{x\to 0}(1+x)^{\frac{2}{x}}\lim_{x\to 0}(1+x)^3$$

$$=\left[\lim_{x\to 0}(1+x)^{\frac{1}{x}}\right]^2\left[\lim_{x\to 0}(1+x)\right]^3=e^2\times 1^3=e^2.$$

例 2.28 求 $\lim\limits_{x\to\infty}(\dfrac{x}{x+3})^x$.

解:
$$\lim_{x\to\infty}(\dfrac{x}{x+3})^x=\lim_{x\to\infty}(\dfrac{1}{1+\dfrac{3}{x}})^x=\dfrac{1}{\lim\limits_{x\to\infty}(1+\dfrac{3}{x})^x}$$

$$=\dfrac{1}{(\lim\limits_{x\to\infty}(1+\dfrac{3}{x})^{\frac{x}{3}})^3}=\dfrac{1}{e^3}.$$

例 2.29 求 $\lim\limits_{x\to 0}\cos(1+x)^{\frac{1}{x}}$.

解:$\lim\limits_{x\to 0}\cos(1+x)^{\frac{1}{x}}=\cos\left[\lim\limits_{x\to 0}(1+x)^{\frac{1}{x}}\right]=\cos e.$

归纳:(1) $\lim\limits_{x\to\infty}(1+\dfrac{a}{bx+c})^{dx+m}=e^{\frac{a}{b}\cdot d}$(其中 a,b,c,d,m 为常数,且 $ab\neq 0$);

(2) $\lim\limits_{x\to 0}(1+ax)^{\frac{b}{x}+c}=e^{a\cdot b}$(其中 a,b,c 为常数,且 $ab\neq 0$);

(3)若 $\lim\limits_{x\to *}u(x)=0$,则 $\lim\limits_{x\to *}(1+u(x))^{\frac{1}{u(x)}}=e.$

下面解决引例 2.

[引例 2] 某顾客向银行存入本金 a 元,t 年后在银行的本金与利息之和称为本息和. 假设银行规定年利率为 r.(1)分别按每年结算一次(年利率为 r)、每月结算一次(每月

的利率为 $r/12$)、每天结算一次(每日的利率为 $r/365$)计算顾客 t 年后的本息和.(2)每年结算 m 次,每个结算周期的利率为 r/m 计算顾客 t 年后的本息和;(3)当 m 趋于无穷时,结算周期变为无穷小,这意味银行连续不断地向顾客付利息,这种存款方法称为连续复利.试计算连续复利情况下顾客的本息和.

解:(1)因为存款的本金为 a 元,年利率为 r,

(a)若每年结算一次,则满一年时,本息和为 $a+ar=a(1+r)$.

第二年的本金 $a(1+r)$,满两年时,本息和为
$$a(1+r)+a(1+r)r=a(1+r)^2$$
……

满 t 年时,本息和为 $a(1+r)^t$.

(b)如果每月结算一次,因年利率为 r,则每月的利率为 $\frac{r}{12}$,仿照上面的方法,满一年时的本息和为 $a(1+\frac{r}{12})^{12}$.

满两年时的本息和为 $a(1+\frac{r}{12})^{24}$.

……

满 t 年时,本息和为 $a(1+\frac{r}{12})^{12t}$.

(c)如果每天结算一次,因年年利率为 r,则日的利率为 $\frac{r}{365}$,仿照上面的方法,满一年时的本息和为 $a(1+\frac{r}{365})^{365}$.

满两年时的本息和为 $a(1+\frac{r}{365})^{365\times 2}$.

……

满 t 年时,本息和为 $a(1+\frac{r}{365})^{365t}$.

(2)每年结算 m 次,则每个结算周期的利率为 $\frac{r}{m}$,

满一年时的本息和为 $a(1+\frac{r}{m})^m$.

满两年时的本息和为 $a(1+\frac{r}{m})^{2m}$.

……

满 t 年时,本息和为 $a(1+\frac{r}{m})^{mt}$.

(3)由(2)知,每年结算 m 次,满 t 年时,本息和为 $a_m=a(1+\frac{r}{m})^{mt}$,则

$$\lim_{m\to\infty}a(1+\frac{r}{m})^{mt}=a\cdot e^{rt}$$

引例 3 假定某种疾病流行 t 天后,感染的人数 N 由下式给出

$$N=\frac{1000000}{1+5000e^{-0.1t}}$$

问:(1)有可能某天会有 100 万人染上病吗? 50 万人呢? 25 万人呢?

(2)从长远考虑,将有多少人感染上这种病?

解:(1)令 $\dfrac{1000000}{1+5000e^{-0.1t}}=1000000$,$t$ 无解;

令 $\dfrac{1000000}{1+5000e^{-0.1t}}=500000$,得 $t=85.12$;

令 $\dfrac{1000000}{1+5000e^{-0.1t}}=250000$,得 $t=74.19$.

(2) $\lim\limits_{t\to\infty}\dfrac{1000000}{1+5000e^{-0.1t}}=1000000$ 人.

习 题 三

1. 计算下列极限:

(1) $\lim\limits_{x\to 0}\dfrac{\sin\dfrac{x}{3}}{x}$

(2) $\lim\limits_{x\to 0}\dfrac{\sin 2x}{\tan 3x}$

(3) $\lim\limits_{x\to 0}\dfrac{1-\cos 2x}{x\sin x}$

(4) $\lim\limits_{x\to 0}\dfrac{x^2}{1-\cos x}$

(5) $\lim\limits_{x\to 1}\dfrac{\tan 3(x-1)}{x^2-1}$

(6) $\lim\limits_{x\to 0}\dfrac{\tan\beta x}{\sin\alpha x}(\alpha\neq 0)$

(7) $\lim\limits_{x\to 0}\dfrac{1-\cos x^2}{x^2\cdot\sin 3x\cdot\tan 2x}$

(8) $\lim\limits_{x\to\infty}x\sin\dfrac{1}{x}$

2. 计算下列极限:

(1) $\lim\limits_{x\to\infty}(1+\dfrac{3}{x})^x$

(2) $\lim\limits_{x\to\infty}(1-\dfrac{1}{2x})^x$

(3) $\lim\limits_{x\to 0}(1+x)^{\frac{3}{x}}$

(4) $\lim\limits_{x\to 0}(1-2x)^{\frac{5}{3x}}$

(5) $\lim\limits_{x\to\infty}(\dfrac{1+x}{x})^{2x}$

(6) $\lim\limits_{x\to\infty}(\dfrac{x+a}{x-a})^x$

(7) $\lim\limits_{x\to 0}(1+\sin x)^{\frac{1}{\sin x}}$

(8) $\lim\limits_{x\to\infty}(1+\dfrac{4}{x})^{2x+3}$

第四节 无穷小量与无穷大量

一、无穷小与无穷大

1. 无穷小的定义

定义 2.4 若 $\lim\limits_{x \to x_0} f(x) = 0$ ($\lim\limits_{x \to \infty} f(x) = 0$)，称 $f(x)$ 为 $x \to x_0$ (或 $x \to \infty$) 时的**无穷小量**，简称无穷小.

注意：无穷小是一个绝对值无限变小的变量，而不是绝对值很小的数.

2. 无穷小的性质

(1) 有限个无穷小的代数和仍是无穷小；

(2) 有限个无穷小的积仍是无穷小；

(3) 同一变化过程中的有界函数与无穷小的积仍是无穷小.

例 2.30 求 $\lim\limits_{x \to \infty} \dfrac{\sin x}{x}$.

解：因为
$$|\sin x| \leqslant 1$$
当 $x \to \infty$ 时，$\dfrac{1}{x} \to 0$，

所以
$$\lim\limits_{x \to \infty} \dfrac{\sin x}{x} = \lim\limits_{x \to \infty} \dfrac{1}{x} \sin x = 0$$

3. 无穷大

定义 2.5 当 $x \to x_0$ (或 $x \to \infty$) 时，函数 $f(x)$ 的绝对值无限增大，那么函数 $f(x)$ 叫做 $x \to x_0$ (或 $x \to \infty$) 时的**无穷大量**，简称无穷大. 记为
$$\lim\limits_{x \to x_0} f(x) = \infty \ (\lim\limits_{x \to \infty} f(x) = \infty) \quad \text{或} \quad f(x) \to \infty (x \to x_0 \text{ 或 } \infty)$$

例如：因 $\lim\limits_{x \to 0} \dfrac{1}{x} = \infty$，故说 $\dfrac{1}{x}$ 是 $x \to 0$ 时的无穷大.

4. 无穷小与无穷大的关系

定理 2.5 无穷大的倒数是无穷小，非零无穷小的倒数是无穷大.

二、无穷小的比较

我们知道两个无穷小的代数和及乘积仍然是无穷小，但是两个无穷小的商却会出现不同的情况，例如，当 $x \to 0$ 时，$x, 3x, x^2$ 都是无穷小，而

$$\lim\limits_{x \to 0} \dfrac{x^2}{3x} = 0, \quad \lim\limits_{x \to 0} \dfrac{3x}{x^2} = \infty, \quad \lim\limits_{x \to 0} \dfrac{3x}{x} = 3.$$

两个无穷小之比的极限的各种不同情况，反映了不同的无穷小趋向零的快慢程度，从表 2-5 可以看出，当 $x \to 0$ 时，x^2 比 $3x$ 更快地趋向零，反过来，$3x$ 比 x^2 较慢地趋向

零,而 $3x$ 与 x 趋向零的速度相仿.

表 2-5　$3x$、x^2 的函数值变化趋势

x	1	0.5	0.1	0.01	⋯	→0
$3x$	3	1.5	0.3	0.03	⋯	→0
x^2	1	0.25	0.01	0.0001	⋯	→0

我们还可以发现,当 $x→0$ 时,趋向零较快的无穷小(x^2)与较慢的无穷小($3x$)之商的极限为 0,趋向零较慢的无穷小($3x$)与较快的无穷小(x^2)之商的极限为 ∞,趋向零快慢相仿的两个无穷小($3x$ 与 x)之商的极限为常数(不为 0).

下面就以两个无穷小之商的极限所出现的各种情况,来说明两个无穷小之间的比较.

定义 2.6　设 α 和 β 都是在同一个自变量的变化过程中的无穷小,且 $\beta\neq 0$,又 $\lim\dfrac{\alpha}{\beta}$ 也是在这个变化过程中的极限.

(1) 如果 $\lim\dfrac{\alpha}{\beta}=0$,就说在这个变化过程中 α 是比 β 较高阶的无穷小;

(2) 如果 $\lim\dfrac{\alpha}{\beta}=\infty$,就说在这个变化过程中 α 是比 β 较低阶的无穷小;

(3) 如果 $\lim\dfrac{\alpha}{\beta}=c(c\neq 0)$ 就说在这个变化过程中 α 与 β 是同阶无穷小;

特别地,如果 $\lim\dfrac{\alpha}{\beta}=1$,就说在这个变化过程中 α 与 β 是等价无穷小,记为 $\alpha\sim\beta$.

显然,等价无穷小是同阶无穷小的特例,即 $c=1$ 的情形.

以上定义对于数列的极限也同样适用.

根据以上定义,可知当 $x→0$ 时,

x^2 是比 $3x$ 较高阶的无穷小;

$3x$ 是比 x^2 较低阶的无穷小;

$3x$ 是与 x 同阶的无穷小.

例 2.31　比较当 $x→1$ 时,无穷小 $\dfrac{1}{x}-2+x$ 与 $x-1$ 阶数的高低.

解：因为

$$\lim_{x\to 1}\dfrac{\dfrac{1}{x}-2+x}{x-1}=\lim_{x\to 1}\dfrac{\dfrac{1-2x+x^2}{x}}{x-1}=\lim_{x\to 1}\dfrac{x^2-2x+1}{x(1-x)}$$

$$=\lim_{x\to 1}\dfrac{(x-1)^2}{x(x-1)}=\lim_{x\to 1}\dfrac{x-1}{x}=0$$

所以当 $x→1$ 时,$\dfrac{1}{x}-2+x$ 是比 $x-1$ 较高阶的无穷小.

例 2.32 比较当 $x \to 1$ 时,无穷小 x^2+2x-3 与 x^2-5x+4 阶数的高低.

解: 因为

$$\lim_{x \to 1} \frac{x^2+2x-3}{x^2-5x+4} = \lim_{x \to 1} \frac{(x-1)(x+3)}{(x-1)(x-4)}$$

$$= \lim_{x \to 1} \frac{x+3}{x-4} = -\frac{4}{3}$$

所以当 $x \to 1$ 时,x^2+2x-3 与 x^2-5x+4 是同阶无穷小.

例 2.33 比较当 $x \to 0$ 时,无穷小 $\frac{1}{1-x}-1-x$ 与 x^2 阶数的高低.

解: 因为

$$\lim_{x \to 0} \frac{\frac{1}{1-x}-1-x}{x^2} = \lim_{x \to 0} \frac{1-(1+x)(1-x)}{x^2(1-x)}$$

$$= \lim_{x \to 0} \frac{x^2}{x^2(1-x)} = \lim_{x \to 0} \frac{1}{1-x} = 1$$

所以

$$\frac{1}{1-x}-1-x \sim x^2$$

即 $\frac{1}{1-x}-1-x$ 是与 x^2 等价的无穷小.

例 2.34 求证:当 $x \to 0$ 时,$1-\cos x \sim \frac{x^2}{2}$.

证明: $\lim_{x \to 0} \frac{1-\cos x}{\frac{1}{2}x^2} = \lim_{x \to 0} \frac{2\sin^2 \frac{x}{2}}{\frac{1}{2}x^2} = \lim_{x \to 0} \left(\frac{\sin \frac{x}{2}}{\frac{x}{2}}\right)^2$

令 $t=\frac{x}{2}$,上式可变为 $\left(\lim_{t \to 0} \frac{\sin t}{t}\right)^2 = 1^2 = 1$.

还有一些当 $u \to 0$ 时的重要的等价无穷小:

$$u \sim \sin u \sim \tan u \sim \arcsin u \sim \arctan u \sim \ln(1+u) \sim e^u - 1$$

$$1 - \cos u \sim \frac{u^2}{2}; (1+u)^\alpha - 1 \sim \alpha u, 其中 \alpha \neq 0.$$

熟记这些等价无穷小,对今后计算极限是有帮助的.

三、等价无穷小代换

我们已经看到,等价无穷小不但趋向零的"速度"相同,而且最后趋向相等,那么在极限计算中它们能否互相替代呢?或者问:它们何时可以互相替代,何时不能替代?下面的定理回答了这个问题.

定理 2.6 在同一极限过程中,如果无穷小量 $\alpha,\alpha_1,\beta,\beta_1$ 满足条件:$\alpha\sim\alpha_1,\beta\sim\beta_1$,则 $\lim\dfrac{\alpha_1}{\beta_1}=\lim\dfrac{\alpha}{\beta}$.(证明略)

这个定理说明,在求某些"$\dfrac{0}{0}$"型不定式的极限时,函数的分子或分母中无穷小因子用与其等价的无穷小来替代,函数的极限值不会改变.

例 2.35 求 $\lim\limits_{x\to 0}\dfrac{\sin 2x}{\tan 5x}$.

解:由于 $x\to 0$ 时,$\sin 2x\sim 2x$,$\tan 5x\sim 5x$,所以
$$\lim_{x\to 0}\frac{\sin 2x}{\tan 5x}=\lim_{x\to 0}\frac{2x}{5x}=\frac{2}{5}$$

例 2.36 求 $\lim\limits_{x\to 0}\dfrac{1-\cos x^2}{x^3}$.

解:由于 $x\to 0$ 时,$1-\cos x^2\sim\dfrac{(x^2)^2}{2}$,所以
$$\lim_{x\to 0}\frac{1-\cos x^2}{x^3}=\lim_{x\to 0}\frac{\frac{1}{2}x^4}{x^3}=\lim_{x\to 0}\frac{x}{2}=0$$

例 2.37 求 $\lim\limits_{x\to 0}\dfrac{\arcsin 3x}{\ln(1+5x)}$.

解:由于 $x\to 0$ 时,$\arcsin 3x\sim 3x$,$\ln(1+5x)\sim 5x$,所以
$$\lim_{x\to 0}\frac{\arcsin 3x}{\ln(1+5x)}=\lim_{x\to 0}\frac{3x}{5x}=\frac{3}{5}$$

例 2.38 求 $\lim\limits_{x\to 0}\dfrac{\sqrt[3]{1+6x^2}-1}{\ln(1-2x)\arctan 3x}$.

解:由于 $x\to 0$ 时,$\arctan 3x\sim 3x$,$\ln(1-2x)\sim -2x$,又 $\sqrt[3]{1+6x^2}-1\sim\dfrac{1}{3}\times 6x^2\sim 2x^2$,所以
$$\lim_{x\to 0}\frac{\sqrt[3]{1+6x^2}-1}{\ln(1-2x)\arctan 3x}=\lim_{x\to 0}\frac{2x^2}{-2x\cdot 3x}=-\frac{1}{3}$$

例 2.39 近似计算 $\sqrt{37}$.

解: $\sqrt{37}=\sqrt{1+36}=\sqrt{36(1+\dfrac{1}{36})}=6(1+\dfrac{1}{36})^{\frac{1}{2}}$
$\approx 6(1+\dfrac{1}{2}\times\dfrac{1}{36})=6+\dfrac{1}{12}\approx 6.083$

习题四

1. 当 $x \to 0$ 时,下列函数中哪些是比 x 高阶的无穷小?哪些是与 x 同阶的无穷小?哪些是比 x 低阶的无穷小?

(1) $1 - \cos x$

(2) $2x + \tan x$

(3) $2x^{\frac{1}{3}} + \sin 2x$

(4) $\sqrt{1+x} - \sqrt{1-x}$

2. 比较下列各对无穷小阶数的高低:

(1) $x \to 0$ 时,$2x - x^2$ 与 $x^2 - x^3$

(2) 当 $x \to 1$ 时,$1-x$ 与 $\dfrac{1}{2}(1-x^2)$

(3) 当 $x \to 1$ 时,$1-x$ 与 $1-\sqrt[3]{x}$

(4) 当 $x \to 9$ 时,$x-9$ 与 $\sqrt{x}-3$

3. 利用等价无穷小求下列极限:

(1) $\lim\limits_{x \to 0} \dfrac{\sin 3x^2}{1-\cos x}$

(2) $\lim\limits_{x \to 0} \dfrac{\sin 2x \cdot \tan 3x}{\arctan 4x \cdot \arcsin 5x}$

(3) $\lim\limits_{x \to 0} \dfrac{\sqrt[3]{1-2x}-1}{e^{4x}-1}$

(4) $\lim\limits_{x \to 0} \dfrac{\tan x - \sin x}{x \cdot \ln(1+x^2)}$

第五节 用 MathCAD 求极限

求极限运算主要借助微积分运算板上的三个求极限符号键来进行,见下图,可以求一元函数的极限及左右极限,也可求数列或多元函数的极限.计算方法非常简单,要求某种形式的极限,单击运算板上相应的极限符号键,或使用对应的热键,在其后的占位符处输入函数的表达式,在极限符号下面的占位符处输入自变量的变化过程(包括自变量趋于无穷),用"Ctrl+."出现"微积分"面板.如图 2-15 所示:

图 2-15

如求 $\lim\limits_{x\to\infty}\sqrt{n^2+1}-\sqrt{n^2-1}$

步骤:

1)点击"微积分"面板中"极限"键(见图 2-16)(如果求左极限或右极限,则点击"左极限"(见图 2-17)或"右极限"(见图 2-18)键)

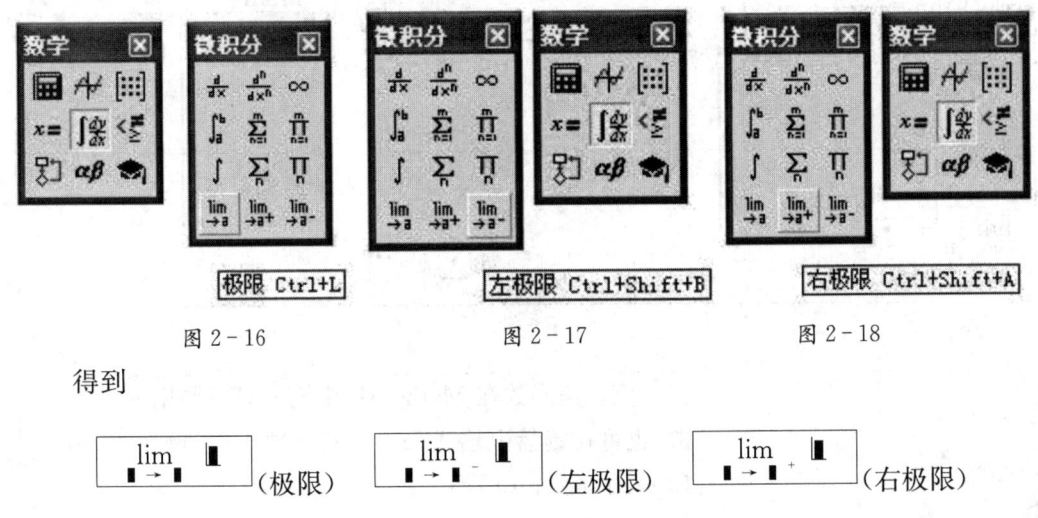

图 2-16　　　　　图 2-17　　　　　图 2-18

得到

$\lim\limits_{\blacksquare\to\blacksquare}\blacksquare$ (极限)　　$\lim\limits_{\blacksquare\to\blacksquare^-}\blacksquare$ (左极限)　　$\lim\limits_{\blacksquare\to\blacksquare^+}\blacksquare$ (右极限)

2)在三个占位符位置上分别输入极限表达式、自变量和自变量的趋向,得到

$$\lim_{x\to\infty}\sqrt{n^2+1}-\sqrt{n^2-1}$$

3)使用键盘"Ctrl+."或点击"符号计算"(见图 2-19)键

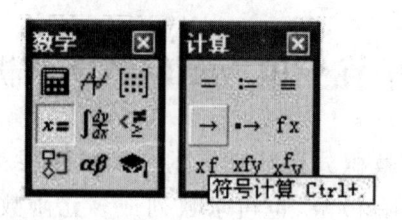

图 2-19

得到
$$\lim_{x\to\infty}\sqrt{n^2+1}-\sqrt{n^2-1}\to 0$$

例 2.40 用 MathCAD 求下列数列和函数的极限：

(1) $\lim\limits_{x\to\infty}\dfrac{\sum\limits_{k=1}^{n}k}{n^2}$

(2) $\lim\limits_{x\to\infty}\operatorname{arccot} x$

(3) $\lim\limits_{x\to 0}(1+x^2)^{\frac{-2}{x^2}}$

(4) $\lim\limits_{x\to 1^-}\dfrac{\sin(x^3-1)}{x-1}$

(5) $\lim\limits_{x\to\frac{\pi}{2}}(1+3\cot x)^{\sec x}$

(6) $\lim\limits_{x\to 0^+}x(\ln(x+1)-\ln x)$

(7) $\lim\limits_{h\to 0}\dfrac{(x+h)^2-x^2}{h}$

(8) $\lim\limits_{x\to 0}\dfrac{x}{|x|}$

(9) $\lim\limits_{h\to 0}\dfrac{\sin^2 x}{\arctan^2 x}$

(10) $\lim\limits_{x\to 0^+}\dfrac{\ln\sin x}{\ln x}$

解:

(1)

$\lim\limits_{x\to\infty}\dfrac{\sum\limits_{k=1}^{n}k}{n^2}\to\dfrac{1}{2}$

％ $\sum$ 表示连和符号，如 $\sum\limits_{k=1}^{n}k=1+2+3+\cdots+n$.

(2)

％ 反三角函数在 MathCAD 中输入时可调用内置函数，也可在键盘上输入(a+三角函数+( ))，例如，$a\sin(x)$ 表示 $\arcsin(x)$ 等.

％ MathCAD 中 ∞ 只表示正无穷大，若求 $\lim\limits_{x\to\infty}f(x)$，则应分别求 $\lim\limits_{x\to\infty}f(x)$，$\lim\limits_{x\to-\infty}f(x)$，再看两个极限是否相等，若相等，则极限存在，若不相等，则极限不存在.

$\lim\limits_{x\to\infty}\operatorname{acot}(x)\to 0$

$\lim\limits_{x\to-\infty}\operatorname{acot}(x)\to\pi$

％ 函数名后面必须带( )，我们经常用到的函数有三角函数、反三角函数、对数函数. 如 $\sin(x)$，$a\sin(x)$，$\ln(x)$.

所以 $\lim\limits_{x\to\infty}\text{arccot}\,x$ 不存在.

(3)

| $\lim\limits_{x\to 0}(1+x^2)^{\frac{-2}{x^2}} \to \exp(-2)$ | ％ $\exp(x)$ 在 MathCAD 中表示 e^x，如 $\exp(-2)=e^{-2}$ |

(4)

| $\lim\limits_{x\to 1}\dfrac{\sin(x^3-1)}{x-1} \to 3$ | |

(5)

| $\lim\limits_{x\to\frac{\pi}{2}}(1+3\cot(x))^{\sec(x)} \to \exp(3)$ | ％ $\cot(x),\sec(x),\csc(x)$ 是内置函数，一般在键盘上输入. |

(6)

| $\lim\limits_{x\to 0^+}x\cdot(\ln(x+1)-\ln(x)) \to 0$ | ％ $\lim\limits_{\blacksquare\to\blacksquare^-}$，$\lim\limits_{\blacksquare\to\blacksquare^+}$ 中的 $-$，$+$ 号不能在键盘上输入，只能用鼠标点击微积分工具栏中的左极限或右极限.
 ％ $x\cdot(\ln(x+1)-\ln(x))$ 中的乘号不能省，即：字母与()的乘积、字母与字母的乘积、字母与函数的乘积等中间的乘号不能省. |

(7)

| $\lim\limits_{h\to 0}\dfrac{(x+h)^2-x^2}{h} \to 2\cdot x$ | ％ 当函数表达式中含有多个字母时，一定要注意哪个字母是变量. |

(8)

| $\lim\limits_{x\to 0}\dfrac{x}{|x|} \to$ undefined | ％ undefined 在这里表示极限不存在. |

(9)

| $\lim\limits_{x\to 0}\dfrac{(\sin(x))^2}{(\text{atan}(x))^2} \to 1$ | ％ $f^n(x)$ 的 MathCAD 中要写为 $(f(x))^n$，也可以写为 $f(x)^n$. |

(10)

| $\lim\limits_{x\to 0^+}\dfrac{\ln(\sin(x))}{\ln(x)} \to 1$ | |

例 2.8 求分段函数 $f(x)=\begin{cases} x^x, & x>0; \\ \dfrac{\sin x}{x}, & x\leqslant 0; \end{cases}$ 在 $x=0$ 处的左右极限.

解：

$$\lim_{x \to 0^+} x^x \to 1$$

$$\lim_{x \to 0^-} \frac{\sin(x)}{x} \to 1$$

※ MathCAD 不能对分段函数直接求极限，只能在分段点处对定义域的各部分对应的函数用左右极限运算符计算，再由定理 2 来判断函数在分段点处得极限是否存在.

所以 $\lim\limits_{x \to 0} f(x) = 1$.

习 题 五

1. 用 MathCAD 计算下列极限：

(1) $\lim\limits_{x \to \infty} \left(\dfrac{x^2}{x^2-1}\right)^{3x^2}$

(2) $\lim\limits_{x \to 0} \dfrac{\sin^3 2x}{\tan^3 5x}$

(3) $\lim\limits_{x \to 0^+} \dfrac{e^x - e^{-x} - 2x}{1 - \cos x}$

(4) $\lim\limits_{x \to 0^-} \dfrac{\ln(1+3x^2)}{1 - \cos x}$

(5) $\lim\limits_{x \to 0} \dfrac{\sqrt{x+a} - \sqrt{a}}{x}$

(6) $\lim\limits_{x \to +\infty} \sqrt{x}(\sqrt{x^2+1} - x)$

(7) $\lim\limits_{x \to 0} \dfrac{\sin x - \tan x}{(\sqrt[3]{1+x^2}-1)(\sqrt{1+\sin x}-1)}$

(8) $\lim\limits_{x \to \infty} \left(\dfrac{2x+3}{2x-1}\right)^{x+5}$

(9) $\lim\limits_{x \to 0} (1+\sin x)^{2\csc x}$

(10) $\lim\limits_{x \to 0} \dfrac{\tan^2 \dfrac{x}{2}}{4(1-\cos x)}$

(11) $\lim\limits_{x \to 0} \dfrac{\sin x^5}{\sin^5 x}$

(12) $\lim\limits_{x \to 0} \dfrac{\arctan x - \sin x}{x^3}$

(13) $\lim\limits_{x \to \infty} \dfrac{x^2 + 6\sin\dfrac{1}{x}}{x^2 + 3x + \sin x}$

(14) $\lim\limits_{x \to 0} \dfrac{x}{\sqrt{1-\cos x}}$

(15) $\lim\limits_{x \to +\infty} \left(\dfrac{x^2}{x^2-1}\right)^x$

(16) $\lim\limits_{x \to 1^+} \left(1 + \cos\dfrac{\pi x}{2}\right)^{\sec\frac{\pi x}{2}}$

(17) $\lim\limits_{x \to \frac{\pi}{2}} (1+\cot x)^{\tan x}$

(18) $\lim\limits_{x \to \infty} n \sin \dfrac{x}{n}$

(19) $\lim\limits_{x \to 0} x^2 \csc^2 2x$

(20) $\lim\limits_{x \to a} \dfrac{\sin x - \sin a}{x - a}$

(21) $\lim\limits_{x \to 0} \dfrac{\sin x^3 \tan^2 x}{1 - \cos x^2}$

(22) $\lim\limits_{x \to 0} \dfrac{\sqrt{1-2x^2}-1}{x \ln(1-x)}$

2. 设 $f(x) = \begin{cases} x+1, & x \geq 0; \\ \dfrac{x^2-3x+1}{x^3+1}, & x < 0, \end{cases}$ 求 $\lim\limits_{x \to 0} f(x)$ 及 $\lim\limits_{x \to \infty} f(x)$.

3. 已知 $f(x) = \begin{cases} 4-2x, & 1 < x < 2; \\ 2x-6, & 2 < x < \infty. \end{cases}$ 求 $\lim\limits_{x \to 2} f(x)$.

第三章 函数的微分及其应用

引 言

微分学是微积分的两大分支之一,导数和微分是微分学中两个重要概念,导数反映函数相对于自变量变化快慢的程度,微分反映自变量有微小变化时,相应的函数改变情况. 本章主要介绍导数、微分的概念以及求导运算法则、中值定理、洛必达法则等应用于判断函数的单调区间、凹凸区间、一元函数的极值、最值、渐近线及其微分的定理.

引例 1(钟表误差) 一机械挂钟的钟摆周期为 1s,在冬季,摆长因热涨冷缩而缩短了 0.01cm,已知单摆的周期为 $T=2\pi\sqrt{\dfrac{l}{g}}$,其中 $g=980\text{ cm/s}^2$,问这只钟在冬季每秒大约快或慢多少?

引例 2(碳定年代法) 考古、地质等方面的专家常用 ^{14}C 同位素测定法(通常称为碳定年代法)去估计文物或化石的年代. 长沙市马王堆一号墓于 1972 年 8 月出土,测得出土木炭标本中 ^{14}C 平均蜕变数为 29.78 次/分,而新砍伐烧成的木炭中 ^{14}C 平均蜕变数为 38.37 次/分,又知 ^{14}C 的半衰期(给定数量的 ^{14}C 蜕变到一半数量所需的时间)为 5568 年,试估计一下该墓的大致年代.

引例 3(最大输出功率) 设在电路中,电源电动势为 E,内阻为 r(E,r 均为常量),问负载电阻 R 多大时,输出功率 P 最大?

第一节 导数的概念

一、导数的定义

问题一:求变速直线运动在某一时刻的瞬时速度.

我们知道,对于作匀速直线运动的物体,它在任意时刻的速度可用公式

$$\text{速度} = \frac{\text{路程}}{\text{时间}}$$

来表示. 但实际上,大多数物体是作变速运动,即它在任意时刻的速度总是在变化着. 其中,物体作变速直线运动,是我们研究物体作变速运动问题中最简单的情形. 你想过怎样来求"作变速直线运动的物体在任意时刻的速度"这一问题吗? 你可知道,在牛顿—莱布

尼茨公式出现前,这可是一个千年难题!现在,就让我们来看牛顿解决这一问题的思想和方法,从而领略导数概念的真谛.

设有一物体沿直线运动,其运动规律为 $s=f(t)$,其中 s 为物体在时刻 t 离开起点 O 的路程,Δt 为时间间隔.如图 3-1 所示:

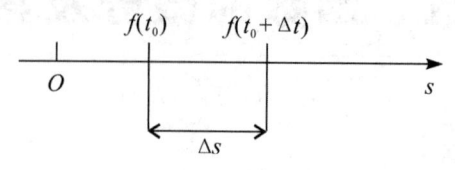

图 3-1

在从 $t=t_0$ 到 $t=t_0+\Delta t$ 的时间间隔内,路程的增量 Δs 为

$$\Delta s=f(t_0+\Delta t)-f(t_0)$$

在这段时间内物体运动的平均速度 $\bar{v}$ 为:

$$\bar{v}=\frac{\Delta s}{\Delta t}=\frac{f(t_0+\Delta t)-f(t_0)}{\Delta t}$$

显然,时间间隔 Δt 越短,平均速度 $\bar{v}$ 越接近于物体在时刻 t_0 的瞬时速度.当 Δt 无限接近于 0 时,$\bar{v}$ 就无限接近于物体在时刻 t_0 的瞬时速度 $v(t_0)$.因此,平均速度 $\bar{v}$ 在 $\Delta t \to 0$ 时的极限值就是物体在时刻 t_0 的瞬时速度,即

$$v(t_0)=\lim_{\Delta t \to 0}\frac{\Delta s}{\Delta t}=\lim_{\Delta t \to 0}\frac{f(t_0+\Delta t)-f(t_0)}{\Delta t}$$

实际上,牛顿是把任意时刻的速度看作在微小的时间范围里的速度的平均值,即一个微小的路程和时间间隔的比值,当这个微小的时间间隔缩小到无穷小的时候,就是这一点的准确值. 这就是微分的思想和方法.

问题二:求曲线在某一点的切线的斜率,曲线见图 3-2.

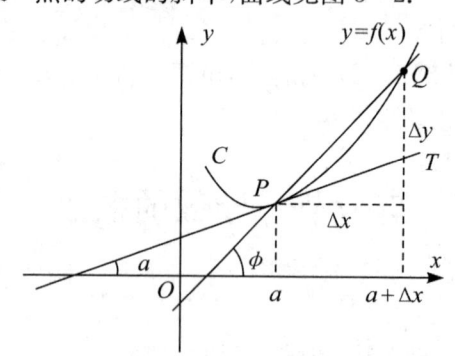

图 3-2

设曲线 C 的方程为 $y=f(x)$,求曲线 C 上点 $P(a,f(a))$ 处切线的斜率.

在曲线 C 上取与点 P 邻近的点 Q,割线 PQ 的斜率为:

$$K_{PQ}=\frac{f(a+\Delta x)-f(a)}{\Delta x}$$

当点 Q 沿曲线 C 趋向于点 P,即 $\Delta x \to 0$ 时,割线 PQ 趋向于极限位置 PT.见图 3-3.

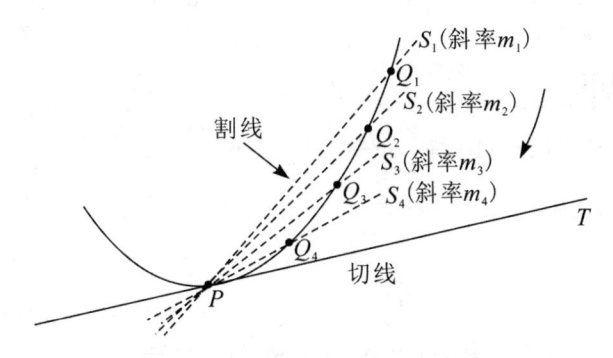

图 3-3

我们把直线 PT 称为曲线 C 在点 P 处的切线,此时,切线的斜率为

$$K = \lim_{Q \to P} K_{PQ} = \lim_{\Delta x \to 0} \frac{\Delta y}{\Delta x} = \lim_{\Delta x \to 0} \frac{f(a + \Delta x) - f(a)}{\Delta x}$$

以上两个问题,虽然实际含义不同,但从数学观点看,都可归结为计算函数增量与自变量增量之比的极限问题,我们把它抽象为导数.

定义 3.1 设函数 $y = f(x)$ 在点 x_0 的某一邻域内有定义,当自变量 x 在点 x_0 有增量 Δx(点 $x_0 + \Delta x$ 仍在该邻域内)时,函数有相应的增量

$$\Delta y = f(x_0 + \Delta x) - f(x_0)$$

如果当 $\Delta x \to 0$ 时,两个增量之比的极限

$$\lim_{\Delta x \to 0} \frac{\Delta y}{\Delta x} = \lim_{\Delta x \to 0} \frac{f(x_0 + \Delta x) - f(x_0)}{\Delta x}$$

存在,则称这个极限为函数 $y = f(x)$ 在点 x_0 的**导数**,记为

$$f'(x_0), \text{ 或 } y' \big|_{x = x_0}, \frac{\mathrm{d}y}{\mathrm{d}x}\bigg|_{x = x_0}, \frac{\mathrm{d}f(x)}{\mathrm{d}x}\bigg|_{x = x_0}$$

即

$$f'(x_0) = \lim_{\Delta x \to 0} \frac{\Delta y}{\Delta x} = \lim_{\Delta x \to 0} \frac{f(x_0 + \Delta x) - f(x_0)}{\Delta x}$$

如果上述极限存在,则称函数 $y = f(x)$ 在点 x_0 处可导,否则称函数 $y = f(x)$ 在点 x_0 处不可导.

上式中极限改为右极限和左极限分别称为函数 $f(x)$ 在点 x_0 处的右导数和左导数,分别记为 $f'_+(x_0)$ 和 $f'_-(x_0)$,即

$$f'_+(x_0) = \lim_{\Delta x \to 0^+} \frac{\Delta y}{\Delta x} = \lim_{\Delta x \to 0^+} \frac{f(x_0 + \Delta x) - f(x_0)}{\Delta x}$$

$$f'_-(x_0) = \lim_{\Delta x \to 0^-} \frac{\Delta y}{\Delta x} = \lim_{\Delta x \to 0^-} \frac{f(x_0 + \Delta x) - f(x_0)}{\Delta x}$$

由导数的定义可知,函数 $f(x)$ 在点 x_0 处可导的充要条件为 $f'_+(x_0) = f'_-(x_0)$.

计算导数的三个步骤:

第一步 求增量,

第二步 算比值.

第三步 取极限.

例 3.1 已知 $f'(2)=10$，求 $\lim\limits_{h\to 0}\dfrac{f(2-3h)-f(2)}{5h}$.

解：由导数的定义有：

$$f'(2)=\lim_{\Delta x\to 0}\frac{f(2+\Delta x)-f(2)}{\Delta x}=10$$

与 $\lim\limits_{h\to 0}\dfrac{f(2-3h)-f(2)}{5h}$ 比较，可令 $\Delta x=-3h$，即 $h=\dfrac{\Delta x}{-3}$，

则

$$\lim_{h\to 0}\frac{f(2-3h)-f(2)}{5h}=\lim_{\Delta x\to 0}\frac{f(2+\Delta x)-f(2)}{5\dfrac{\Delta x}{-3}}$$

$$=-\frac{3}{5}\lim_{\Delta x\to 0}\frac{f(2+\Delta x)-f(2)}{\Delta x}$$

$$=-\frac{3}{5}\cdot f'(2)=-6$$

例 3.2 求函数 $f(x)=x^2-8x+9$ 在 $x=2$ 处的导数 $f'(2)$.

解：求增量：

$$\begin{aligned}\Delta y&=f(2+\Delta x)-f(2)\\&=(2+\Delta x)^2-8(2+\Delta x)+9-(2^2-8\times 2+9)\\&=(\Delta x)^2-4\Delta x\end{aligned}$$

算比值：

$$\frac{\Delta y}{\Delta x}=\frac{(\Delta x)^2-4\Delta x}{\Delta x}=\Delta x-4$$

取极限：

$$\lim_{\Delta x\to 0}\frac{\Delta y}{\Delta x}=\lim_{\Delta x\to 0}(\Delta x-4)=-4$$

即

$$f'(2)=-4$$

以上我们给出了函数在某点处可导的概念，如果函数 $y=f(x)$ 在区间 (a,b) 内每一点都可导，则称函数在区间 (a,b) 内可导. 这时对任意给定的值 $x\in(a,b)$，都有一个唯一确定的导数值与之对应，因此就构成了 x 的一个新的函数，称为导函数，记为

$$y',f'(x),\frac{\mathrm{d}y}{\mathrm{d}x}\text{ 或 }\frac{\mathrm{d}f(x)}{\mathrm{d}x}$$

即

$$f'(x)=\lim_{\Delta x\to 0}\frac{\Delta y}{\Delta x}=\lim_{\Delta x\to 0}\frac{f(x+\Delta x)-f(x)}{\Delta x}$$

显然,函数 $y=f(x)$ 在点 x_0 的导数,就是导函数 $f'(x)$ 在点 $x=x_0$ 的函数值,即
$$f'(x_0)=f'(x)\Big|_{x=x_0}$$
以后,在不会混淆的情况下,把导函数简称为**导数**.

如果函数 $y=f(x)$ 在区间 (a,b) 内可导,在点 a 处存在右导数 $f'_+(a)$,在点 b 处存在左导数 $f'_-(b)$,则称函数 $y=f(x)$ 在闭区间 $[a,b]$ 上可导.

例 3.3 求函数 $y=C$ (C 为常数)的导数.

解:因为
$$\Delta y=C-C=0$$
所以
$$y'=\lim_{\Delta x\to 0}\frac{\Delta y}{\Delta x}=\lim_{\Delta x\to 0}\frac{0}{\Delta x}=0$$
即
$$(C)'=0$$

例 3.4 求函数 $y=x^3$ 的导数.

解:
$$y'=\lim_{\Delta x\to 0}\frac{\Delta y}{\Delta x}=\lim_{\Delta x\to 0}\frac{(x+\Delta x)^3-x^3}{\Delta x}=\lim_{\Delta x\to 0}\frac{3x^2\Delta x+3x(\Delta x)^2+(\Delta x)^3}{\Delta x}$$
$$=\lim_{\Delta x\to 0}[3x^2+3x\Delta x+(\Delta x)^2]=3x^2$$
即
$$(x^3)'=3x^2$$

一般地,可用等价无穷小求幂函数 $y=x^a$ ($a\in\mathbf{R}, x>0$) 的导数.

例 3.5 求函数 $y=x^a$ 的导数.

解:由等价无穷小可知,当 $u\to 0$ 时,$(1+u)^a-1\sim a\cdot u$,
所以有
$$y'=\lim_{\Delta x\to 0}\frac{\Delta y}{\Delta x}=\lim_{\Delta x\to 0}\frac{(x+\Delta x)^a-x^a}{\Delta x}=\lim_{\Delta x\to 0}\frac{x^a\left[(1+\frac{\Delta x}{x})^a-1\right]}{\Delta x}$$
$$=\lim_{\Delta x\to 0}\frac{x^a\cdot\left(a\cdot\frac{\Delta x}{x}\right)}{\Delta x}=ax^{a-1}$$
即
$$(x^a)'=ax^{a-1}$$

利用这个公式可以很方便地求出幂函数的导数.例如:
$$(\sqrt{x})'=(x^{\frac{1}{2}})'=\frac{1}{2}x^{\frac{1}{2}-1}=\frac{1}{2\sqrt{x}}$$
$$\left(\frac{1}{x}\right)'=(x^{-1})'=-x^{-1-1}=-\frac{1}{x^2}$$

例 3.6 求正弦函数 $y = \sin x$ 的导数.

解：

方法一

$$y' = \lim_{\Delta x \to 0} \frac{\Delta y}{\Delta x} = \lim_{\Delta x \to 0} \frac{\sin(x+\Delta x) - \sin x}{\Delta x} = \lim_{\Delta x \to 0} \frac{2\cos\left(x+\frac{\Delta x}{2}\right)\sin\frac{\Delta x}{2}}{\Delta x}$$

$$= \lim_{\Delta x \to 0} \cos\left(x + \frac{\Delta x}{2}\right) \lim_{\Delta x \to 0} \frac{\sin\frac{\Delta x}{2}}{\frac{\Delta x}{2}} = \cos x$$

方法二

$$y' = \lim_{\Delta x \to 0} \frac{\Delta y}{\Delta x} = \lim_{\Delta x \to 0} \frac{\sin(x+\Delta x) - \sin x}{\Delta x}$$

$$= \lim_{\Delta x \to 0} \frac{\sin x \cos \Delta x + \cos x \sin \Delta x - \sin x}{\Delta x}$$

$$= \lim_{\Delta x \to 0} \frac{\sin x (\cos \Delta x - 1) + \cos x \sin \Delta x}{\Delta x}$$

$$= \lim_{\Delta x \to 0} \frac{\sin x \cdot \left(-\frac{\Delta x^2}{2}\right) + \cos x \cdot \Delta x}{\Delta x}$$

$$= \lim_{\Delta x \to 0} \left(\sin x \cdot \left(-\frac{\Delta x}{2}\right) + \cos x\right) = \cos x$$

所以

$$(\sin x)' = \cos x$$

类似可得

$$(\cos x)' = -\sin x$$

例 3.7 求对数函数 $y = \log_a x \ (a > 0, a \neq 1)$ 的导数.

解：

方法一

$$y' = \lim_{\Delta x \to 0} \frac{\Delta y}{\Delta x} = \lim_{\Delta x \to 0} \frac{\log_a(x+\Delta x) - \log_a x}{\Delta x} = \lim_{\Delta x \to 0} \frac{\log_a\left(1+\frac{\Delta x}{x}\right)}{\Delta x}$$

$$= \lim_{\Delta x \to 0} \frac{\frac{x}{\Delta x}\log_a\left(1+\frac{\Delta x}{x}\right)}{x} = \lim_{\Delta x \to 0} \frac{\frac{x}{\Delta x}\log_a\left(1+\frac{\Delta x}{x}\right)}{x} = \lim_{\Delta x \to 0} \frac{\log_a\left(1+\frac{\Delta x}{x}\right)^{\frac{x}{\Delta x}}}{x}$$

$$= \frac{\log_a \mathrm{e}}{x} = \frac{1}{x \ln a}$$

方法二

$$y' = \lim_{\Delta x \to 0} \frac{\Delta y}{\Delta x} = \lim_{\Delta x \to 0} \frac{\log_a(x+\Delta x) - \log_a x}{\Delta x} = \lim_{\Delta x \to 0} \frac{\log_a\left(1+\frac{\Delta x}{x}\right)}{\Delta x}$$

$$=\lim_{\Delta x\to 0}\frac{\ln\left(1+\frac{\Delta x}{x}\right)}{\Delta x\ln a}=\lim_{\Delta x\to 0}\frac{\frac{\Delta x}{x}}{\Delta x\ln a}=\frac{1}{x\ln a}$$

所以

$$(\log_a x)'=\frac{1}{x\ln a}$$

特别地,当 $a=\mathrm{e}$ 时,得

$$(\ln x)'=\frac{1}{x}$$

例 3.8 求指数函数 $y=a^x(a>0,a\ne 1)$ 的导数.

解:

方法一:

$$y'=\lim_{\Delta x\to 0}\frac{\Delta y}{\Delta x}=\lim_{\Delta x\to 0}\frac{a^{x+\Delta x}-a^x}{\Delta x}=a^x\lim_{\Delta x\to 0}\frac{a^{\Delta x}-1}{\Delta x}$$

令 $a^{\Delta x}-1=t$,则 $\Delta x=\log_a(t+1)$,且 $\Delta x\to 0$ 时,$\Delta t\to 0$,由此得

$$\lim_{\Delta x\to 0}\frac{a^{\Delta x}-1}{\Delta x}=\lim_{t\to 0}\frac{t}{\log_a(t+1)}=\lim_{t\to 0}\frac{1}{\log_a(t+1)^{\frac{1}{t}}}=\frac{1}{\log_a \mathrm{e}}=\ln a$$

所以

$$y'=\lim_{\Delta x\to 0}\frac{\Delta y}{\Delta x}=a^x\ln a$$

方法二:

$$y'=\lim_{\Delta x\to 0}\frac{\Delta y}{\Delta x}=\lim_{\Delta x\to 0}\frac{a^{x+\Delta x}-a^x}{\Delta x}=a^x\lim_{\Delta x\to 0}\frac{a^{\Delta x}-1}{\Delta x}$$

$$=a^x\lim_{\Delta x\to 0}\frac{\mathrm{e}^{\Delta x\ln a}-1}{\Delta x}=a^x\lim_{\Delta x\to 0}\frac{\Delta x\ln a}{\Delta x}=a^x\ln a$$

所以

$$(a^x)'=a^x\ln a$$

特别地,当 $a=\mathrm{e}$ 时,得 $(\mathrm{e}^x)'=\mathrm{e}^x$.

二、导数的几何意义

根据前面切线问题中斜率的求法及导数的定义,可得导数的几何意义为:函数 $y=f(x)$ 在 x_0 处的导数 $f'(x_0)$,就是曲线 $y=f(x)$ 在点 $M(x_0,f(x_0))$ 处切线的斜率.

因此,曲线 $y=f(x)$ 在点 $M(x_0,f(x_0))$ 处的切线方程为

$$y-f(x_0)=f'(x_0)(x-x_0)$$

过点 $M(x_0,f(x_0))$ 且与切线垂直的直线称为曲线 $y=f(x)$ 在点 $M(x_0,f(x_0))$ 处的法线. 如果 $f'(x_0)\ne 0$,则法线的斜率为 $-\dfrac{1}{f'(x_0)}$,从而法线方程为

$$y-f(x_0)=-\frac{1}{f'(x_0)}(x-x_0)$$

例 3.9 求抛物线 $y=x^2$ 在点 $(2,4)$ 处的切线方程和法线方程.

解:因为 $y'=(x^2)'=2x$,所以所求切线的斜率为
$$k_1=y'|_{x=2}=2x|_{x=2}=4$$
于是,所求切线方程为
$$y-4=4(x-2)$$
即
$$4x-y-4=0$$
又因为所求法线的斜率为
$$k_2=-\frac{1}{k_1}=-\frac{1}{4}$$
所以所求法线方程为
$$y-4=-\frac{1}{4}(x-2)$$
即
$$x+4y-18=0$$

想一想:函数 $y=\sqrt[3]{x}$ 在 $x=0$ 处是否可导? 曲线 $y=\sqrt[3]{x}$ 在 $x=0$ 处是否有切线? 如有切线,切线有何特点?

▶**例 3.10**(抛物镜聚焦问题)有一抛物镜与一平面(记为 xOy)的交线为抛物线,其方程为 $y=x^2$,光线沿平行于 y 轴的方向射入,碰到镜面后反射,试研究反射线的轨迹.

解:如图 3-4 所示.设 P 为入射点,G 为过 P 点的切线与 y 轴的交点,F 为反射线与 y 轴的交点.

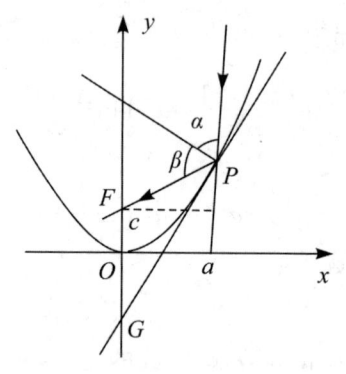

图 3-4

从图 3-4 上可以得出如下几何结论:

(a) $\angle FPG$ 是反射角 β 的余角;

(b) $\angle FGP$ 等于入射角 α 的余角;

根据反射定律,$\angle FPG=\angle FGP$,从而 $FG=FP$. 用 a 表示 P 点的横坐标,则其纵坐标 $y=a^2$. 用 c 表示 F 点的纵坐标,于是根据勾股定理得:
$$PF^2=a^2+(a^2-c)^2$$

切线 PG 的方程为:

$$y = l(x) = f'(a)(x-a) + f(a) = 2a(x-a) + a^2$$

在 $x=0$ 处 $l(0) = -2a^2 + a^2 = -a^2$, 即 G 点的纵坐标. 由此可知 FG 的长为 $c-(-a^2) = c+a^2$, 或 $PF = c+a^2$, 于是有:

$$a^2 + (a^2-c)^2 = (c+a^2)^2$$

展开平方项, 消去共同项, 两边加上 $2a^2 c$ 并除以 a^2 得:

$$4c = 1, \text{即} c = \frac{1}{4}$$

这说明, 对所有点 P, 点 F 的位置都相同. 即一切与 y 轴平行的射线经抛物镜反射后都经过点 $(0, \frac{1}{4})$, 由解析几何可知, 此点正是抛物线 $y=x^2$ 的焦点.

从很远的星球上发来的光线是非常接近于平行的. 因此,若抛物镜的轴指向某颗星,则所有的光线都反射到焦点,利用这个原理人们制作了反射式望远镜,用于天文台观测天体.

太阳光几乎是平行的,因此可以用一个抛物镜很好地聚焦,太阳灶、太阳能热水器就是利用这个原理制作成的.

反之,若把光源放在焦点处,经过此凹镜反射后的光线都平行于 y 轴,探照灯、汽车前灯、手电筒就是利用这个性质才把光线平行射向远处某一方向.

三、函数可导与连续的关系

设函数 $y=f(x)$ 在点 x 处可导, 即有

$$\lim_{\Delta x \to 0} \frac{\Delta y}{\Delta x} = f'(x)$$

则由函数的极限与无穷小的关系, 得

$$\frac{\Delta y}{\Delta x} = f'(x) + \alpha$$

其中 α 是当 $\Delta x \to 0$ 时的无穷小, 上式两端同乘以 Δx, 得

$$\Delta y = f'(x) \Delta x + \alpha \Delta x$$

显然, 当 $\Delta x \to 0$ 时, $\Delta y \to 0$. 由函数的连续性定义可知, 函数 $y=f(x)$ 在点 x 处连续. 因此, 我们有:

定理 3.1 如果函数 $y=f(x)$ 在点 x 处可导, 则函数 $y=f(x)$ 在点 x 处必连续.

注意: 上述定理的逆定理是不成立的. 即函数 $y=f(x)$ 在点 x 处连续, 但在该点不一定可导.

例 3.11 考察函数 $y=|x| \begin{cases} x, & x \geq 0 \\ -x, & x < 0 \end{cases}$ 在 $x=0$ 处的连续性与可导性, 函数曲线见图 3-5.

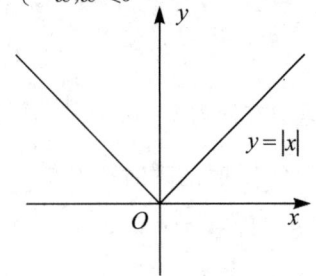

图 3-5

解:从图 3-5 可知,显然,函数在点 $x=0$ 处连续,因为
$$\Delta y = |0+\Delta x| - |0| = |\Delta x|$$
所以
$$\lim_{\Delta x \to 0^+} \frac{\Delta y}{\Delta x} = \lim_{\Delta x \to 0^+} \frac{|\Delta x|}{\Delta x} = \lim_{\Delta x \to 0^+} \frac{\Delta x}{\Delta x} = 1$$
$$\lim_{\Delta x \to 0^-} \frac{\Delta y}{\Delta x} = \lim_{\Delta x \to 0^-} \frac{|\Delta x|}{\Delta x} = \lim_{\Delta x \to 0^-} \frac{-\Delta x}{\Delta x} = -1$$

即当 $\Delta x \to 0$ 时,左、右极限存在但不相等,所以极限 $\lim\limits_{\Delta x \to 0}\frac{\Delta y}{\Delta x}$ 不存在. 这就是说函数 $y=|x|$ 在点 $x=0$ 处不可导.

综上讨论可知,函数在某点连续,是函数在该点可导的必要条件,而不是可导的充分条件.

例 3.12 设函数
$$f(x) = \begin{cases} e^x, & x<0; \\ a+bx, & x\geqslant 0. \end{cases}$$
(1)为使函数 $f(x)$ 在点 $x=0$ 处连续且可导,a,b 应取何值?
(2)写出曲线 $y=f(x)$ 在点 $x=0$ 处的切线方程和法线方程.

解:(1)因为 $f(0)=a$,$\lim\limits_{\Delta x \to 0^+} f(x) = \lim\limits_{\Delta x \to 0^+}(a+bx) = a$,$\lim\limits_{\Delta x \to 0^-} f(x) = \lim\limits_{\Delta x \to 0^-} e^x = 1$

由函数 $f(x)$ 在 $x=0$ 处连续有 $\lim\limits_{x\to 0^-} f(x) = \lim\limits_{x \to 0^+} f(x) = f(0)$,所以 $a=1$

又
$$f'_+(0) = \lim_{\Delta x \to 0^+} \frac{f(x)-f(0)}{x} = \lim_{\Delta x \to 0^+}\frac{1+bx-1}{x} = b$$
$$f'_-(0) = \lim_{\Delta x \to 0^-} \frac{f(x)-f(0)}{x} = \lim_{\Delta x \to 0^-}\frac{e^x-1}{x} = 1$$

由函数 $f(x)$ 在 $x=0$ 可导有 $f'_+(0) = f'_-(0)$,所以 $b=1$.

(2)曲线 $y=f(x)$ 在 $x=0$ 处的切线斜率为 $f'(0)=1$,故在 $(0,1)$ 处的切线方程为
$$y = x+1$$
法线方程为
$$y = 1-x$$

习 题 一

1. 填空:

(1)将一物体垂直上抛,其运动方程为 $s=10t-\frac{1}{2}gt^2$,则物体从 $t=1\,\text{s}$ 到 $t=2\,\text{s}$ 的平均速度是_____;物体在 $t=1\,\text{s}$ 时的瞬时速度是_____;物体在任意 $t\,\text{s}$ 时的瞬间速度是_____(假设 $g=10\,\text{m/s}^2$).

(2) $(-5)'=$ _____ ; $(10^x)'$ _____ ; $(\ln x)'|_{x=\sqrt{2}}=$ _____ ;
$(\sin x)'|_{x=\frac{\pi}{2}}=$ _____ .

(3) $f'(x_0)=\lim\limits_{\Delta x \to 0}$ _____ .

(4) 如果 $y=f(x)$ 在点 x_0 的导数 $f'(x_0)=0$，则曲线 $y=f(x)$ 在点 $(x_0,f(x_0))$ 处的切线方程为 _____ .

(5) 抛物线 $y=x^2+1$ 上点 _____ 的切线平行于 x 轴.

2. 根据导数的定义求下列函数的导数：

(1) $y=ax+b$ (a,b 是常数)　　　　(2) $y=\cos x$

3. 利用求导公式，求下列函数的导数：

(1) $y=x^2\sqrt{x}$ 　　　　　　　　　(2) $y=\dfrac{1}{x^3}$

(3) $y=\sqrt{x\sqrt{x}}$ 　　　　　　　　(4) $y=\dfrac{x^2\sqrt{x}}{\sqrt[3]{x}}$

(5) $y=x^{0.07}$ 　　　　　　　　　　(6) $y=x^{0.78}$

(7) $y=\dfrac{2}{x}\sqrt[5]{x}$ 　　　　　　　　(8) $y=\sqrt[3]{x^4}$

4. 求下列曲线在指定点的切线方程和法线方程：

(1) $y=2x-x^3$ 在点 $(1,1)$ 处　　　　(2) $y=\sqrt{x}$ 在点 $(4,2)$ 处

5. 求曲线 $y=x^3$ 在点 $(2,8)$ 处的切线斜率，并求出曲线上哪一点的切线平行于直线 $y=3x-1$？

6. 分别求 $f(x)=x^2-\sqrt{x}$ 的图形在点 $(1,0),(4,14)$ 和 $(9,78)$ 处的切线方程.

7. 一个细菌种群的初始总数是 10000，t 小时后，该种群增长到数量为 $P(t)$，且可表示为

$$P(t)=10000(1+0.86t+t^2)$$

(1) 求种群 P 关于时间 t 的增长率.

(2) 求 5 小时后该细菌种群的总数和 5 小时后的增长率.

第二节　函数的和、差、积、商的求导法则

一、函数的和、差、积、商的求导法则

设 $u=u(x)$ 和 $v=v(x)$ 在点 x 处都可导,则

$$u(x)+v(x), u(x)-v(x), u(x) \cdot v(x), \frac{u(x)}{v(x)}[v(x)\neq 0]$$

在点 x 处也可导,且有下列法则:

(1) $(u \pm v)' = u' \pm v'$；　　　　　(2) $(uv)' = u'v + uv'$；

(3) $(cu)' = cu'$ (c 为常数)；　　　(4) $\left(\dfrac{u}{v}\right)' = \dfrac{u'v - uv'}{v^2}$.

证明:这里只证(2).

给自变量 x 以增量 Δx,则函数 $u=u(x), v=v(x)$ 及 $y=u(x) \cdot v(x)$ 的相应增量分别为

$$\Delta u = u(x+\Delta x) - u(x)$$

即 $\quad u(x+\Delta x) = u(x) + \Delta u$

$$\Delta v = v(x+\Delta x) - v(x)$$

即 $\quad v(x+\Delta x) = v(x) + \Delta v$

$$\Delta y = [u(x+\Delta x)v(x+\Delta x)] - [u(x)v(x)]$$
$$= (u+\Delta u)(v+\Delta v) - uv$$
$$= \Delta u \cdot v + u \cdot \Delta v + \Delta u \cdot \Delta v$$

于是

$$\frac{\Delta y}{\Delta x} = v \cdot \frac{\Delta u}{\Delta x} + u \cdot \frac{\Delta v}{\Delta x} + \Delta u \cdot \frac{\Delta v}{\Delta x}$$

$$= v \cdot \frac{\Delta u}{\Delta x} + u \cdot \frac{\Delta v}{\Delta x} + \frac{\Delta v}{\Delta x} \cdot \frac{\Delta u}{\Delta x} \cdot \Delta x$$

因为函数 $u=u(x), v=v(x)$ 在点 x 可导,即

$$\lim_{\Delta x \to 0} \frac{\Delta u}{\Delta x} = u', \quad \lim_{\Delta x \to 0} \frac{\Delta v}{\Delta x} = v'$$

所以

$$(uv)' = \lim_{\Delta x \to 0} \frac{\Delta y}{\Delta x} = \lim_{\Delta x \to 0} \left[\frac{\Delta u}{\Delta x} \cdot v + u \cdot \frac{\Delta v}{\Delta x} + \frac{\Delta v}{\Delta x} \cdot \frac{\Delta u}{\Delta x} \cdot \Delta x\right]$$
$$= u'v + uv' + v'u' \cdot 0 = u'v + uv'$$

注意:上述法则(3)是(2)的特殊情形,且(1)和(2)可推广到任意有限多个可导函数之和、差及乘积的情形.

做一做:设 u, v, w 都是 x 的可导函数,求 $(uvw)'$.

例 3.13　设 $f(x) = x^2 + \cos x - \sin\dfrac{\pi}{2}$,求 $f'(x)$ 及 $f'\left(\dfrac{\pi}{2}\right)$.

解：$f'(x)=\left(x^2+\cos x-\sin\dfrac{\pi}{2}\right)'=(x^2)'+(\cos x)'-\left(\sin\dfrac{\pi}{2}\right)'=2x-\sin x$,

所以 $f'\left(\dfrac{\pi}{2}\right)=2\times\dfrac{\pi}{2}-\sin\dfrac{\pi}{2}=\pi-1$.

例 3.14 设 $f(x)=x^3 3^x$,求 $f'(x)$.

解：$f'(x)=(x^3)'3^x+x^3(3^x)'=3x^2 3^x+x^3 3^x\ln 3$.

例 3.15 求正切函数 $y=\tan x$ 的导数.

解：
$$y'=(\tan x)'=\left(\dfrac{\sin x}{\cos x}\right)'=\dfrac{\cos x(\sin x)'-(\cos x)'\sin x}{\cos^2 x}$$
$$=\dfrac{\cos^2 x+\sin^2 x}{\cos^2 x}=\left(\dfrac{1}{\cos x}\right)^2=\sec^2 x$$

即
$$(\tan x)'=\sec^2 x$$

类似可得
$$(\cot x)'=-\csc^2 x$$

例 3.16 求正割函数 $y=\sec x$ 的导数.

解：
$$y'=(\sec x)'=\left(\dfrac{1}{\cos x}\right)'=\dfrac{1'\cdot\cos x-1\cdot(\cos x)'}{\cos^2 x}$$
$$=\dfrac{\sin x}{\cos x}\cdot\dfrac{1}{\cos x}=\tan x\cdot\sec x$$

即 $(\sec x)'=\tan x\cdot\sec x$.

类似可得 $(\csc x)'=-\cot x\cdot\csc x$.

例 3.17 求 $y=24\tan x-4\sqrt{x}+3x^2$ 的导数.

解：
$$y'=(24\tan x)'-(4\sqrt{x})'+(3x^2)'$$
$$=24(\tan x)'-4(x^{\frac{1}{2}})'+3(x^2)'$$
$$=24\sec^2 x-4\cdot\dfrac{1}{2}x^{\frac{1}{2}-1}+3\cdot 2x$$
$$=24\sec^2 x-2x^{-\frac{1}{2}}+6x$$

习 题 二

1. 求下列函数在给定点处的导数：

(1) $f(x)=\dfrac{1}{3}x^3+2x^2-3x+1$,求 $f'(0),f'(1)$;

(2) $f(x)=x^2\sin x$,求 $f'(0),f'\left(\dfrac{\pi}{2}\right)$.

2. 求下列函数的导数：

(1) $y = x^3 - 2\sqrt{x} + \dfrac{1}{x} + 1$

(2) $y = x^2 + 2^x + \ln 2$

(3) $y = \dfrac{\pi}{x^2} + x^2 \ln a$

(4) $y = \dfrac{3x}{x^2 + 1}$

(5) $y = \dfrac{x}{5} + \dfrac{5}{x}$

(6) $y = \dfrac{20}{x^5} + \dfrac{1}{x^3} - \dfrac{2}{x}$

(7) $y = \sqrt{x} - \sqrt[4]{x}$

(8) $y = \dfrac{x^5 + 3x^4 + 2x^3 - 8x + 4}{x^2}$

(9) $y = x \tan x - \cot x$

(10) $y = e^x \sin x$

(11) $y = \cos x \ln x$

(12) $y = (x^2 - 3x + 4) \cot x$

(13) $y = \dfrac{x^3 - 2}{x^2 + 1}$

(14) $y = \dfrac{x^2 - 3}{\sqrt{x} + 1}$.

3. 已知 $f(x) = 5 - 4x + 2x^3 - x^5$，试证：$f'(a) = f'(-a)$.

4. 求曲线 $y = (x^2 - 1)(x + 1)$ 上横坐标为 0 的点的切线斜率，并问在曲线上哪一点的切线平行于 x 轴？

5. 求在曲线 $y = -x^3 + 6x^2$ 上切线是水平线的点的坐标.

第三节 其他函数及其求导法则

一、复合函数的导数

定理 3.2 设函数 $u=\varphi(x)$ 在点 x 处可导，$y=f(u)$ 在对应点 $u=\varphi(x)$ 处也可导，则复合函数 $y=f(\varphi(x))$ 在点 x 处可导，且

$$\frac{dy}{dx}=\frac{dy}{du} \cdot \frac{du}{dx}$$

或 $y'_x = y'_u \cdot u'_x$ 或 $y'_x = f'(u)\varphi'(x)$.

其中 y'_x 表示 y 对 x 的导数，y'_u 表示 y 对中间变量 u 的导数，u'_x 表示中间变量 u 对自变量 x 的导数.

上述定理表明，复合函数的导数等于函数对中间变量的导数，乘以中间变量对自变量的导数. 我们把复合函数的这种求导法则也称为链式法则.

下面来对定理进行证明：

给自变量 x 以增量 Δx，函数 $u=\varphi(x)$ 相应有增量 Δu，从而函数 $y=f(u)$ 相应有增量 Δy. 因为 $u=\varphi(x)$ 在点 x 处可导，所以必连续，即 $\lim\limits_{\Delta x \to 0}\Delta u=0$. 假设 $\Delta u \neq 0$，则

$$\frac{dy}{dx}=\lim_{\Delta x \to 0}\frac{\Delta y}{\Delta x}=\lim_{\Delta x \to 0}\frac{\Delta y}{\Delta u} \cdot \frac{\Delta u}{\Delta x}=\lim_{\Delta u \to 0}\frac{\Delta y}{\Delta u} \cdot \lim_{\Delta x \to 0}\frac{\Delta u}{\Delta x}=\frac{dy}{du} \cdot \frac{du}{dx}$$

即

$$\frac{dy}{dx}=\frac{dy}{du} \cdot \frac{du}{dx}.$$

当 $\Delta u=0$ 时，可以证明上式仍然成立.

例 3.18 设 $y=\cos^2 x$，求 $\dfrac{dy}{dx}$.

解：$y=\cos^2 x$ 可看成由 $y=u^2$，$u=\cos x$ 复合而成，

又

$$\frac{dy}{du}=2u, \quad \frac{du}{dx}=-\sin x$$

因此

$$\frac{dy}{dx}=\frac{dy}{du} \cdot \frac{du}{dx}=2u \cdot (-\sin x)=-2\cos x \cdot \sin x=-\sin 2x$$

当复合函数求导熟练后，不必写出中间变量，为了便于理解，在下面的例题中，我们把中间变量默记在心里即可.

例 3.19 设 $y=\cos x^3$，求 y'.

解：$y'=(\cos x^3)'=-\sin x^3 (x^3)'=-3x^2 \sin x^3$.

例 3.20 设 $y=\cos 3x$，求 y'.

解：$y'=(\cos 3x)'=-\sin 3x (3x)'=-3\sin 3x$.

例 3.21 $y=(1+x^2)^3$，求 y'.

解： $y'=[(1+x^2)^3]'=3(1+x^2)^2 \cdot (1+x^2)'=3(1+x^2)^2 \cdot 2x=6x(1+x^2)^2.$

例 3.22 $y=(x+\sin^2 x)^3$，求 y'.

解：
$$\begin{aligned}y' &= 3(x+\sin^2 x)^2 \cdot (x+\sin^2 x)' \\ &= 3(x+\sin^2 x)^2 \cdot [1+2\sin x(\sin x)'] \\ &= 3(x+\sin^2 x)^2 (1+2\sin x\cos x) \\ &= 3(x+\sin^2 x)^2 (1+\sin 2x).\end{aligned}$$

例 3.23（拉船问题）如图 3-6 所示，在离水面高度为 h（米）的岸上，有人用绳子拉船靠岸. 假定绳子长为 l（米），船位于离岸壁 s（米）处，试问：当收绳速度为 v_0（m/s）时，船的速度、加速度各为多少？

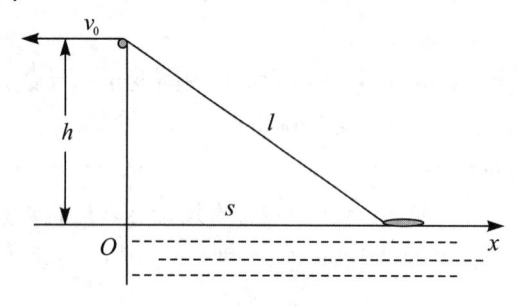

图 3-6

解： l、h、s 三者构成直角三角形，由勾股定理得

$$l^2 = h^2 + s^2$$

两端对时间 t 求导，得

$$2l\frac{dl}{dt} = 0 + 2s\frac{ds}{dt}$$

由此得

$$l\frac{dl}{dt} = s\frac{ds}{dt}$$

l 为绳长，按速度定义，$\dfrac{dl}{dt}$ 即为收绳速度 v_0，船只能沿 s 线在水面上行驶逐渐靠近岸壁，因此 $\dfrac{ds}{dt}$ 应为船速 v，结合上式可得船速

$$v = \frac{l}{s} v_0$$

结合勾股得

$$v = \frac{\sqrt{h^2+s^2}}{s} v_0 \text{（m/s）}$$

h、v_0 均为常数，只有 s 是变量. 按加速度定义

$$a = \frac{dv}{dt} = \frac{dv}{ds} \cdot \frac{ds}{dt}$$

$$= \left(-\frac{h^2}{s^2\sqrt{h^2+s^2}}v_0\right)v$$

即 $a = -\dfrac{h^2 v_0^2}{s^3}$ (m/s²)

（这里的负号表明加速度的方向与 x 轴正向相反. 事实上, 船速 v、收绳速度 v_0 的方向也与 x 轴正向相反.）

由 $v = \dfrac{\sqrt{h^2+s^2}}{s}v_0$ (m/s²) 与 $a = -\dfrac{h^2 v_0^2}{s^3}$ (m/s²) 可知, 船速与船的加速度均与船的位置有关, 当船靠近岸时, 船速与加速度都不断增大. 回想下在公园划船需要交船时, 工作人员把船勾回岸边时, 你是否注意到了这一现象, 工作人员用的"劲"即收绳速度保持不变, 但你却觉着船速越来越快.

例 3.24 （航空摄影问题）如图 3-7 所示, 一飞机在离地 2 公里的高度, 以每小时 200 公里的速度飞临某目标之上空, 以便进行航空摄影, 试求飞机飞至该目标上方时摄像机转动的角速度.

解：坐标系的选择如图 3-7 所示：把目标取为坐标原点, 飞机与目标的水平距离为 x 公里, 则有

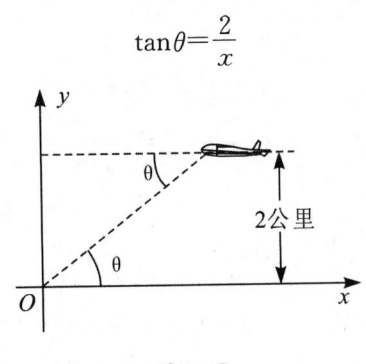

$$\tan\theta = \frac{2}{x}$$

图 3-7

由于 x 与 θ 都是时间 t 的函数, 将等式两边分别对 t 求导, 可得

$$\sec^2\theta \cdot \frac{d\theta}{dt} = -\frac{2}{x^2} \cdot \frac{dx}{dt}$$

$$\frac{d\theta}{dt} = -2 \cdot \frac{\cos^2\theta}{x^2} \cdot \frac{dx}{dt} = -\frac{2}{x^2} \cdot \frac{x^2}{x^2+4} \cdot \frac{dx}{dt} = \frac{-2}{x^2+4} \cdot \frac{dx}{dt}$$

现 $x = 0, \dfrac{dx}{dt} = -200$ (km/h)（负号表示 x 在减小）, 故有

$$\frac{d\theta}{dt} = \frac{-2}{4} \cdot (-200) = 100 \text{(rad/h)}$$

即角速度为 100 rad/h.

二、隐函数及其求导法则

我们知道, y 是 x 的函数一般表示为 $y = f(x)$ 的形式, 如 $y = x^2 + 1, y = e^x + \cos x$ 就

是用自变量的数学式子将因变量(函数)单独地表示出来.这种形式的函数叫**显函数**.

有时会遇到其他表示形式的函数,例如 $x^2+y^2=4$ 本不是函数,但当 y 在 $[0,+\infty)$ 内时,任取一值 x_0 时,由方程可得 y 有确定的值 $y=\sqrt{4-x_0^2}$ 与 x_0 对应,这就是说方程 $x^2+y^2=4$ 确定了一个以 x 为自变量的函数.一般地,由方程 $F(x,y)=0$ 所确定的函数叫隐函数.

如果从方程 $x^2+y^2=4$ 中解出 y,就将隐函数化成了显函数 $y=\sqrt{4-x^2}$.这叫隐函数显化.有些隐函数容易显化,有些则很难甚至不可能显化.如 $xy+\sin(x+y)+3e^x=5$ 确实表示平面上一条曲线.因此,我们希望有一种不必将隐函数显化,能够直接由方程 $F(x,y)=0$ 求出导数的方法.下面举例来说明求导的方法.

例 3.25 求由方程 $x^2+y^2=4$ 所确定的隐函数的导数 $\dfrac{dy}{dx}$.

解: 将方程的两边分别对 x 求导,注意 y 是 x 的函数,y^2 是以 y 为中间变量的关于 x 的复合函数,由复合函数的求导法则知,y^2 对 x 的导数等于 y^2 先对 y 求导,再乘以 y 对 x 的导数.即

$$\frac{d}{dx}y^2=\frac{d}{dy}y^2 \cdot \frac{dy}{dx}=2y \cdot \frac{dy}{dx}$$

所以

$$(x^2+y^2)'_x=(4)'$$
$$2x+2y \cdot \frac{dy}{dx}=0$$

从而解得

$$\frac{dy}{dx}=-\frac{x}{y}$$

注意:一般来说,隐函数的导数是一个既含自变量,又含因变量的表达式.

例 3.26 求由方程 $xy=\sin(x+y)$ 所确定的隐函数的导数 y'.

解: 方程两边对 x 求导数,得

$$x'y+xy'=\cos(x+y)(x+y)'$$
$$y+xy'=\cos(x+y)(1+y')$$
$$y+xy'=\cos(x+y)+\cos(x+y)y'$$
$$(x-\cos(x+y))y'=\cos(x+y)-y$$

解得

$$y'=\frac{\cos(x+y)-y}{x-\cos(x+y)}$$

例 3.27 在物理中,绝热过程是指既不能得到热量也不损失热量的过程.根据实验表明,在一个绝热过程中,某些气体(如氢气或氧气)在一个容器中的压力 P 和体积 V 满足公式 $PV^{1.4}=$ 常数,已知某一时刻某封闭容器中的氢气体积是 $4\,m^3$,压力是 $0.75\,kg/m^2$,如果体积以 $0.5\,m^3/s$ 的速度增加,求此压力的递减速度.

80

解：对 $PV^{1.4}=$ 常数的式子两端对 t 求导得

$$P\frac{\mathrm{d}}{\mathrm{d}t}(V^{1.4})+\frac{\mathrm{d}P}{\mathrm{d}t}\cdot V^{1.4}=0$$

即

$$P\times 1.4\times V^{0.4}\frac{\mathrm{d}V}{\mathrm{d}t}+\frac{\mathrm{d}P}{\mathrm{d}t}\cdot V^{1.4}=0$$

故

$$\frac{\mathrm{d}P}{\mathrm{d}t}=-\frac{1.4PV^{0.4}}{V^{1.4}}\cdot\frac{\mathrm{d}V}{\mathrm{d}t}=-1.4\frac{P}{V}\cdot\frac{\mathrm{d}V}{\mathrm{d}t}$$

将问题中的已知数据代入，得到

$$\frac{\mathrm{d}P}{\mathrm{d}t}=-1.4\times\frac{0.75}{4}\times 0.5=-0.13125\,\mathrm{kg/m^2\cdot s}$$

所以此时压力的递减速度是 $-0.13125\,\mathrm{kg/m^2\cdot s}$.

隐函数求导也可以用下面的公式(1)：

若

$$F(x,y)=0$$

则

$$\frac{\mathrm{d}y}{\mathrm{d}x}=-\frac{\frac{\partial F(x,y)}{\partial x}}{\frac{\partial F(x,y)}{\partial y}} \tag{1}$$

$\frac{\partial F(x,y)}{\partial x}$ 表示将 $F(x,y)$ 中 y 看成常数对 x 求导数，同理 $\frac{\partial F(x,y)}{\partial y}$ 表示将 $F(x,y)$ 中 x 看成常数对 y 求导数.

例 3.28 求由方程 $xy=\sin(x+y)$ 所确定的隐函数的导数 y'_x.

解：先将 $xy=\sin(x+y)$ 化为 $xy-\sin(x+y)=0$.

由公式(1)可知：

$$\frac{\mathrm{d}y}{\mathrm{d}x}=-\frac{\frac{\partial F(x,y)}{\partial x}}{\frac{\partial F(x,y)}{\partial y}}=-\frac{\frac{\partial(xy-\sin(x+y))}{\partial x}}{\frac{\partial(xy-\sin(x+y))}{\partial y}}$$

$$=-\frac{y-\cos(x+y)}{x-\cos(x+y)}=\frac{\cos(x+y)-y}{x-\cos(x+y)}$$

即

$$y'=\frac{\cos(x+y)-y}{x-\cos(x+y)}$$

三、对数求导法则

所谓的对数求导法则就是对所给函数式两边取自然对数，再按隐函数求导法则求导. 在某些情况下，用对数求导法则求导要比通常的方法求导方便一些.

例 3.29 求 $y=\dfrac{(x-1)(x+2)(x+3)}{(x-4)(x+5)}$ 的导数.

解： 对式子两边同时取对数得

$$\ln y = \ln(x-1) + \ln(x+2) + \ln(x+3) - \ln(x-4) - \ln(x+5)$$

两边同时对 x 求导数得

$$\frac{1}{y}y' = \frac{1}{x-1} + \frac{1}{x+2} + \frac{1}{x+3} - \frac{1}{x-4} - \frac{1}{x-5}$$

所以
$$y' = y\left(\frac{1}{x-1} + \frac{1}{x+2} + \frac{1}{x+3} - \frac{1}{x-4} - \frac{1}{x+5}\right)$$

$$= \frac{(x-1)(x+2)(x+3)}{(x-4)(x+5)}\left(\frac{1}{x-1} + \frac{1}{x+2} + \frac{1}{x+3} - \frac{1}{x-4} - \frac{1}{x+5}\right)$$

例 3.30 求 $y = x^x$ 的导数.

解： 对式子两边同时取对数得

$$\ln y = \ln x^x = x \ln x$$

对式子两边同时对 x 求导数得

$$\frac{1}{y}y' = \ln x + x \cdot \frac{1}{x} = \ln x + 1$$

所以
$$y' = y(\ln x + 1) = x^x(\ln x + 1)$$

四、反函数求导法则

定理 3.3 如果函数 $y = f(x)$ 在某个区间内存在直接反函数为 $x = \varphi(y)$，如若 $x = \varphi(y)$ 可导且 $\varphi'(y) \neq 0$，

则
$$y' = \frac{1}{\varphi'(y)} = \frac{1}{\varphi'(f(x))}$$

证明： 因为 $x = \varphi(y)$ 可导，所以当 $\Delta x \to 0$ 时，$\Delta y \to 0$，

所以
$$y' = \lim_{\Delta x \to 0} \frac{\Delta y}{\Delta x} = \lim_{\Delta y \to 0} \frac{1}{\frac{\Delta x}{\Delta y}} = \frac{1}{\varphi'(y)} = \frac{1}{\varphi'(f(x))}$$

例 3.31 求 $y = \arcsin x$ 的导数.

解： 因为 $y = \arcsin x$ 的直接反函数为 $x = \sin y$，所以

$$y' = \frac{1}{(\sin y)'} = \frac{1}{\cos y} = \frac{1}{\sqrt{1-(\sin y)^2}} = \frac{1}{\sqrt{1-x^2}}$$

即
$$(\arcsin x)' = \frac{1}{\sqrt{1-x^2}}$$

同理可得
$$(\arccos x)' = -\frac{1}{\sqrt{1-x^2}}$$

例 3.32 求 $y = \arctan x$ 的导数.

解： 因为 $y = \arctan x$ 的直接反函数为 $x = \tan y$，所以

$$y' = \frac{1}{(\tan y)'} = \frac{1}{(\sec y)^2} = \frac{1}{1+(\tan y)^2} = \frac{1}{1+x^2}$$

即
$$(\arctan x)' = \frac{1}{1+x^2}$$

同理可得
$$(\operatorname{arccot} x)' = -\frac{1}{1+x^2}$$

五、参数方程所确定的函数的导数

设有参数方程 $\begin{cases} x = \varphi(t) \\ y = f(t) \end{cases}, t \in I$,如果函数 $x = \varphi(t), y = f(t)$ 在 I 上可导且 $\varphi'(t) \neq 0$,又 $x = \varphi(t)$ 存在反函数 $t = \varphi^{-1}(x)$,则

$$\frac{\mathrm{d}y}{\mathrm{d}x} = \frac{\frac{\mathrm{d}y}{\mathrm{d}t}}{\frac{\mathrm{d}x}{\mathrm{d}t}} = \frac{f'(t)}{\varphi'(t)}$$

例 3.33 已知 $\begin{cases} x = \dfrac{t^2}{2}; \\ y = 1-t. \end{cases}$ 求 $\dfrac{\mathrm{d}y}{\mathrm{d}x}$.

解:x 对 t 求导可得
$$\frac{\mathrm{d}x}{\mathrm{d}t} = t$$

y 对 t 求导可得
$$\frac{\mathrm{d}y}{\mathrm{d}t} = -1$$

因此
$$\frac{\mathrm{d}y}{\mathrm{d}x} = \frac{\frac{\mathrm{d}y}{\mathrm{d}t}}{\frac{\mathrm{d}x}{\mathrm{d}t}} = -\frac{1}{t}$$

习 题 三

1. 对于 $y = f(u), u = g(x)$,求 $\dfrac{\mathrm{d}y}{\mathrm{d}u}, \dfrac{\mathrm{d}u}{\mathrm{d}x}, \dfrac{\mathrm{d}y}{\mathrm{d}x}$.

(1) $y = 3 + \sqrt{u}, u = x^2 + 3$ (2) $y = \dfrac{10}{u^4}, u = 2x + 3$

(3) $y = \sin 3u, u = e^{2x+1}$ (4) $y = \arctan(4u^2 + 2u - 1), u = \ln(2x+3)$

2. 填空:

(1) $(\sin^2 x)' = $ _____   (2) $(\sin x^2)' = $ _____

(3) $(\sin 2x)' = $ _____   (4) $[f(x^2)]' = $ _____

3. 求下列函数的导数:

(1) $y = 4\sin(3x - 1)$ (2) $y = \cos^2 3x$

(3) $y = (x^2 + \cos^2 x)^4$ (4) $y = \left(\dfrac{x}{2x+1}\right)^3$

(5) $y=\sqrt{1+6x}$ (6) $y=x\sqrt{2x+3}$

(7) $y=\sqrt[3]{2x+1}-(2x+3)^4$ (8) $y=\dfrac{(3x+4)^5}{(5x-6)^7}$

4. 求下列隐函数的导数：

(1) $x^2+y^2=4$ (2) $xy+e^{xy}+2=0$

(3) $y=x\ln y$ (4) $\ln y=xy$

5. 求下列隐函数在指定点的导数：

(1) $y=1+xe^y$；$(0,1)$ (2) $y=e^x-y^2$；$(\ln 2,1)$

6. 求下列函数的导数：

(1) $y=\dfrac{(x-1)(x-2)(3x-4)(2x+5)}{(x-5)(x-6)(x+7)(x+8)}$ (2) $y=2^{3x+4}\cdot 9^{5x-6}$

7. 求下列函数的导数：

(1) $y=\arccos x$ (2) $y=\operatorname{arccot} x$

8. 求下列参数方程所确定函数的导数：

(1) $\begin{cases} x=\sin t \\ y=\cos 2t \end{cases}$ (2) $\begin{cases} x=\ln(1+t^2) \\ y=t-\arctan t \end{cases}$

第四节　初等函数的导数

为便于记忆和使用,我们将本章所导出的求导法则与基本初等函数导数的基本公式整理于后,其中尚未证明的公式请读者自行证明.

一、导数的四则运算法则

设函数 u,v 均可导,c 为常数,则

(1) $(u\pm v)'=u'\pm v'$;

(2) $(u\cdot v)'=u'v+uv'$;

(3) $(cu)'=cu'$;

(4) $\left(\dfrac{u}{v}\right)'=\dfrac{u'v-uv'}{v^2}(v\neq 0).$

二、导数的基本公式

(1) $(c)'=0$(c 为常量);

(2) $(x^a)'=ax^{a-1}$(a 为实数);

(3) $(a^x)'=a^x \ln a$($a>0$ 且 $a\neq 0$);

(4) $(e^x)'=e^x$;

(5) $(\log_a x)'=\dfrac{1}{x\ln a}=\dfrac{1}{x}\log_a e$($a>0$ 且 $a\neq 1$);

(6) $(\ln x)'=\dfrac{1}{x}$;

(7) $(\sin x)'=\cos x$;

(8) $(\cos x)'=-\sin x$;

(9) $(\tan x)'=\sec^2 x$;

(10) $(\cot x)'=-\csc^2 x$;

(11) $(\sec x)'=\sec x\tan x$;

(12) $(\csc x)'=-\csc x\cot x$;

(13) $(\arcsin x)'=\dfrac{1}{\sqrt{1-x^2}}$;

(14) $(\arccos x)'=-\dfrac{1}{\sqrt{1-x^2}}$;

(15) $(\arctan x)'=\dfrac{1}{1+x^2}$;

(16) $(\text{arccot}\, x)'=-\dfrac{1}{1+x^2}.$

三、复合函数的求导法则

设 $y=f(u), u=\varphi(x)$ 都是可导函数,则复合函数 $y=f[\varphi(x)]$ 的导数为

$$y'_x = y'_u \cdot u'_x = f'(u) \cdot \varphi'(x)$$

例 3.34 设 $y = 2^x + x^2 + \log_2 x + e^x$，求 y'.

解：$y' = 2^x \ln 2 + 2x + \dfrac{1}{x \ln 2} + e^x$.

例 3.35 设 $y = e^{x^2} \cdot \sin x^2$，求 y'.

解：$\begin{aligned}y' &= (e^{x^2})' \sin x^2 + e^{x^2} (\sin x^2)' \\ &= (e^{x^2})(x^2)' \sin x^2 + e^{x^2} \cos x^2 (x^2)' \\ &= 2x e^{x^2} (\sin x^2 + \cos x^2)\end{aligned}$

四、隐函数的求导法则

若
$$F(x, y) = 0$$
则
$$\frac{\mathrm{d}y}{\mathrm{d}x} = -\frac{\dfrac{\partial F(x, y)}{\partial x}}{\dfrac{\partial F(x, y)}{\partial y}}$$

例 3.36 若 $e^{2x+3y} - x^4 y^5 + 6x - 7y = 0$. 求 $\dfrac{\mathrm{d}y}{\mathrm{d}x}$.

解：
$$\frac{\mathrm{d}y}{\mathrm{d}x} = -\frac{\dfrac{\partial (e^{2x+3y} - x^4 y^5 + 6x - 7y)}{\partial x}}{\dfrac{\partial (e^{2x+3y} - x^4 y^5 + 6x - 7y)}{\partial y}}$$

$$= -\frac{e^{2x+3y} \cdot 2 - 4x^3 y^5 + 6}{e^{2x+3y} \cdot 3 - 5x^4 y^4 - 7}$$

五、参数方程求导法则

设有参数方程 $\begin{cases} x = \varphi(t) \\ y = f(t) \end{cases}, t \in I$，若函数 $x = \varphi(t)$, $y = f(t)$ 在 I 上均可导且 $\varphi'(t) \neq 0$，又 $x = \varphi(t)$ 存在反函数 $t = \varphi^{-1}(x)$，则

$$\frac{\mathrm{d}y}{\mathrm{d}x} = \frac{\dfrac{\mathrm{d}y}{\mathrm{d}t}}{\dfrac{\mathrm{d}x}{\mathrm{d}t}} = \frac{f'(t)}{\varphi'(t)}$$

例 3.37 已知 $\begin{cases} x = 5 \sin t \\ y = 3 \cos t \end{cases}$，求 $\dfrac{\mathrm{d}y}{\mathrm{d}x}$.

解：x 对 t 求导可得
$$\frac{\mathrm{d}x}{\mathrm{d}t} = 5 \cos t$$

y 对 t 求导可得
$$\frac{\mathrm{d}y}{\mathrm{d}t} = -3 \sin t$$

因此
$$\frac{dy}{dx}=\frac{\frac{dy}{dt}}{\frac{dx}{dt}}=-\frac{3\sin t}{5\cos t}$$

六、反函数求导法则

定理 3.4 若函数 $y=f(x)$ 在某个区间内存在直接反函数 $x=\varphi(y)$,若 $x=\varphi(y)$ 可导且 $\varphi'(y)\neq 0$,

则
$$y'=\frac{1}{\varphi'(y)}=\frac{1}{\varphi'f(x)}$$

例 3.38 求 $y=e^x$ 的导数.

解: 因为 $y=e^x$ 的直接反函数为 $x=\ln y$,

故
$$y'=\frac{1}{(\ln y)'}=\frac{1}{\frac{1}{y}}=y=e^x$$

即
$$(e^x)'=e^x$$

习 题 四

1. 求下列函数的导数：

(1) $y=x^a+a^x+a^a$

(2) $y=\dfrac{\sin x}{1+\cos x}$

(3) $y=\sqrt{x+\sqrt{x}}$

(4) $y=\arcsin(3x^2-1)$

(5) $y=\cos[\ln(1+2x)]$

(6) $\ln(2x-y)+\arctan(xy)=0$

(7) $y=e^x \cdot e^y$

(8) $\begin{cases} x=5\sec t \\ y=3\tan t \end{cases}$

第五节 高阶导数

考虑给定函数
$$f(x)=x^m$$
它的导数可以写成
$$f'(x)=mx^{m-1}$$
导函数 $f'(x)$ 还可以求其导数，我们用 $f''(x)$ 表示 $(f'(x))'$.

即 $f''(x)=(f'(x))'=m(m-1)x^{m-2}$

我们称 $f''(x)$ 为 $f(x)$ 的二阶导数，继续求导可得三阶导数，以此类推，可得 n 阶导数，记为

$f^{(n)}(x)=m(m-1)\cdots(m-(n-1))x^{m-n}$. (当 $m\in\mathbf{Z}^+$ 时，$n\leqslant m$；当 $m\notin\mathbf{Z}^+$ 时，$n\in\mathbf{N}^+$)

定义 3.2 如果函数 $y=f(x)$ 的导数 $f'(x)$ 在 x 处可导，则 $f'(x)$ 在点 x 处的导数称为 $y=f(x)$ 在点 x 处的**二阶导数**，记为 y''，$f''(x)$，$\dfrac{\mathrm{d}^2 y}{\mathrm{d}x^2}$ 或 $\dfrac{\mathrm{d}}{\mathrm{d}x}\left(\dfrac{\mathrm{d}y}{\mathrm{d}x}\right)$.

类似地，二阶导数的导数称为三阶导数，记为 y''' 或 $\dfrac{\mathrm{d}^3 y}{\mathrm{d}x^3}$. 三阶导数的导数称为四阶导数，记为 $y^{(4)}$ 或 $\dfrac{\mathrm{d}^4 y}{\mathrm{d}x^4}$. 一般地，$(n-1)$ 阶导数的导数叫做 n 阶导数，记为 $y^{(n)}$ 或 $\dfrac{\mathrm{d}^n y}{\mathrm{d}x^n}$，二阶及二阶以上的导数统称为**高阶导数**.

由高阶导数的定义知，求函数 $y=f(x)$ 的高阶导数，只需要多次连续地求导即可，因此仍可应用前面的求导方法进行计算.

例 3.39 设 $f(x)=x^3+3x$，求 $f''(x)$.

解：因 $f'(x)=3x^2+3$，故 $f''(x)=(3x^2+3)'=6x$.

例 3.40 设 $y=\sin x+\cos x$，求 $y''\big|_{x=0}$.

解：
$$y'=\cos x-\sin x$$
$$y''=-\sin x-\cos x$$
所以
$$y''\big|_{x=0}=-\sin 0-\cos 0=-1$$

例 3.41 求 $y=\mathrm{e}^x$ 的 n 阶导数.

解：$y'=\mathrm{e}^x$，$y''=\mathrm{e}^x$，$y'''=\mathrm{e}^x$，$y^{(4)}=\mathrm{e}^x$，

一般地，可得
$$y^{(n)}=\mathrm{e}^x$$

例 3.42 求 $y=\sin x$ 的 n 阶导数.

解：
$$y'=\cos x=\sin\left(x+\dfrac{\pi}{2}\right)$$
$$y''=\cos\left(x+\dfrac{\pi}{2}\right)=\sin\left(x+\dfrac{\pi}{2}+\dfrac{\pi}{2}\right)=\sin\left(x+2\cdot\dfrac{\pi}{2}\right)$$

$$y''' = \cos\left(x + 2 \cdot \frac{\pi}{2}\right) = \sin\left(x + 3 \cdot \frac{\pi}{2}\right)$$

一般地,可得
$$(\sin x)^{(n)} = \sin\left(x + n \cdot \frac{\pi}{2}\right) \quad (n \in \mathbf{N}^+)$$

同理
$$(\cos x)^{(n)} = \cos\left(x + n \cdot \frac{\pi}{2}\right) \quad (n \in \mathbf{N}^+)$$

例 3.43 求 $y = (x^2 - 3\sin x)^{10}$ 的二阶导数.

解:
$$y' = 10(x^2 - 3\sin x)^9 (x^2 - 3\sin x)'$$
$$= 10(x^2 - 3\sin x)^9 (2x - 3\cos x)$$
$$y'' = 10\{[(x^2 - 3\sin x)^9]'(2x - 3\cos x) + (x^2 - 3\sin x)^9 (2x - 3\cos x)'\}$$
$$= 10[9(x^2 - 3\sin x)^8 (2x - 3\cos x)^2 + (x^2 - 3\sin x)^9 (2 + 3\sin x)]$$

思考: 具有什么特点的函数才能求其 n 阶导数?

下面来研究二阶导数的物理意义.

我们知道,作变速直线运动的物体的速度 v 是路程 $s = s(t)$ 对时间 t 的导数,即
$$v = s'(t) = \frac{\mathrm{d}s}{\mathrm{d}t}$$

如果上式的导数存在,则可以求出速度 v 对时间 t 的导数,即路程 s 对时间 t 的二阶导数
$$v' = v'(t) = [s'(t)]' = s''(t)$$

它表示速度 v 对时间 t 的变化率,力学中,把它叫做物体运动的加速度,记为 a. 这就是说,**物体运动的加速度 a 是路程 s 对时间 t 的二阶导数.**

例 3.44 已知物体作直线运动的方程是 $s = 5t - 10t^2$,求物体运动的加速度.

解: 因为 $s'(t) = 5 - 20t$, $s''(t) = -20$,所以物体运动的加速度 $a = -20$.

例 3.45 已知物体的运动方程为 $s = A\sin(\omega t + \varphi)$,其中 A, ω, φ 都是常数. 求物体运动的加速度.

解: 因为
$$s' = A[\cos(\omega t + \varphi)](\omega t + \varphi)' = A\omega\cos(\omega t + \varphi)$$
$$s'' = A\omega[-\sin(\omega t + \varphi)(\omega t + \varphi)'] = -A\omega^2 \sin(\omega t + \varphi)$$

所以物体运动的加速度为
$$a = -A\omega^2 \sin(\omega t + \varphi)$$

例 3.46 (**飞机的降落曲线**) 在研究飞机的自动着陆系统时,技术人员需要分析飞机的降落曲线. 根据经验,一架水平飞行的飞机,其降落曲线是一条三次抛物线. 已知飞机的飞行高度为 h,飞机的着陆点为原点 O,且在整个降落过程中,飞机的水平速度始终保持为常数 u. 出于安全考虑,飞机垂直加速度的最大绝对值不超过 $\frac{g}{10}$,此处 g 是重力加速度.

(1)若飞机从 $x=x_0$ 处开始下降,试确定出飞机的降落曲线.

(2)求开始下降点 x_0 所能允许的最小值.

解:设飞机降落时在铅直平面飞行,其降落曲线是该铅直平面内的一条平面曲线.以飞机着陆点为原点 O,以铅直面与地面的交线为 x 轴建立平面直角坐标系,y 表示飞机的高度,如图 3-8 所示.

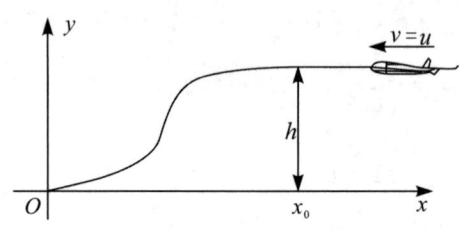

图 3-8

设:飞机的降落曲线为

$$y=ax^3+bx^2+cx+d$$

由题设条件可知

$$y(0)=0, y(x_0)=h$$

由于飞机的飞行曲线是光滑的,即 $y(x)$ 具有连续的一阶导数,且在点 $(0,0)$ 和 $(x_0,y(x_0))$ 处的切线为水平切线,所以 $y(x)$ 还要满足

$$y'(0)=0, y'(x_0)=0$$

根据上述四个条件列出 y 的表达式:

$$\begin{cases} y(0)=d=0 \\ y'(0)=c=0 \\ y(x_0)=ax_0^3+bx_0^2+cx_0+d=h \\ y'(x_0)=3ax_0^2+2bx_0+c=0 \end{cases}$$

解此方程组得到 $a=-\dfrac{2h}{x_0^3}, b=\dfrac{3h}{x_0^2}, c=d=0$,因此飞机的降落曲线为

$$y=\frac{2h}{x_0^3}x^3+\frac{3h}{x_0^2}x^2=-\frac{h}{x_0^2}\left(\frac{2}{x_0}x^3-3x^2\right)$$

飞机的垂直速度是 y 关于时间 t 的导数,故

$$\frac{dy}{dt}=\frac{dy}{dx}\cdot\frac{dx}{dt}=-\frac{h}{x_0^2}\left(\frac{6}{x_0}x^2-6x\right)\frac{dx}{dt}$$

其中 $\dfrac{dx}{dt}$ 是飞机的水平速度,据题设 $\dfrac{dx}{dt}=u$,因此

$$\frac{dy}{dt}=-\frac{6hu}{x_0^2}\left(\frac{x^2}{x_0}-x\right)$$

垂直加速度为

$$\frac{d^2y}{dt^2}=-\frac{6hu}{x_0^2}\left(\frac{2x}{x_0}-1\right)\frac{dx}{dt}=-\frac{6hu^2}{x_0^2}\left(\frac{2x}{x_0}-1\right)$$

将垂直加速度记为 $a(x)$，则
$$|a(x)| = \frac{6hu^2}{x_0^2} \cdot \left|\frac{2x}{x_0} - 1\right|, x \in [0, x_0]$$

因此，垂直加速度的最大绝对值为 $\frac{6hu^2}{x_0^2}$，根据设计要求，有
$$\frac{6hu^2}{x_0^2} \leqslant \frac{g}{10}$$

此时 x_0 必须满足
$$x_0 \geqslant u \cdot \sqrt{\frac{60h}{g}}$$

所以，x_0 所能允许的最小值为 $u \cdot \sqrt{\frac{60h}{g}}$.

通过上述分析可知，飞机降落所需的水平距离不得小于 $u \cdot \sqrt{\frac{60h}{g}}$. 例如当飞机以水平速度 540 km/h、高度 1000 m 飞临机场上空时
$$x_0 = \frac{540 \times 1000}{3600} \sqrt{\frac{60 \times 1000}{9.8}} \approx 11737 \text{(m)}$$

习 题 五

1. 求下列函数的二阶导数：

(1) $y = 5x - 2x^2$ (2) $y = \sin x \ln x$

(3) $y = \dfrac{1}{\sqrt{x}}$ (4) $y = e^{2x}$

(5) $y = (x^2 - 4x)^{30}$ (6) $y = \dfrac{1}{1+x^2}$

(7) $y = \dfrac{1}{x^2} - \dfrac{1}{2x^3}$ (8) $y = \sqrt[3]{2x^3 - 3x}$

2. 已知物体的运动方程 $s = 4\cos\dfrac{\pi t}{3}$，求 $t = 1$ 时刻的加速度.

3. 一个种群从最初的 100000 增长到总数 $P(t)$，且 $P(t)$ 可表示为
$$P(t) = 100000(1 + 0.4t + t^2)$$
则该种群数量增长的加速度是多少？

第六节　函数的微分

一、微分的定义

函数的导数表示函数的瞬时变化率,它描述了函数变化的快慢程度.在工程技术和经济活动中,有时还需要了解当自变量取得一个微小的增量时,函数取得相应增量的大小,这就是函数微分问题.本节将学习微分的概念、微分的运算与基本公式,并介绍微分在近似计算中的应用.

先看一个例子.

设有一个边长为 x 的正方形,当其边长取增量 Δx 时,其面积为 S,正方形图形如图 3-9 所示.

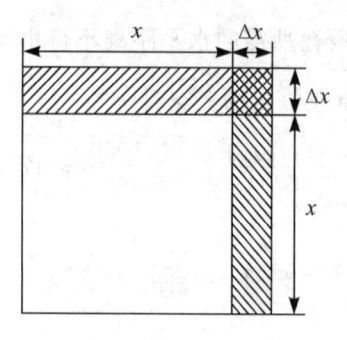

图 3-9

当边长取增量为 Δx 时,面积 S 的增量是

$$\Delta S=(x+\Delta x)^2-x^2=2x \cdot \Delta x+(\Delta x)^2$$

上式中,ΔS 由两部分组成:

(1) $2x \cdot \Delta x$ 是 Δx 的一次(线性)函数,即图 3-9 中阴影部分的两个矩形的面积之和;

(2) $(\Delta x)^2$,当 $\Delta x \to 0$ 时,它是比 Δx 更高阶的无穷小量,即图 3-9 中带有交叉斜线阴影的小正方形的面积.当 $|\Delta x|$ 很小时,$(\Delta x)^2$ 可以忽略掉,而用 $2x \cdot \Delta x$ 近似地代替 ΔS,我们把 $2x \cdot \Delta x$ 叫做正方形面积的微分.

一般地,有下面定义:

定义 3.3　设函数 $y=f(x)$ 在点 x_0 某邻域内有定义,当自变量在点 x_0 处有增量 Δx 时,如果函数的增量 Δy 可表示为

$$\Delta y=A\Delta x+\alpha$$

其中 A 是与 Δx 无关的量,α 是较 Δx 高阶的无穷小量.那么,就称函数 $y=f(x)$ 在点 x_0 可微,称其线性主部 $A\Delta x$ 为函数 $f(x)$ 在点 x_0 处的微分,记为

$$dy=A\Delta x$$

若函数 $y=f(x)$ 在点 x_0 可导,则我们可以推得 $A=f'(x_0)$.所以,此时函数 $y=f(x)$

在点 x_0 的微分又可具体表示为
$$dy = f'(x_0)\Delta x$$

推证：设函数 $y = f(x)$ 在点 x_0 可微，则按定义 3.3，有
$$\Delta y = A\Delta x + \alpha$$

成立，等式两边同时除以 Δx，得
$$\frac{\Delta y}{\Delta x} = A + \frac{\alpha}{\Delta x}$$

因 α 是较 Δx 高阶的无穷小量，故 $\lim\limits_{\Delta x \to 0}\frac{\alpha}{\Delta x} = 0$. 于是，当 $\Delta x \to 0$ 时，由上式两边取极限就得到
$$A = f'(x_0)$$

定义 3.4 设函数 $y = f(x)$ 在点 x 可导，则 $f'(x)\Delta x$ 叫做函数 $y = f(x)$ 在点 x 处的微分，记为 dy，即
$$dy = f'(x)\Delta x$$

我们规定，自变量的微分 $dx = \Delta x$，则函数的微分又可写成
$$dy = f'(x)dx$$

从而
$$\frac{dy}{dx} = f'(x)$$

这就是说，函数的导数 $f'(x)$ 等于函数的微分 dy 与自变量的微分 dx 之商. 因此，导数也叫**微商**.

可以看出，如果已知函数 $y = f(x)$ 的导数 $f'(x)$，则由 $dy = f'(x)dx$ 可求出微分 dy；反之，如果已知函数 $y = f(x)$ 的微分 dy，则由 $\frac{dy}{dx} = f'(x)$ 可求得它的导数. 因此，可导与可微是等价的. 我们把求导和求微分的方法统称为**微分法**.

注意：求函数的导数和微分的运算虽然可以互通，但它们的含义不同. 一般地说，导数反映了函数的变化率，微分反映了自变量微小变化时函数的改变量.

例 3.47 求函数 $y = \frac{1}{x}$ 在 $x = 1, \Delta x = 0.01$ 时的增量及微分.

解：函数的增量
$$\Delta y = \frac{1}{1+0.01} - 1 \approx -0.0099$$

因为函数在点 x 的微分
$$dy = \left(\frac{1}{x}\right)'\Delta x = -\frac{1}{x^2}\Delta x$$

所以将 $x = 1, \Delta x = 0.01$ 代入上式，得
$$dy\bigg|_{x=1} = \frac{1}{1^2} \times 0.01 = -0.01$$

由上例结果可以看出，$\mathrm{d}y\big|_{x=1} \approx \Delta y\big|_{x=1}$，误差约为 0.0001.

例 3.48 求 $y = \mathrm{e}^{2x}$ 的微分.

解：因为 $y' = (\mathrm{e}^{2x})' = 2\mathrm{e}^{2x}$，所以 $\mathrm{d}y = y' \mathrm{d}x = 2\mathrm{e}^{2x} \mathrm{d}x$.

二、微分的几何意义

如图 3-10，设曲线 $y = f(x)$ 的在点 M 的坐标为 $(x_0, f(x_0))$，过点 M 作曲线的切线 MT，它的倾斜角为 α. 当自变量 x 在 x_0 处有一微小的增量 Δx 时，相应曲线的纵坐标有一增量 Δy.

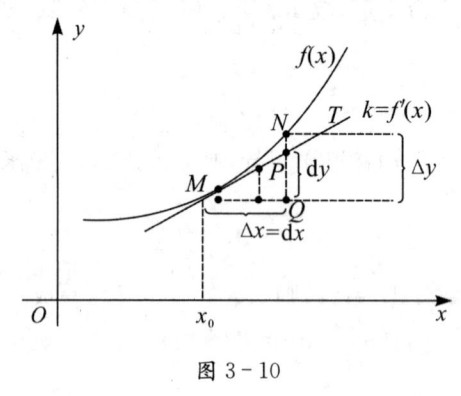

图 3-10

从图 3-10 中可以看出

$$\mathrm{d}x = \Delta x = MQ, \quad \Delta y = QN$$

设过点 M 的切线 MT 与 NQ 相交于点 P，
则 MT 的斜率

$$\tan\alpha = f'(x_0) = \frac{QP}{MQ}$$

所以，函数 $y = f(x)$ 在点 $x = x_0$ 的微分

$$\mathrm{d}y = f'(x_0)\mathrm{d}x = \frac{QP}{MQ} \cdot MQ = QP$$

因此，函数 $y = f(x)$ 在点 $x = x_0$ 的微分就是曲线 $y = f(x)$ 在点 $M(x_0, f(x_0))$ 处的切线 MT 的纵坐标对应于 Δx 的增量.

由图 3-10 还可以看出，当 $f'(x_0) \neq 0$ 且 $|\Delta x|$ 很小时，$|\Delta y - \mathrm{d}y|$ 比 $|\Delta x|$ 小得多. 因此，在点 M 的邻近，可以用切线段来近似代替曲线段，即"以直代曲".

三、微分公式与微分运算法则

从函数微分的定义

$$\mathrm{d}y = f'(x)\mathrm{d}x$$

可以知道，计算函数的微分，只要先求出函数的导数，再乘以自变量的微分即可. 因此，从导数的基本公式和运算法则，就可以直接推出微分的基本公式和运算法则.

1. 微分的基本公式

(1) $\mathrm{d}(C) = 0$（C 为常量）；   (2) $\mathrm{d}(x^\alpha) = \alpha x^{\alpha-1} \mathrm{d}x$；

(3) $d(a^x) = a^x \ln a \, dx$;

(4) $d(e^x) = e^x \, dx$;

(5) $d(\log_a x) = \dfrac{1}{x \ln a} dx$;

(6) $d(\ln x) = \dfrac{1}{x} dx$;

(7) $d(\sin x) = \cos x \, dx$;

(8) $d(\cos x) = -\sin x \, dx$;

(9) $d(\tan x) = \sec^2 x \, dx$;

(10) $d(\cot x) = -\csc^2 x \, dx$;

(11) $d(\sec x) = \sec x \tan x \, dx$;

(12) $d(\csc x) = -\csc x \cot x \, dx$;

(13) $d(\arcsin x) = \dfrac{1}{\sqrt{1-x^2}} dx$;

(14) $d(\arccos x) = -\dfrac{1}{\sqrt{1-x^2}} dx$;

(15) $d(\arctan x) = \dfrac{1}{1+x^2} dx$;

(16) $d(\operatorname{arccot} x) = \dfrac{1}{1+x^2} dx$

2. 函数和、差、积、商的微分法则

(1) $d(u \pm v) = du \pm dv$;

(2) $d(uv) = u \, dv + v \, du$;

(3) $d(Cu) = C \, du$;

(4) $d\left(\dfrac{u}{v}\right) = \dfrac{v \, du - u \, dv}{v^2}$.

其中 u, v 都是 x 的函数，C 为常数.
请读者根据微分的定义自己证明.

四、复合函数的微分

根据微分的定义，当 u 是自变量时，函数 $y = f(u)$ 的微分是
$$dy = f'(u) \, du$$

如果 u 是中间变量，则复合函数 $y = f(u), u = \varphi(x)$ 的微分是
$$dy = y'_x \, dx = f'(u) \varphi'(x) \, dx$$

由于 $\varphi'(x) \, dx = du$，所以上式又可写成
$$dy = f'(u) \, du$$

这就是说，无论 u 是自变量还是中间变量，函数 $y = f(u)$ 的微分都有 $dy = f'(u) \, du$ 的形式，这一性质叫做**微分形式的不变性**.

例 3.49 设 $y = e^{x^2}$，求 dy.

解：

方法一 利用微分的定义，得
$$dy = (e^{x^2})' \, dx = e^{x^2} (x^2)' \, dx = 2x e^{x^2} dx$$

方法二 利用微分形式的不变性，得
$$dy = e^{x^2} \, d(x^2) = 2x e^{x^2} dx$$

五、微分的应用

1. 增量的近似计算

由微分的定义可知
$$\Delta y = f'(x) \Delta x + \alpha(\Delta x) \approx f'(x) \Delta x = f'(x) \, dx$$

所以我们可以用微分近似代替增量（即"以直代曲"）.

例 3.50 对于函数 $y = x(x-4)^3$,求:

(1) dy.

(2) 当 $x = 5, \Delta x = 0.2$ 时 Δy 的近似值.

解:

(1) 因为
$$y' = (x-4)^3 + x \cdot 3(x-4)^2 = (x-4)^2(x-4+3x) = (x-4)^2(4x-4)$$
所以
$$dy = f'(x)dx = (x-4)^2(4x-4)dx$$

(2) 当 $x = 5, \Delta x = 0.2$ 时
$$\Delta y \approx dy = (5-4)^2(4 \times 5-4) \times 0.2 = 3.2$$

2. 函数值的近似计算

例 3.51 不用计算器,求 $\sqrt{38}$ 的近似值.

解: 首先考虑一个接近 38 的平方分数 36,我们要做的是当 $x_0 = 36$,改变量 $\Delta x = 2$ 时,计算 y 或 $\sqrt{x}$ 如何改变,设 $y = f(x) = \sqrt{x}$,

所以 $\Delta y = f(x_0 + \Delta x) - f(x_0) = \sqrt{38} - \sqrt{36}$

$$\approx dy = \frac{1}{2\sqrt{x_0}} \Delta x = \frac{1}{2\sqrt{36}} \times 0.2 = \frac{0.2}{12} \approx 0.0167$$

即
$$\sqrt{38} - \sqrt{36} \approx 0.0167$$
所以
$$\sqrt{38} \approx \sqrt{36} + 0.0167 = 6.0167$$

3. 误差的近似计算

由初中物理知识可知:

绝对误差 = |测量值 − 精确值|

相对误差 = 绝对误差/精确值

在数学中,精确值可计作 $f(x_0)$,测量值看作是 $f(x_0 + \Delta x)$,因为 $\Delta y \approx dy = f'(x_0)\Delta x$,所以,绝对误差即为

$$\Delta y = f(x_0 + \Delta x) - f(x_0) = \frac{f(x_0 + \Delta x) - f(x_0)}{\Delta x} \Delta x \approx f'(x_0)\Delta x = f'(x_0)\Delta x$$

引例 1(钟表误差) 一机械挂钟的钟摆周期为 1 s,在冬季,摆长因热涨冷缩而缩短了 0.01 cm,已知单摆的周期为 $T = 2\pi\sqrt{\dfrac{l}{g}}$,其中 $g = 980 \text{ cm/s}^2$,问这只钟在冬季每秒大约快或慢多少?

解: 因为钟摆的周期为 1 s,所以有 $1 = 2\pi\sqrt{\dfrac{l}{g}}$,解得摆的原长为 $l = \dfrac{g}{(2\pi)^2}$,又摆长的

改变量为 $\Delta l = -0.01\,\text{cm}$,用 $\text{d}T$ 近似计算 ΔT,得

$$\Delta T \approx \text{d}T = \frac{\text{d}T}{\text{d}l}\Delta l = \pi\frac{1}{\sqrt{gl}}\Delta l$$

将 $l = \dfrac{g}{(2\pi)^2}$,$\Delta l = -0.01$ 代入上式得

$$\Delta T \approx \text{d}T = \pi\frac{1}{\sqrt{gl}}\Delta l = \frac{\pi}{\sqrt{g\cdot\dfrac{g}{(2\pi)^2}}}\times(-0.01)$$

$$= \frac{2\pi^2}{g}\times(-0.01)\approx -0.0002$$

这就是说,由于摆长缩短了 $0.01\,\text{cm}$,钟摆的周期相应地缩短了约 $0.0002\,\text{s}$,即快了 $0.0002\,\text{s}$.

六、综合应用

引例2（碳定年代法） 考古、地质等方面的专家常用 ^{14}C 同位素测定法（通常称为碳定年代法）去估计文物或化石的年代. 长沙市马王堆一号墓于1972年8月出土,测得出土的木炭标本中 ^{14}C 平均蜕变数为 29.78 次/分,而新砍伐烧成的木炭中 ^{14}C 平均蜕变数为 38.37 次/分,又知 ^{14}C 的半衰期（给定数量的 ^{14}C 蜕变到一半数量所需的时间）为 5568 年,试估计一下该墓的大致年代.

解:碳定年代法的根据为活着的生物体内的 ^{14}C 与大气中的 ^{14}C 比例相同. 生物死亡后,因而尸体内的 ^{14}C 由于不断地衰变而不断地减少. 碳定年代法就是根据衰变减少量的变化情况来判定生物的死亡时间的.

假设:1. 现代生物中 ^{14}C 的衰变速度与马王堆墓葬时代生物体中 ^{14}C 的衰变速度相同;

2. ^{14}C 的衰变速度与该时刻 ^{14}C 的含量成正比.

由于地球周围大气中的 ^{14}C 的百分含量可认为基本不变(即宇宙射线大气层的强度自古至今基本不变),故假设1是合理的. 假设2的根据来自原子物理学的理论.

建模:设在时刻 t(年)生物体中 ^{14}C 的存在量为 $x(t)$,由假设2知

$$\frac{\text{d}x}{\text{d}t}=-kx \tag{1}$$

其中 $k>0$ 为比例常数. k 前置负号表示 ^{14}C 的存量 x 是递减的.

式(1)可化为

$$\frac{\text{d}t}{\text{d}x}=\frac{-1}{kx} \tag{2}$$

即 $t'(x)=-\dfrac{1}{k}\cdot\dfrac{1}{x}$,又 $(\ln x)'=\dfrac{1}{x}$,所以 $\left(-\dfrac{1}{k}\ln x+C\right)'=-\dfrac{1}{k}\cdot\dfrac{1}{x}$

所以

$$t=-\frac{1}{k}\ln x+C \tag{3}$$

设生物的死亡时间为 $t_0=0$,当时 ^{14}C 的含量为 x_0,代入(3)式得 $t_0=\dfrac{1}{k}\ln x_0$,于是有

$$t=-\frac{1}{k}\ln x+\frac{1}{k}\ln x_0=\frac{1}{k}\ln\left(\frac{x_0}{x}\right) \qquad (4)$$

记 ^{14}C 的半衰期为 T，则有

$$x(T)=\frac{x_0}{2} \qquad (5)$$

将式(5)代入式(4)得

$$k=\frac{\ln 2}{T}$$

代入式(3)得

$$t=-\frac{T}{\ln 2}\ln\frac{x_0}{x(t)} \qquad (6)$$

由于 x_0、$x(t)$ 不便于测量，我们改用下面的方法求 t：由式(1)知

$$x'(t)=-x_0 k e^{-kt}=-kx(t) \qquad (7)$$

而

$$x'(0)=-kx(0)=-kx_0 \qquad (8)$$

上面式(7)与式(8)相除得

$$\frac{x'(0)}{x'(t)}=\frac{x_0}{x(t)} \qquad (9)$$

将式(9)代入式(6)得

$$t=-\frac{T}{\ln 2}\ln\frac{x'(0)}{x'(t)} \qquad (10)$$

由假设 1 知，可用现代木炭中 ^{14}C 的衰变速度作为 $x'(0)$，即 $x'(0)=38.37$ 次/分，而 $x'(t)=29.78$ 次/分（由已知）. 将它们及 $T=5568$ 年代入(5)式得

$$t=\frac{5568}{\ln 2}\ln\frac{38.37}{29.78}\approx 2036（\text{年}）$$

这样就估计出马王堆一号墓大约是 2000 多年前的.

注：对 ^{14}C 的半衰期，各种书上的说法不一致，有人测定为 5568 年，也有人测定为 5580 或 5730 年. 若用 5580 或 5730 年，则可分别求得马王堆一号墓存在于 2040 年或 2095 年前.

例 3.52 设总成本函数为 $C(x)=2x^3-12x^2+30x+200$.

(1) 当 $x=2$，$\Delta x=1$ 时，求 ΔC 和 $C'(2)$；

(2) 当 $x=100$，$\Delta x=1$ 时，求 ΔC 和 $C'(100)$.

解：

(1) $\Delta C=C(2+1)-C(2)=236-228=8$,

由条件可知 $C(2)$ 是生产 2 件产品的总成本，$C(3)$ 是生产 3 件产品的总成本，故 $C(3)-C(2)$ 是第三件产品的成本.

又因为

$$C'(x)=6x^2-24x+30$$

所以

$$C'(2)=6\times 2^2-24\times 2+30=6$$

(2) $\Delta C=C(100+1)-C(100)=58220$

$C'(100)=6\times 100^2-24\times 100+30=57630$

注意: 在例 3.52(1)中近似值是 6 元,比"正确"值 8 元少 2 元,相对误差是 2/8 即 25%;在(2)中近似值是 57630 元,比"正确"值 58220 元少 590 元,相对误差是 590/58220 即约为 1‰,所以它是一个非常精确的近似.

在例 3.52 中,我们有意采用 $\Delta x=1$,是为了说明一下事实.

$$C'(x) \approx C(x+1) - C(x)$$

即 $C'(x)$ 近似等于第 $x+1$ 或下一件产品的成本.

习 题 六

1. 求下列函数在给定点处的 Δy 和 dy:

(1) $y=x^2$, $x=3$, $\Delta x=0.1$ (2) $y=3x-1$, $x=5$, $\Delta x=0.1$

(3) $y=\dfrac{1}{x}$, $x=2$, $\Delta x=0.01$ (4) $y=x-x^3$, $x=2$, $\Delta x=0.01$

2. 求下列函数的微分:

(1) $y=3x^2+3x-5$ (2) $y=x\ln x$

(3) $y=\sqrt[5]{2x-3}$ (4) $\ln(3x^2+4y)-e^{xy^3}+5=0$

3. 求下列根式的近似值

(1) $\sqrt{10}$ (2) $\sqrt{18}$ (3) $\sqrt[3]{28}$ (4) $\sqrt{102}$

4. 设已测得一根圆柱的直径为 $43\,\mathrm{cm}$,并已知在测量中绝对误差不超过 $0.2\,\mathrm{cm}$,试用此数据计算圆柱的横截面面积所引起的绝对误差与相对误差($\pi \approx 3.14$).

5. 设有一电阻负载 $R=25\,\Omega$,现负载功率 P 从 $400\,\mathrm{W}$ 变到 $401\,\mathrm{W}$,求负载两端电压 U 的改变量(如图 3-11 所示).

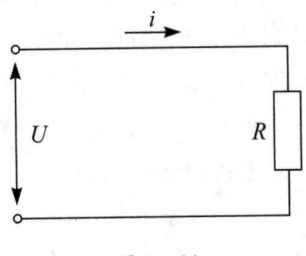

图 3-11

6. 某公司生产一种新型游戏程序,假设能全部出售,收入函数为 $R=36x-\dfrac{x^2}{20}$,其中 x 为公司一天的产量,如果公司每天的产量从 250 增加到 260,请估计公司每天收入的增加量.

7. 设已测得一球的直径为 $10\,\mathrm{cm}$,并已知在测量中绝对误差不超过 $0.2\,\mathrm{cm}$,试用此数据计算球的表面积所引起的绝对误差与相对误差.

第七节　微分中值定理

一、罗尔定理

观察图 3-12 所示的连续光滑曲线,可以发现当 $f(a)=f(b)$ 时,在 (a,b) 内总存在横坐标为 ξ_1,ξ_2 的 C 点与 D 点,它们的切线为水平切线.

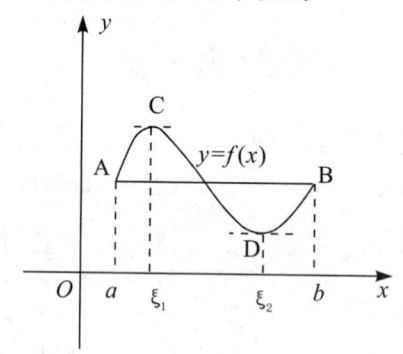

图 3-12

定理 3.5(罗尔定理) 如果函数 $f(x)$ 在闭区间 $[a,b]$ 上连续,在开区间 (a,b) 内可导,且 $f(a)=f(b)$,那么在 (a,b) 至少存在一点 $\xi \in (a,b)$,使得 $f'(\xi)=0$.

证明: 略.

注意: 若罗尔定理的三个条件中有一个不满足,其结论可能不成立.

例如,$y=|x|,x\in[-2,2]$,在 $[-2,2]$ 上除 $f'(0)$ 不存在外,满足罗尔定理的一切条件,但在区间 $[-2,2]$ 内找不到一点能使 $f'(x)=0$.

例 3.53 证明:方程 $x^5-5x+1=0$ 有且仅有一个小于 1 的正实根.

证明: 设 $f(x)=x^5-5x+1$,则 $f(x)$ 在 $[0,1]$ 上连续,且 $f(0)=1,f(1)=-3$,由介值定理,存在 $x_0 \in (0,1)$,使 $f(x_0)=0$,即 x_0 为方程小于 1 的正实根.

又设另有 $x_1 \in (0,1), x_1 \neq x_0$,使 $f(x_1)=0$,则 $f(x)$ 在 x_0,x_1 之间满足罗尔定理的条件,所以至少存在一点 ξ 在 (x_0,x_1) 之间,使得 $f'(\xi)=0$.

但 $f'(x)=5(x^4-1)<0[x\in(0,1)]$,矛盾.

故方程 $x^5-5x+1=0$ 有且仅有一个小于 1 的正实根.

因此,x_0 为唯一实根.

例 3.54 代数学基本定理告诉我们,n 次多项式至多有 n 个实根,利用此结论及罗尔定理,不求出函数 $f(x)=(x+1)(x-2)(x+3)(x-4)(x-5)$ 的导数,说明 $f'(x)=0$ 有几个实根,并指出他们所在的区间.

解: 因为 $f(x)$ 是五次多项式,故 $f'(x)$ 是四次多项式,故 $f'(x)=0$ 最多有 4 个实根,又因 $f(-3)=0,f(-1)=0$,由罗尔定理可知,至少存在 $x_1 \in (-3,-1)$,使得 $f'(x_1)=0$. 同理,在区间 $(-1,2),(2,4),(4,5)$ 中各至少都有一根,所以 $f'(x)=0$ 至少有 4 个根,综上所述,$f'(x)=0$ 有且只有 4 个根.

二、拉格朗日中值定理

在图 3-12 中，将 AB 弦右端抬高一点，便成为如图 3-13 形状，此时存在切线 l_1 与 l_2 平行于 AB，即至少存在一点 $\xi \in (a,b)$，使得 $\dfrac{f(b)-f(a)}{b-a} = f'(\xi)$.

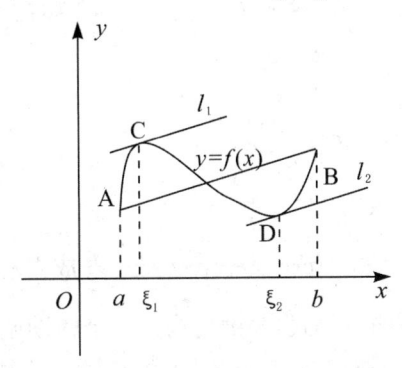

图 3-13

定理 3.6(拉格朗日中值定理) 如果函数 $f(x)$ 在闭区间 $[a,b]$ 上连续，在开区间 (a,b) 内可导，那么至少存在一点 $\xi \in (a,b)$，使得 $f(b)-f(a) = f'(\xi)(b-a)$.

结论也可写成：$\dfrac{f(b)-f(a)}{b-a} = f'(\xi)$.

证明：略.

注意：拉格朗日中值定理精确地表达了函数在一个区间上的增量与函数在这区间内某点处的导数之间的关系.

推论：如果函数 $f(x)$ 在区间 (a,b) 内的导数恒为零，那么 $f(x)$ 在 (a,b) 内是一个常数.

例 3.55 证明：当 $x > 0$ 时，$\dfrac{x}{1+x} < \ln(1+x) < x$.

证明：设 $f(t) = \ln(1+t)$，$f(t)$ 在 $[0,x]$ 上满足拉格朗日中值定理的条件，所以

$$f(x) - f(0) = f'(\xi)(x-0) \qquad (0 < \xi < x)$$

又

$$f(0) = 0,\ f'(t) = \dfrac{1}{1+t}$$

所以

$$\ln(1+x) = \dfrac{x}{1+\xi}$$

又因为

$$0 < \xi < x,\ 1 < 1+\xi < 1+x,\ \dfrac{1}{1+x} < \dfrac{1}{1+\xi} < 1$$

所以

$$\dfrac{x}{1+x} < \dfrac{x}{1+\xi} < x$$

即 $x>0$ 时 $\dfrac{x}{1+x}<\ln(1+x)<x$

例 3.56 证明:当 $-1\leqslant x\leqslant 1$ 时,等式 $\arcsin x+\arccos x=\dfrac{\pi}{2}$ 成立.

证明:令 $f(x)=\arcsin x+\arccos x$,在 $x\in(-1,1)$ 时,$f'(x)=0$,由推论可得 $f(x)=C$,令 $x=0$,得 $C=f(0)=\dfrac{\pi}{2}$,

所以 $\arcsin x+\arccos x=\dfrac{\pi}{2}(-1<x<1)$.

当 $x=\pm 1$ 时,上式显然成立,

所以,当 $-1\leqslant x\leqslant 1$ 时,等式 $\arcsin x+\arccos x=\dfrac{\pi}{2}$ 成立.

用拉格朗日中值定理证明不等式,关键是构造一个辅助函数,并给出适当的区间,使该辅助函数在所给的区间上满足定理的条件,然后放大和缩小 $f'(\xi)$,推出要证的不等式.

三、柯西中值定理

定理 3.7 如果 $f(x),g(x)$ 都在区间 $[a,b]$ 上连续,在 (a,b) 内可导,并且在 (a,b) 内 $g'(x)\neq 0$,那么在 (a,b) 内至少存在一点 ξ,使得

$$\dfrac{f(b)-f(a)}{g(b)-g(a)}=\dfrac{f'(\xi)}{g'(\xi)}$$

成立.

证明:略.

例 3.57 设 $f(t)=\sin t, g(t)=t$,在闭区间 $[0,t]$,请验证柯西定理.

证明:显然,函数 $f(t)=\sin t, g(t)=t$,在闭区间 $[0,x]$ 上连续,在开区间 $(0,x)$ 内可导,并且在开区间 $(0,x)$ 内 $g'(t)\neq 0$. 所以,函数 $f(t)=\sin t, g(t)=t$,在闭区间 $[0,x]$ 上满足柯西定理的条件.

所以,存在点 $\xi\in(0,x)$,使得

$$\dfrac{f'(\xi)}{g'(\xi)}=\dfrac{(\sin\xi)'}{\xi}=\dfrac{\cos\xi}{1}=\dfrac{f(x)-f(0)}{g(x)-g(0)}=\dfrac{\sin x}{x}$$

即 $$\dfrac{\sin x}{x}=\cos\xi$$

◆ 习 题 七 ◆

1. 填空:

(1) 函数 $f(x)=x^3$ 在区间 $[1,4]$ 上满足拉格朗日中值定理,则 $\xi=$ _____.

(2) 如果函数 $f(x)$ 在区间 I 上的导数 _____,那么 $f(x)$ 在区间 I 上是一个常数.

2. 不求出函数 $f(x)=(x-1)(x-2)(x-3)(x-4)$ 的导数,说明方程 $f'(x)=0$ 有几个实根,并指出他们所在的区间.

3. 证明:对函数 $y=px^2+qx+r$ 应用拉格朗日中值定理时所求得的点 ξ 总是位于区间的正中间.

4. 证明:当 $x\in \mathbf{R}$ 时,等式 $\arctan x+\operatorname{arccot} x=\dfrac{\pi}{2}$ 成立.

5. 汽车在行进过程中,下午 2 点时速度为 30 km/h,下午 2 点 10 分,其速度增至 50 km/h,试说明在这十分钟内的某一时刻其加速度恰为 120 km/h².

6. 说明 $f(x)=(1+x)^3$,$g(x)=x^2$ 在 $[0,1]$ 上满足柯西定理的条件,并求定理中的 ξ.

第八节 洛必达法则

前面章节介绍过一些极限的计算方法，本节将借助导数来介绍一种新的求极限的方法——洛必达法则．

如果当 $x \to a$（或 $x \to \infty$）时，两个函数 $f(x)$ 与 $g(x)$ 都趋于零或都趋于无穷大，此时 $\lim\limits_{x \to a(x \to \infty)} \dfrac{f(x)}{g(x)}$ 可能存在、也可能不存在，通常把这种极限称为 $\dfrac{0}{0}$（或 $\dfrac{\infty}{\infty}$）型未定式．

例如，$\lim\limits_{x \to 0} \dfrac{\tan x}{x}$ 属 $\dfrac{0}{0}$ 型未定式，$\lim\limits_{x \to 0} \dfrac{\ln \sin ax}{\ln \sin bx}$ 属 $\dfrac{\infty}{\infty}$ 未定式．

一、$\dfrac{0}{0}$ 型未定式

洛必达法则 1　如果 $f(x), g(x)$ 在点 x_0 的某去心邻域内可导，$g'(x) \neq 0$，且满足条件：

(1) $\lim\limits_{x \to x_0} f(x) = \lim\limits_{x \to x_0} g(x) = 0$，

(2) $\lim\limits_{x \to x_0} \dfrac{f'(x)}{g'(x)}$ 存在或为 ∞，

那么 $\lim\limits_{x \to x_0} \dfrac{f(x)}{g(x)} = \lim\limits_{x \to x_0} \dfrac{f'(x)}{g'(x)}$．

二、$\dfrac{\infty}{\infty}$ 型未定式

洛必达法则 2　如果 $f(x), g(x)$ 在点 x_0 的某去心邻域内可导，$g'(x) \neq 0$，且满足条件：

(1) $\lim\limits_{x \to x_0} f(x) = \infty$，$\lim\limits_{x \to x_0} g(x) = \infty$，

(2) $\lim\limits_{x \to x_0} \dfrac{f'(x)}{g'(x)}$ 存在或为 ∞，

那么 $\lim\limits_{x \to x_0} \dfrac{f(x)}{g(x)} = \lim\limits_{x \to x_0} \dfrac{f'(x)}{g'(x)}$．

注意：1. 如果 $\lim\limits_{x \to x_0} \dfrac{f'(x)}{g'(x)}$ 仍属于 $\dfrac{0}{0}$（或 $\dfrac{\infty}{\infty}$）型未定式，且 $f'(x), g'(x)$ 满足定理的条件，可以继续使用洛必达法则，即

$$\lim\limits_{x \to x_0} \dfrac{f(x)}{g(x)} = \lim\limits_{x \to x_0} \dfrac{f'(x)}{g'(x)} = \lim\limits_{x \to x_0} \dfrac{f''(x)}{g''(x)}．$$

2. 将 $x \to x_0$ 改成 $x \to x_0^+, x \to x_0^-, x \to \infty, x \to +\infty$ 或 $x \to -\infty$，只要把定理条件相应改动，结论仍成立．

洛必达法则求极限的方法就是在一定条件下通过对 $\dfrac{0}{0}$（或 $\dfrac{\infty}{\infty}$）未定式的分子、分母分别求导再求极限，来确定未定式的极限值．

例 3.58　求 $\lim\limits_{x \to 0} \dfrac{x - \sin x}{x^3}$．

当 $x \to 0$ 时，$x - \sin x \to 0$ 且 $x^3 \to 0$，这是 $\dfrac{0}{0}$ 型未定式可用洛必达法则求此极限.

解： 原式 $= \lim\limits_{x\to 0}\dfrac{(x-\sin x)'}{(x^3)'} = \lim\limits_{x\to 0}\dfrac{1-\cos x}{3x^2}$ ($\dfrac{0}{0}$ 型)

$\qquad\qquad = \lim\limits_{x\to 0}\dfrac{(1-\cos x)'}{(3x^2)'} = \lim\limits_{x\to 0}\dfrac{\sin x}{6x}$ ($\dfrac{0}{0}$ 型)

$\qquad\qquad = \lim\limits_{x\to 0}\dfrac{(\sin x)'}{(6x)'} = \lim\limits_{x\to 0}\dfrac{\cos x}{6} = \dfrac{1}{6}.$

例 3.59 求 $\lim\limits_{x\to 1}\dfrac{x^3-3x+2}{x^3-x^2-x+1}.$

当 $x\to 1$ 时，$x^3-3x+2\to 0$ 且 $x^3-x^2-x+1\to 0$，这是 $\dfrac{0}{0}$ 型未定式，可用洛必达法则求此极限.

解： 原式 $= \lim\limits_{x\to 1}\dfrac{3x^2-3}{3x^2-2x-1} = \lim\limits_{x\to 1}\dfrac{6x}{6x-2} = \dfrac{3}{2}.$

例 3.60 求 $\lim\limits_{x\to +\infty}\dfrac{\dfrac{\pi}{2}-\arctan x}{\dfrac{1}{x}}.$

当 $x\to +\infty$ 时，$\dfrac{\pi}{2}-\arctan x\to 0$ 且 $\dfrac{1}{x}\to 0$，这是 $\dfrac{0}{0}$ 型未定式，可用洛必达法则计算.

解： 原式 $= \lim\limits_{x\to +\infty}\dfrac{-\dfrac{1}{1+x^2}}{-\dfrac{1}{x^2}} = \lim\limits_{x\to +\infty}\dfrac{x^2}{1+x^2} = 1.$

例 3.61 求 $\lim\limits_{x\to +\infty}\dfrac{\ln x}{x^n}(n>0).$

当 $x\to +\infty$ 时，$\ln x\to \infty$ 且 $x^n\to \infty$，这是 $\dfrac{\infty}{\infty}$ 型未定式，可用洛必达法则计算.

解： 原式 $= \lim\limits_{x\to +\infty}\dfrac{\dfrac{1}{x}}{nx^{n-1}} = \lim\limits_{x\to +\infty}\dfrac{1}{nx^n} = 0.$

注意： 使用洛必达法则时，$\dfrac{0}{0}$ 型与 $\dfrac{\infty}{\infty}$ 型可能交替出现. 洛必达法则是求未定式的一种有效方法，但与其它求极限方法结合使用，效果更好.

例 3.62 求 $\lim\limits_{x\to 0^+}\dfrac{\ln\cot x}{\ln x}.$

解： $\lim\limits_{x\to 0^+}\dfrac{\ln\cot x}{\ln x} = \lim\limits_{x\to 0^+}\dfrac{\dfrac{1}{\cot x}\left(-\dfrac{1}{\sin^2 x}\right)}{\dfrac{1}{x}}$ ($\dfrac{\infty}{\infty}$ 型)

$\qquad\qquad = -\lim\limits_{x\to 0^+}\dfrac{x}{\sin x\cos x} = -\lim\limits_{x\to 0^+}\dfrac{x}{\sin x}\lim\limits_{x\to 0^+}\dfrac{1}{\cos x} = -1$ ($\dfrac{0}{0}$ 型)

例 3.63 求 $\lim\limits_{x\to 0}\dfrac{\tan x-x}{x^2\tan x}.$

解： 原式 $= \lim\limits_{x\to 0}\dfrac{\tan x-x}{x^3} = \lim\limits_{x\to 0}\dfrac{\sec^2 x-1}{3x^2} = \dfrac{1}{3}\lim\limits_{x\to 0}\left(\dfrac{\tan x}{x}\right)^2 = \dfrac{1}{3}.$

三、其他未定型极限

除了 $\dfrac{0}{0}$ 型与 $\dfrac{\infty}{\infty}$ 型外,还有 $0\cdot\infty$,$\infty-\infty$,0^0,∞^0,1^∞ 等未定型极限,对于这些未定型,将其化为 $\dfrac{0}{0}$ 型或 $\dfrac{\infty}{\infty}$ 型,再用洛必达法则求出其值.

例 3.64 求 $\lim\limits_{x\to+\infty} x\left(\dfrac{\pi}{2}-\arctan x\right)$.　　($0\cdot\infty$ 型)

解:$\lim\limits_{x\to+\infty} x\left(\dfrac{\pi}{2}-\arctan x\right) = \lim\limits_{x\to+\infty} \dfrac{\dfrac{\pi}{2}-\arctan x}{\dfrac{1}{x}}$　　($\dfrac{0}{0}$ 型)

$=\lim\limits_{x\to+\infty}\dfrac{-\dfrac{1}{1+x^2}}{-\dfrac{1}{x^2}}=\lim\limits_{x\to+\infty}\dfrac{x^2}{1+x^2}=1.$

例 3.65 求 $\lim\limits_{x\to\frac{\pi}{2}}(\sec x-\tan x)$.　　($\infty-\infty$ 型)

解:原式 $=\lim\limits_{x\to\frac{\pi}{2}}\left(\dfrac{1}{\cos x}-\dfrac{\sin x}{\cos x}\right)=\lim\limits_{x\to\frac{\pi}{2}}\dfrac{1-\sin x}{\cos x}$　　($\dfrac{0}{0}$ 型)

$=\lim\limits_{x\to\frac{\pi}{2}}\dfrac{-\cos x}{-\sin x}=0.$

对于 0^0,∞^0,1^∞ 型求极限,可用如下方法求解:

$\lim\limits_{x\to *}u(x)^{v(x)}=\lim\limits_{x\to *}e^{\ln u(x)^{v(x)}}$　　(对数恒等式)

$\qquad\qquad\quad =\lim\limits_{x\to *}e^{v(x)\ln u(x)}$　　(对数运算性质)

$\qquad\qquad\quad =e^{\lim\limits_{x\to *}v(x)\ln u(x)}$　　(复合函数求极限)

$\qquad\qquad\quad =e^{\lim\limits_{x\to *}\frac{\ln u(x)}{\frac{1}{v(x)}}}$　　(化为 $\dfrac{0}{0}$ 型或 $\dfrac{\infty}{\infty}$ 型)

例 3.66 求 $\lim\limits_{x\to 0^+} x^x$.　　($0^0$ 型)

解:$\lim\limits_{x\to 0^+} x^x = \lim\limits_{x\to 0^+} e^{\ln x^x} = \lim\limits_{x\to 0^+} e^{x\ln x} = e^{\lim\limits_{x\to 0^+}\frac{\ln x}{\frac{1}{x}}}$

$= e^{\lim\limits_{x\to 0^+}\frac{\frac{1}{x}}{-\frac{1}{x^2}}} = e^{\lim\limits_{x\to 0^+} -x} = e^0 = 1.$

例 3.67 求 $\lim\limits_{x\to 0}(1+x)^{\frac{1}{x}}$.　　($1^\infty$ 型)

解:$\lim\limits_{x\to 0}(1+x)^{\frac{1}{x}} = \lim\limits_{x\to 0} e^{\ln(1+x)^{\frac{1}{x}}} = \lim\limits_{x\to 0} e^{\frac{1}{x}\ln(1+x)} = e^{\lim\limits_{x\to 0}\frac{\ln(1+x)}{x}}$

$= e^{\lim\limits_{x\to 0}\frac{\frac{1}{1+x}}{1}} = e.$

例 3.68 求 $\lim\limits_{x\to 0}(\cot x)^x$.　　($\infty^0$ 型)

解:$\lim\limits_{x\to 0}(\cot x)^x = \lim\limits_{x\to 0} e^{\ln(\cot x)^x} = \lim\limits_{x\to 0} e^{x\ln\cot x} = e^{\lim\limits_{x\to 0}\frac{\ln\cot x}{\frac{1}{x}}}$

$= e^{\lim\limits_{x\to 0}\frac{\frac{1}{\cot x}(-\csc^2 x)}{-\frac{1}{x^2}}} = e^{\lim\limits_{x\to 0}\frac{x^2}{\sin x\cos x}} = e^{\lim\limits_{x\to 0}\frac{x}{\sin x}\cdot\frac{x}{\cos x}} = e^0 = 1.$

思考题：设 $\lim\dfrac{f(x)}{g(x)}$ 是不定型极限，如果 $\dfrac{f'(x)}{g'(x)}$ 的极限不存在，是否 $\dfrac{f(x)}{g(x)}$ 的极限也一定不存在？举例说明.

例 3.69 求 $\lim\limits_{x\to\infty}\dfrac{x+\cos x}{x}$.

解： 因为原式 $=\lim\limits_{x\to\infty}\dfrac{1-\sin x}{1}=\lim\limits_{x\to\infty}(1-\sin x)$ 的等式不存在，所以不能用洛必达法则求 $\lim\limits_{x\to\infty}\dfrac{x+\cos x}{x}$ 的极限，但该极限是存在的，我们可以用下面的方法求得

$$\lim_{x\to\infty}\dfrac{x+\cos x}{x}=\lim_{x\to\infty}\left(1+\dfrac{1}{x}\cos x\right)=1$$

习 题 八

1. 填空：

(1) $\lim\limits_{x\to 0}\dfrac{\ln(1+x)}{x}=$ _____ .

(2) $\lim\limits_{x\to 0}\dfrac{\ln\tan 7x}{\ln\tan 2x}=$ _____ .

2. 用洛必达法则求下列极限：

(1) $\lim\limits_{x\to\infty}\dfrac{\ln\left(1+\dfrac{1}{x}\right)}{\operatorname{arccot} x}$

(2) $\lim\limits_{x\to 0}\dfrac{a^x-b^x}{x}\ (a>0,b>0)$

(3) $\lim\limits_{x\to 1}\dfrac{x^5-3x^2+x+1}{x^4+5x^3+2x^2-8}$

(4) $\lim\limits_{x\to 1}\dfrac{\ln x}{x^2-1}$

(5) $\lim\limits_{x\to 0}\dfrac{x-\sin x}{x^3}$

(6) $\lim\limits_{x\to a}\dfrac{x^a-a^x}{x-a}\ (a>0)$

(7) $\lim\limits_{x\to+\infty}\dfrac{\ln(1+e^x)}{x}$

(8) $\lim\limits_{x\to\infty}\dfrac{2x^2-x+4}{3x^2+5}$

(9) $\lim\limits_{x\to 0}x\cot 2x$

(10) $\lim\limits_{x\to 0^+}x\ln x$

(11) $\lim\limits_{x\to\pi}(x-\pi)\tan\dfrac{x}{2}$

(12) $\lim\limits_{x\to+\infty}x\operatorname{arccot} x$

(13) $\lim\limits_{x\to 1}\left(\dfrac{2}{x^2-1}-\dfrac{1}{x-1}\right)$

(14) $\lim\limits_{x\to 0}\left(\dfrac{1}{\sin x}-\dfrac{1}{x}\right)$

(15) $\lim\limits_{x\to 1}\left(\dfrac{x}{x-1}-\dfrac{1}{\ln x}\right)$

(16) $\lim\limits_{x\to 0}\left(\cot x-\dfrac{1}{x}\right)$

(17) $\lim\limits_{x\to 0^+}x^{\sin x}$

(18) $\lim\limits_{x\to 0}\left(\dfrac{\sin x}{x}\right)^{\frac{1}{x^2}}$

(19) $\lim\limits_{x\to 0^+}(\cot x)^{\frac{1}{\ln x}}$

(20) $\lim\limits_{x\to 0}(1+2x)^{\frac{3}{x}+4}$.

第九节　函数的单调性、极值和最值

一、函数的单调性

一个函数在某个区间的单调增减性变化规律,是研究函数图象时首先要考虑的,第一章已经介绍了单调性的定义,现在介绍利用导数判定函数单调性的方法.

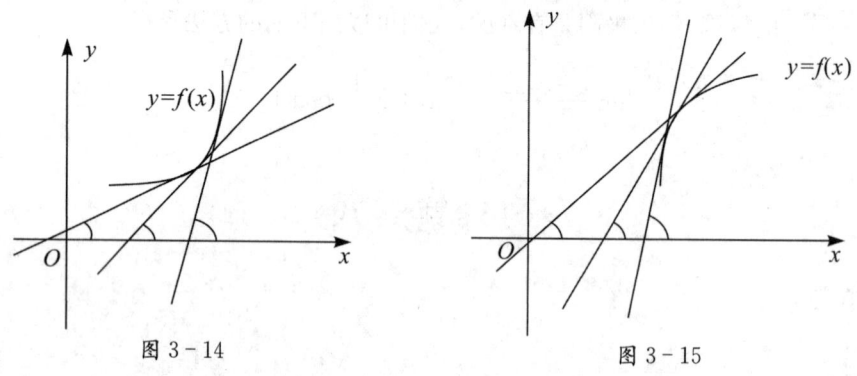

图 3 - 14

图 3 - 15

从图 3 - 14 和 3 - 15 几何直观上分析,当曲线是上升时,其上的任一点的切线的倾斜角都是锐角,切线的斜率大于零,也就是说 $f(x)$ 导数大于零;反之,当曲线是下降时,$f(x)$ 导数小于零.

定义 3.5　若函数在其定义域的某个区间内是单调的,则该区间称为函数的单调区间.

现在我们给出函数的单调性的判别法.

定理 3.8　设函数 $f(x)$ 在区间 $[a,b]$ 上连续,在开区间 (a,b) 内可导,那么

(1) 如果在 (a,b) 内恒有 $f'(x)>0$,则 $f(x)$ 在 $[a,b]$ 上严格递增;

(2) 如果在 (a,b) 内恒有 $f'(x)<0$,则 $f(x)$ 在 $[a,b]$ 上严格递减.

读者可以用以前学过的知识来进行验证.

求函数 $f(x)$ 的单调区间的关键在于导数等于零的点和不可导点,可能是单调区间的分界点.

求法:用 $f'(x)=0$ 及 $f'(x)$ 不存在的点来划分 $f(x)$ 的定义区间,然后根据区间内导数的正负符号判断函数 $f(x)$ 在该区间的单调性.

例 3.70　讨论 $y=e^x-x-1$ 的单调性.

解：因函数的定义域为 $(-\infty,+\infty)$,且 $y'=e^x-1$,由 $y'=0$ 解得 $x=0$;

在 $(-\infty,0)$ 内,$y'<0$,$y=e^x-x-1$ 在 $(-\infty,0)$ 内递减;

在 $(0,+\infty)$ 内,$y'>0$,$y=e^x-x-1$ 在 $[0,+\infty)$ 内递增.

注意：函数的单调性是一个区间上的性质,要用导数在这一区间上的符号来判定,而不能用一点处的导数符号来判别函数在一个区间上的单调性. 需要说明的是:这个定理只是函数在区间内单调的充分条件.

例 3.71 讨论 $y=x^3$ 的单调性.

解：因函数的定义域为 $(-\infty,+\infty)$，且 $y'=3x^2\geqslant 0$，虽然 $y'(0)=0$，但是 $y=x^3$ 在 $(-\infty,+\infty)$ 内严格单调递增.

由此可知，在 (a,b) 内恒有 $f'(x)\geqslant 0$，而仅在个别点（最多可数个点）上 $f'(x)=0$，那么仍可断定 $f(x)$ 在 (a,b) 内严格单调递增.

例 3.72 确定函数 $f(x)=(2x-5)x^{\frac{2}{3}}$ 的单调区间.

解：函数的定义域为 $(-\infty,+\infty)$，

$$f'(x)=\frac{10}{3}x^{\frac{2}{3}}-\frac{10}{3}x^{-\frac{1}{3}}=\frac{10}{3}(x-1)x^{-\frac{1}{3}}(x\neq 0)$$

当 $x=0$ 时，导数不存在；

当 $x=1$ 时，$f'(x)=0$.

用 $x=0$ 及 $x=1$ 将 $(-\infty,+\infty)$ 划分为三部分区间：$(-\infty,0)$，$(0,1)$，$(1,+\infty)$.

现将每个部分区间上导数的符号与函数单调性列表如下：

x	$(-\infty,0)$	0	$(0,1)$	1	$(1,+\infty)$
$f'(x)$	+	不存在	−	0	+
$f(x)$	↗		↘		↗

由上表讨论知，该函数在 $(-\infty,0)$ 和 $(1,+\infty)$ 上是递增函数，在 $(0,1)$ 上是递减函数.

注：在区间的端点处一般不考虑单调性.

二、函数的极值及其求法

定义 3.6 设 $y=f(x)$ 在 x_0 的某邻域内有定义，若对于该邻域内的任一点 $x(x\neq x_0)$，都有 $f(x)<f(x_0)(f(x)>f(x_0))$，则称 $f(x_0)$ 是 $f(x)$ 的一个**极大值(极小值)**，点 x_0 是 $f(x)$ 的一个**极大值点(极小值点)**. 极大值、极小值统称为**极值**，极大值点、极小值点统称为**极值点**. 如图 3-16，x_1,x_3,x_5 都是函数 $y=f(x)$ 的极小值点，x_2,x_4 是 $y=f(x)$ 的极大值点.

应当注意函数的极值是一个局部概念，它只是与极值点邻近的点的函数值相对较大或较小，而不意味着在整个定义域是最大或最小值. 有时极大值比极小值还要小，如图 3-16所示，x_5 处的函数值 $f(x_5)$ 比 x_2 处的函数值 $f(x_2)$ 还要大.

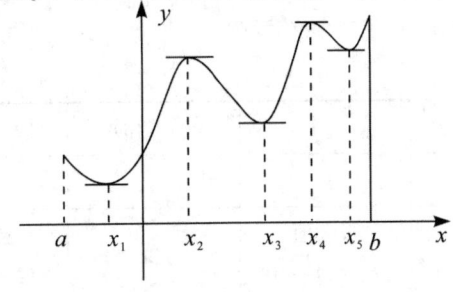

图 3-16

定理 3.9(极值存在的必要条件) $f(x)$ 在点 x_0 可导,且在 x_0 取得极值,则 $f'(x_0)=0$.

证明略.

通常把 $f'(x_0)=0$ 的点,即导数为零的点称为**驻点**.

关于这个定理须说明两点:

(1) $f'(x_0)=0$ 只是 $f(x)$ 在 x_0 点取得极值的必要条件,而不是充分条件. 事实上,我们知道 $y=x^3$ 在 $x=0$ 时,导数等于零,该点不是极值点.

(2) 定理的条件之一是函数在 x_0 点可导,而导数不存在的点也可能取得极值. 例如 $y=x^{\frac{2}{3}}$, $y=|x|$,显然 $f'(0)$ 不存在,但在 $x=0$ 取得极小值 $f(0)=0$.

注意:极值点(导数存在)是驻点,但驻点不一定是极值点.

定理 3.10(第一充分条件) 设 $f(x)$ 在点 x_0 处连续,且在 x_0 的某邻域内可导.

(1) 如果当 $x<x_0$ 时,$f'(x)>0$;且当 $x>x_0$ 时,$f'(x)<0$,则 $f(x)$ 在 x_0 处取得极大值.

(2) 如果当 $x<x_0$ 时,$f'(x)<0$;且当 $x>x_0$ 时,$f'(x)>0$,则 $f(x)$ 在 x_0 处取得极小值.

(3) 如果在 x_0 的左右两侧,$f'(x)$ 符号相同,则 $f(x)$ 在 x_0 处无极值.

定理 3.11(第二充分条件) 设 $f(x)$ 在点 x_0 处具有二阶导数,$f'(x_0)=0$,$f''(x_0)\neq 0$,则

(1) 当 $f''(x_0)<0$ 时,$f(x)$ 在点 x_0 处取得极大值;

(2) 当 $f''(x_0)>0$ 时,$f(x)$ 在点 x_0 处取得极小值.

根据上面的两个定理,可知求极值的步骤为:

(1) 确定函数的定义域;

(2) 求导数 $f'(x)$;

(3) 求驻点(即 $f'(x)=0$ 的根)或导数不存在的点;

(4) 应用定理 3.8 或定理 3.9,判断极值点;

(5) 计算极值.

例 3.73 求出函数 $f(x)=x^3-3x^2-9x+5$ 的极值.

解:(1) $f(x)$ 的定义域为 $(-\infty,+\infty)$;

(2) $f'(x)=3x^2-6x-9$;

(3) 令 $f'(x)=0$,得驻点 $x_1=-1$,$x_2=3$;

(4) 列表讨论:

x	$(-\infty,-1)$	-1	$(-1,3)$	3	$(3,+\infty)$
$f'(x)$	$+$	0	$-$	0	$+$
$f(x)$	↗	极大值 $f(-1)=10$	↘	极小值 $f(3)=-22$	↗

三、函数的最大值与最小值

对于一个闭区间上的连续函数 $f(x)$，它的最大值与最小值只能在极值点或端点取得，因此，只要求出所有的极值和端点值，它们之中最大的就是最大值，最小的就是最小值.

求函数最大（小）值的步骤：

1. 求驻点和不可导点；

2. 求区间端点、驻点和不可导点的函数值并比较大小，最大者就是最大值，最小者就是最小值.

例 3.74 求 $y=2x^3+3x^2-12x+14$ 在 $[-3,4]$ 上的最大值与最小值.

解：令 $f'(x)=6(x+2)(x-1)=0$，得驻点 $x_1=-2, x_2=1$.

$f(-3)=23, f(-2)=34, f(1)=7, f(4)=142$，

比较得最大值为 $f(4)=142$，最小值为 $f(1)=7$.

特别值得指出的是：$f(x)$ 在一个区间内可导且只有一个驻点 x_0，并且这个驻点是函数的极值点，则 $f(x_0)$ 是极大值时，也为最大值. 当 $f(x_0)$ 是极小值时，也为最小值. 在实际应用中，遇到这样的情形往往不需要与端点值相比较.

例 3.75 边长为 a 的正方形铁皮，各角剪去同样大小的方块，做无盖长方体盒子，如何剪使盒子的容积最大？

解：设剪去的正方形的边长为 x，盒子体积为 V.

$$V=x(a-2x)^2 \left(0<x<\frac{a}{2}\right)$$

$$V'=(a-2x)^2+x\cdot 2(a-2x)(-2)=(a-2x)(a-6x)$$

令 $V'=0$，得唯一驻点 $x=\frac{a}{6}$.

由问题本身可知，它一定有最大值，故 $V\big|_{x=\frac{a}{6}}=\frac{2}{27}a^3$ 是最大值. 所以，当各角剪去边长为 $\frac{a}{6}$ 的小正方形时，能使无盖长方体铁盒的容积最大.

引例 3（**最大输出功率**） 设在电路中，电源电动势为 E，内阻为 r（E,r 均为常量），问负载电阻 R 多大时，输出功率 P 最大？

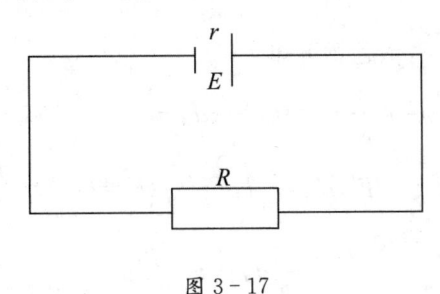

图 3-17

解： 消耗在电阻 R 上的功率为 $P=I^2R$，其中 I 是回路中的电流，由欧姆定律可知 $I=\dfrac{E}{R+r}$，

所以 $$P=\dfrac{E^2R}{(R+r)^2} \qquad (0<R<+\infty)$$

要使 P 最大，应使 $\dfrac{\mathrm{d}P}{\mathrm{d}R}=0$，

即
$$\dfrac{\mathrm{d}P}{\mathrm{d}R}=\dfrac{E^2(R+r)^2-2E^2(R+r)R}{(R+r)^4}$$
$$=\dfrac{E^2(r-R)}{(R+r)^3}=0$$

解得 $R=r$

此时 $P=\dfrac{E^2}{4R}$

由于此闭合电路的最大输出功率一定存在，且在 $(0,+\infty)$ 内部取得，所以必在 P 的唯一驻点 $R=r$ 处取得. 因此，当 $R=r$ 时，输出功率最大为 $P=\dfrac{E^2}{4R}$.

例 3.76（建筑工程）如图 3-18，建筑工地上要把截面直径为 d 的圆木加工成矩形木材，用作水平横梁，问怎样加工才能使横梁的承载能力最大？（由材料力学知，矩形截面横梁承载弯曲的能力与横梁的抗弯截面系数 $\omega=\dfrac{1}{6}bh^2$ 成正比，其中 b 为矩形截面的底宽，h 为梁高）

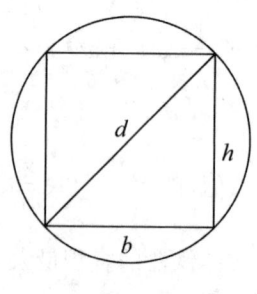

图 3-18

解： 因为 $d^2=b^2+h^2$

所以 $h^2=d^2-b^2$

设横梁的承载能力为 F，依题意可知

$$F(b)=k\omega=k\dfrac{1}{6}bh^2=k\dfrac{1}{6}b(d^2-b^2)=\dfrac{1}{6}kbd^2-\dfrac{1}{6}kb^3$$

所以 $$F'(b)=\dfrac{1}{6}kd^2-\dfrac{1}{2}kb^2=0$$

解得 $$b=\dfrac{\sqrt{3}}{3}d，且 h=\dfrac{\sqrt{6}}{3}d$$

即当横梁截面的底宽为 $b=\frac{\sqrt{3}}{3}d$,梁高为 $h=\frac{\sqrt{6}}{3}d$ 时,横梁的承载能力最大.

思考题:若 $f(a)$ 是 $f(x)$ 在 $[a,b]$ 上的最大值或最小值,且 $f'_+(a)$ 存在,是否一定有 $f'_+(a)=0$?

例 3.77 (油管铺设路线的设计) 要铺设一石油管道,将石油从炼油厂输送到石油罐装点,如图 3-19 所示.炼油厂附近有条宽 2.5 km 的河,罐装点在炼油厂的对岸沿河下游 10 km 处.若在水中铺设管道的费用为 6 万元/km,在河边铺设管道的费用为 4 万元/km.试在河边找一点 P,使管道铺设费最低.

解:设 P 点距炼油厂的距离为 x,管道铺设费为 y,由题意有

$$y = 4x + 6 \cdot \sqrt{(10-x)^2 + 2.5^2} \quad (x>0)$$

$$y' = (4x)' + 6 \cdot \frac{[(10-x)^2 + 2.5^2]'}{2\sqrt{(10-x)^2+2.5^2}}$$

$$= 4 - \frac{6(10-x)}{\sqrt{(10-x)^2+2.5^2}}$$

令 $y'=0$,得驻点 $x=10\pm\sqrt{5}$.由于管道最低铺设费一定存在,且在 $(0,10)$ 内取得,所以舍去大于 10 的驻点.得最小值点为 $x\approx 7.764$ km,最低管道铺设费 $y\approx 51.18$ 万元.

图 3-19

例 3.78 (容器的设计) 要设计一个容积为 500 ml 的有盖圆柱形容器,其底面半径与高之比为多少时容器所耗材料最少?

解:设其底面半径为 r,高为 h,其表面积为 $S=2\pi rh+2\pi r^2$,

容积为 $V=500=\pi r^2 h$,即 $h=\frac{500}{\pi r^2}$,

代入 $S=2\pi rh+2\pi r^2$ 式中,得表面积 $S=\frac{1000}{r}+2\pi r^2$,

求导得

$$S'=-\frac{1000}{r^2}+4\pi r$$

令 $S'=0$,得唯一驻点 $r=\left(\frac{500}{2\pi}\right)^{\frac{1}{3}}$,因为此问题的最小值一定存在,故此驻点即为最小值点,将 $r=\left(\frac{500}{2\pi}\right)^{\frac{1}{3}}$ 代入 $500=\pi r^2 h$,得 $h=\left(\frac{2000}{\pi}\right)^{\frac{1}{3}}$,即 $\frac{r}{h}=\frac{1}{2}$.

故当底面半径与高之比为 1:2 时,所用材料最少.

习 题 九

1. 判断下列命题是否正确:

(1) 若 x_0 为极值点,则 $f'(x_0)=0$;

(2) 若 $f'(x_0)=0$,则 x_0 为极值点;

(3) 若 x_0 为极值点且 $f'(x_0)$ 存在,则 $f'(x_0)=0$;

(4) 极值点可以是端点;

(5) 极大值一定大于极小值;

(6) 在区间 (a,b) 上,函数 $f(x)$ 是递增的,且导数存在,则 $f'(x)>0$.

2. 求下列函数的单调区间和极值点:

(1) $y=x^3-3x+2$ (2) $y=x^2 e^{-x}$

(3) $f(x)=x(48-2x)^2$ (4) $f(x)=3x^4-6x^2+1$

(5) $y=3x^4-4x^3+7$ (6) $y=2x^3-6x^2-18x+3$

(7) $f(x)=x-e^x$ (8) $f(x)=3x^2-x^3$

3. 求下列函数的最值:

(1) $y=x^3-3x+2, x\in[-2,5]$ (2) $y=x^5-5x^4+5x^3+5, x\in[-1,2]$

(3) $y=\sin 2x - x, x\in\left[-\dfrac{\pi}{2}, \dfrac{\pi}{2}\right]$ (4) $y=\dfrac{x^2}{x^2+1}, x\in[-1,2]$

4. 需做一个容积为 $8\pi\,\mathrm{cm}^3$ 的圆柱形物体,问及底面半径和高为多少时,用料最省(分有盖和无盖两种情况讨论)?

5. 某房屋平面图上墙的总长为 $57.6\,\mathrm{m}$,平面布置如图 3-20 所示. 问走廊宽 x 为多少时,三个房间的面积最大?

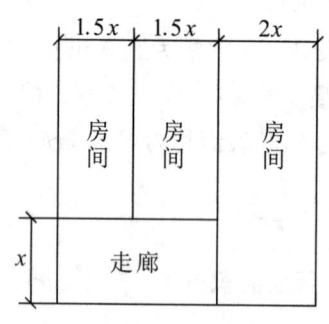

图 3-20

6. (最高血压) 对于剂量为 $x\,\mathrm{cm}^3$ 的某种药物,所引起的血压变化 B 可近似地表示成 $B(x)=0.05x^2-0.3x^3, 0\leqslant x\leqslant 0.16$,求最高血压的数值,并且求取多大剂量时会出现最高血压.

7. (发动机的效率) 某汽车生产厂新开发的汽车发动机的效率 $\eta(\%)$ 与汽车的速度 $v(\mathrm{km/h})$ 之间的关系为 $\eta=0.768v-0.00004v^3$. 问发动机的最大效率是多少?

8. (最大容积) 设有一个长 8 分米和宽 5 分米的矩形铁片,在四个角上切去大小相同的小正方形,问切去的小正方形的边长为多少分米时,才能使剩下的铁片折成开口盒子的容积为最大?并求开口盒子容积的最大值.

第十节 函数的凹凸性、拐点和渐近线

一、凹凸性和拐点

在研究函数图象的变化状况时,了解它上升和下降的规律是重要的,但是只了解这一点是不够的,上升和下降还不能完全反映图象的变化,因为连接两点的曲线可以向上或向下弯曲,由此我们给出如下定义.

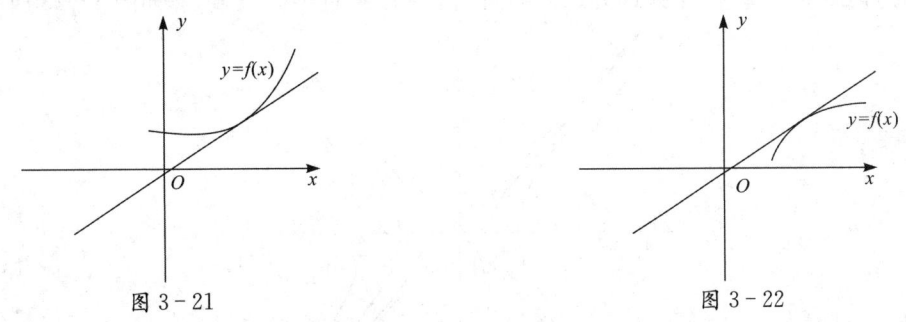

图 3-21

图 3-22

定义 3.7 如果在某区间内,曲线弧位于其上任意一点的切线的上方,则称曲线在这个区间上是凹的,如图 3-21 所示. 反之在某区间内,曲线弧位于其上任意一点的切线的下方,则称曲线在这个区间内是凸的,如图 3-22 所示.

由图 3-21 可知,随着 x 的增大,切线的倾斜角也增大,即 $f'(x)$ 单调递增,所以 $f''(x) \geqslant 0$;同理,在图 3-22 中 $f''(x) \leqslant 0$.

定理 3.12(函数凹凸性判别法) 若对任意 x,在某区间上 $f''(x) < 0$,则函数在该区间上是凸函数;若对任意 x,在某区间上 $f''(x) > 0$,则函数在该区间上是凹函数.

我们把连续曲线弧的凹凸区间的分界点叫做**拐点**.

例 3.79 求 $y = 3x^4 - 4x^3 + 1$ 的凹凸区间和拐点.

解:显然函数的定义域为 $x \in (-\infty, \infty)$.

$$y' = 12x^3 - 12x^2, \quad y'' = 36x\left(x - \frac{2}{3}\right)$$

令 $y'' = 0$,解得 $x_1 = 0, x_2 = \frac{2}{3}$

点 $x_1 = 0$ 和 $x_2 = \frac{2}{3}$ 将函数的定义域为 $x \in (-\infty, \infty)$ 分成三个小区间,由 y'' 的正负符号可以判断函数的凹凸性. 结果列表如下:

x	$(-\infty, 0)$	0	$\left(0, \frac{2}{3}\right)$	$\frac{2}{3}$	$\left(\frac{2}{3}, +\infty\right)$
y''	+	0	−	0	+
曲线 $y = f(x)$	凹	拐点 $(0, 1)$	凸	拐点 $\left(\frac{2}{3}, \frac{11}{27}\right)$	凹

由定理 3.12 函数凹凸性判别法,可知函数在区间 $(-\infty,0)$ 和 $(\frac{2}{3},+\infty)$ 内是凹的,在区间 $(0,\frac{2}{3})$ 内是凸的,拐点是 $(0,1)$ 和 $(\frac{2}{3},\frac{11}{27})$.

二、渐近线

有些函数的定义域和值域都是有限区间,此时函数的图象局限于一定的范围之内,如圆、椭圆等,而有些函数的定义域是无穷区间,此时函数的图象向无穷远处延伸,如双曲线、抛物线等.有些向无穷远处延伸的曲线会无限接近某一条直线.如图 3-23 所示:

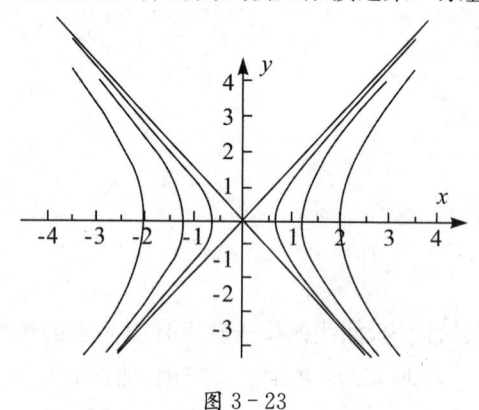

图 3-23

如果曲线上的一点沿着曲线趋于无穷远时,该点与某条直线 l 的距离趋于零,则称直线 l 为该曲线的一条**渐近线**.

渐近线可以分为铅直渐近线、水平渐近线和斜渐近线三种,用极限定义如下:

1. 铅直渐近线(垂直于 x 轴的渐近线)

如果 $\lim\limits_{x \to x_0} f(x) = \infty$(或 $\lim\limits_{x \to x_0^+} f(x) = \infty$,$\lim\limits_{x \to x_0^-} f(x) = \infty$),则称直线 $x = x_0$ 为曲线 $y = f(x)$ 的一条铅直渐近线.

2. 水平渐近线(平行于 x 轴的渐近线)

如果 $\lim\limits_{x \to \infty} f(x) = b$(或 $\lim\limits_{x \to +\infty} f(x) = b$,$\lim\limits_{x \to -\infty} f(x) = b$)($b$ 为常数),则称直线 $y = b$ 为曲线 $y = f(x)$ 的一条水平渐近线.

3. 斜渐近线

如果 $\lim\limits_{x \to \infty} f(x) = \infty$(或极限在 $x \to +\infty$ 或 $x \to -\infty$ 时无穷大),而且以下两个极限都存在:

$$\lim_{x \to \infty} \frac{f(x)}{x} = a \quad (或极限当 x \to +\infty 或 x \to -\infty 时取到),$$

$$\lim_{x \to \infty} (f(x) - ax) = b \quad (或极限当 x \to +\infty 或 x \to -\infty 时取到),$$

则 $y = ax + b$ 为曲线 $y = f(x)$ 的一条斜渐近线.

例 3.80 求曲线 $y = \dfrac{1}{(x+2)(x-3)}$ 的渐近线.

解： $\lim\limits_{x\to -2}\dfrac{1}{(x+2)(x-3)}=\infty$，所以有铅直渐近线 $x=-2$.

$\lim\limits_{x\to 3}\dfrac{1}{(x+2)(x-3)}=\infty$，所以有铅直渐近线 $x=3$.

$\lim\limits_{x\to \infty}\dfrac{1}{(x+2)(x-3)}=0$，所以有水平渐近线 $y=0$.

该函数的图象如图 3-24 所示.

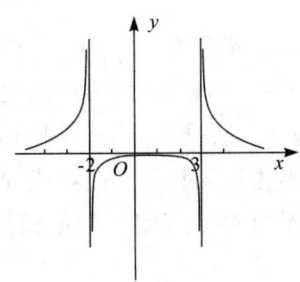

图 3-24

例 3.81 求曲线 $y=\arctan x$ 的渐近线.

解： $\lim\limits_{x\to -\infty}\arctan x=-\dfrac{\pi}{2}$，所以有水平渐近线 $y=-\dfrac{\pi}{2}$.

$\lim\limits_{x\to +\infty}\arctan x=\dfrac{\pi}{2}$，所以有水平渐近线 $y=\dfrac{\pi}{2}$.

该函数的图象如图 3-25 所示.

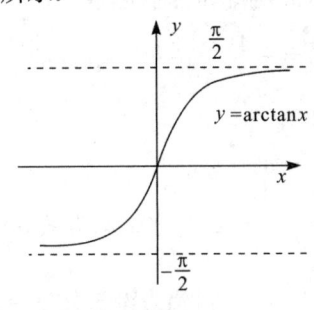

图 3-25

例 3.82 求曲线 $y=2x+\arctan x$ 的渐近线.

解： 因为

$$\lim\limits_{x\to +\infty}(2x+\arctan x)=\infty$$

$$\lim\limits_{x\to +\infty}\dfrac{2x+\arctan x}{x}=2$$

$$\lim\limits_{x\to +\infty}[(2x+\arctan x)-2x]=\lim\limits_{x\to +\infty}\arctan x=\dfrac{\pi}{2}$$

所以 $y=2x+\dfrac{\pi}{2}$ 为曲线 $y=2x+\arctan x$ 的一条渐近线；

同理

$$\lim\limits_{x\to -\infty}(2x+\arctan x)=\infty$$

$$\lim_{x\to-\infty}\frac{2x+\arctan x}{x}=2$$

$$\lim_{x\to-\infty}[(2x+\arctan x)-2x]=\lim_{x\to-\infty}\arctan x=-\frac{\pi}{2}$$

所以 $y=2x-\frac{\pi}{2}$ 为曲线 $y=2x+\arctan x$ 的一条渐近线.

三、函数图象的描绘

利用函数特性描绘函数图象,其步骤为:

1. 确定函数 $y=f(x)$ 的定义域,并确定函数的奇偶性、周期性等性质;

2. 求出函数一阶导数 $f'(x)$ 和二阶导数 $f''(x)$,求出方程 $f'(x)=0$ 和 $f''(x)=0$ 在函数定义域内的全部实根,用这些根同函数的间断点或导数不存在的点把函数的定义域分成若干个子区间,列表确定函数在各子区间上的单调性、凹凸性、函数的极值点、曲线的拐点;

3. 确定函数图象的渐近线;

4. 有时根据需要,要补充一些作图辅佐点;

5. 根据上述讨论,在直角坐标平面上画出渐近线,标出曲线上的极值点、拐点,以及所补充的辅佐点,再依曲线的单调性、凹凸性,将这些点用光滑的曲线连接起来.

例 3.83 作函数 $f(x)=\frac{4(x+1)}{x^2}-2$ 的图象.

解: $D=\{x|x\neq 0\}$, $y=f(x)$ 为非奇非偶函数,且无对称性.

$$f'(x)=-\frac{4(x+2)}{x^3},\ f''(x)=\frac{8(x+3)}{x^4}$$

令 $f'(x)=0$,得驻点 $x=-2$;

令 $f''(x)=0$,得特殊点 $x=-3$.

$\lim\limits_{x\to\infty}f(x)=\lim\limits_{x\to\infty}\left[\frac{4(x+1)}{x^2}-2\right]=-2$,得水平渐近线 $y=-2$;

$\lim\limits_{x\to 0}f(x)=\lim\limits_{x\to 0}\left[\frac{4(x+1)}{x^2}-2\right]=\infty$,得铅直渐近线 $x=0$.

列表确定函数的升降区间,凹凸区间及极值点和拐点:

x	$(-\infty,-3)$	-3	$(-3,-2)$	-2	$(-2,0)$	0	$(0,\infty)$
y'	$-$	$-$	$-$	0	$+$	不存在	$-$
y''	$-$	0	$+$	$+$	$+$		$+$
$f(x)$	凸 ↘	拐点 $(-3,-\frac{26}{9})$	凹 ↘	极小值	凹 ↗	间断点	凹 ↗

补充点 $(1-\sqrt{3},0)$, $(1+\sqrt{3},0)$, $(-1,-2)$, $(1,6)$, $(2,1)$.

作图,得图 3-26.

图 3-26

习题十

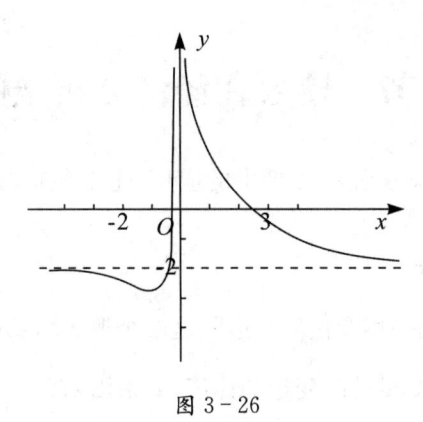

1. 填空:

(1) 若函数 $y=f(x)$ 在 (a,b) 内可导,则曲线 $f(x)$ 在 (a,b) 内取凹向的充要条件是_____.

(2) 曲线上_____的点,称作曲线的拐点.

(3) 曲线 $y=\ln(1+x^2)$ 的拐点为_____.

2. 求下列曲线的凹凸区间和拐点:

(1) $y=3x^2-x^3$

(2) $y=x^4-6x^2+1$

(3) $y=x^3-6x^2+9x-1$

(4) $y=\dfrac{1}{\sqrt{2\pi}\sigma}e^{-\frac{(x-1)^2}{2\sigma^2}}$ (其中 $\sigma>0$ 是常数)

3. 问 a 及 b 为何值时,点 $(1,3)$ 为曲线 $y=ax^3+bx^2$ 的拐点?

4. 求渐近线:

(1) $y=\dfrac{e^x}{1+x}$

(2) $y=\dfrac{1}{(x-1)(x+2)}$

(3) $y=\dfrac{3x^2-4x+1}{x^2-3x-4}$

(4) $y=3x+2\operatorname{arccot} x$

5. 作下列函数的图象:

(1) $y=x^3+3x^2-9x+1$

(2) $y=\dfrac{e^x}{1+x}$

第十一节　导数在经济分析上的应用

本节将讨论导数的概念在经济分析中的应用,主要包括:边际分析,弹性分析,需求价格分析和最优值等.

一、边际与边际分析

在经济学中,常常用到平均变化率与边际这两个概念. 在数量关系上,**平均变化率**指的是函数值的改变量与自变量的改变量的比值,如果用函数形式来表示的话,就是 $\frac{\Delta y}{\Delta x}$,而**边际**则是自变量的改变量 Δx 趋于零时 $\frac{\Delta y}{\Delta x}$ 的极限. 可以说,导数应用在经济学上就是边际.

1. 边际成本

设某产品生产 q 个单位时的总成本为 $C=C(q)$,当产量达到 q 个单位时,任给产量一个增量 Δq,相应的总成本将增加 $\Delta C = C(q+\Delta q) - C(q)$,于是生产这 Δq 个单位时的平均成本 $\bar{C}$ 为

$$\bar{C} = \frac{\Delta C}{\Delta q} = \frac{C(q+\Delta q) - C(q)}{\Delta q}$$

如果总成本为 $C=C(q)$ 在 q 可导,那么

$$C'(q) = \lim_{\Delta q \to 0} \frac{C(q+\Delta q) - C(q)}{\Delta q}$$

称为产量为 q 个单位时的**边际成本**,一般记为:$C_M(q) = C'(q)$.

边际成本的经济意义是:当产量达到 q 个单位时,再增加一个单位的产量,即:$\Delta q = 1$ 时,总成本将增加 $C'(q)$ 个单位(近似值).

例 3.84　设一企业生产某产品的日产量为 800 台,日产量为 q 个单位时的总成本函数为

$$C(q) = 0.1q^2 + 2q + 5000$$

求(1)产量为 600 台时的总成本;

(2)产量为 600 台时的平均总成本;

(3)产量由 600 台增加到 700 台时总成本的平均变化率;

(4)产量为 600 台时的边际成本,并解释其经济意义.

解:(1) $C(600) = 0.1 \times 600^2 + 2 \times 600 + 5000 = 42200$;

(2) $\bar{C}(600) = \frac{C(600)}{600} = \frac{211}{3}$;

(3) $\frac{\Delta C}{\Delta q} = \frac{C(700) - C(600)}{100} = 132$;

(4) $C_M(600) = 0.2 \times 600 + 2 = 122$.

这说明,当产量达到 600 台时,再增加一台的产量,总成本大约增加 122.

2. 边际收入

设某商品销售量为 q 个单位时的总收入函数为 $R=R(q)$,当销量达到 q 个单位时,再给销量一个增量 Δq,其相应的总收入将增加 $\Delta R=R(q+\Delta q)-R(q)$,于是销售这 Δq 个单位时的平均收入为

$$\bar{R}=\frac{\Delta R}{\Delta q}=\frac{R(q+\Delta q)-R(q)}{\Delta q}$$

如果总收入函数 $R=R(q)$ 在 q 可导,那么

$$R'(q)=\lim_{\Delta q \to 0}\frac{R(q+\Delta q)-R(q)}{\Delta q}$$

称为销售量为 q 个单位时的**边际收入**,一般记为:$R_M(q)=R'(q)$.

边际收入的经济意义是:销售量达到 q 个单位的时候,再增加一个单位的销量,即:$\Delta q=1$ 时,相应的总收入大约增加 $R'(q)$ 个单位.

例 3.85 设某种电器的需求价格函数为:$q=120-4p$.其中,p 为销售价格,q 为需求量.求销售量为 60 件时的总收入、平均收入以及边际收入,销售量达到 70 件时,边际收入如何?并作出相应的经济解释.(单位:元)

解:因为
$$q=120-4p$$

所以
$$p=\frac{120-q}{4}=30-\frac{1}{4}q$$

所以总收入函数为
$$R=pq=q\left(30-\frac{1}{4}q\right)$$

所以,销售量为 60 件时的总收入为 $R(60)=60\times(30-15)=900$(元);

销售量为 60 件时的平均收入为 $\bar{R}=\frac{R(60)}{60}=15$(元/件);

销售量为 60 件时的边际收入为 $R_M(60)=R'(60)=30-\frac{1}{2}\times 60=0$.

这说明:销售量达到 60 件时,再增加一件的销量,不增加总收入.

销售量为 70 件时的边际收入为

$$R_M(70)=R'(70)=30-\frac{1}{2}\times 70=-5$$

这说明:当销售量达到 70 件时,再增加一件的销量,总收入会减少 5 元.

3. 边际利润

设某商品销售量为 q 个单位时的总利润函数为 $L=L(q)$,当销量达到 q 个单位时,再给销量一个增量 Δq,其相应的总利润将增加 $\Delta L=L(q+\Delta q)-L(q)$,于是销售这 Δq 个单位时的平均利润为

$$\bar{L}=\frac{L(q+\Delta q)-L(q)}{\Delta q}$$

如果总利润函数在 q 可导,那么

$$L'(q)=\lim_{\Delta q \to 0}\frac{L(q+\Delta q)-L(q)}{\Delta q}$$

称为销售量为 q 个单位时的**边际利润**,一般记为:$L_M(q)=L'(q)$.

边际利润的经济意义是:销售量达到 q 个单位的时候,再增加一个单位的销量,即 $\Delta q=1$ 时,相应的总利润大约增加 $L'(q)$ 个单位.

由于总利润、总收入和总成本有如下关系:

$$L(q)=R(q)-C(q)$$

因此,边际利润又可表示成:$L'(q)=R'(q)-C'(q)$.

例 3.86 设生产 q 件某产品的总成本函数为

$$C(q)=1500+34q+0.3q^2$$

如果该产品销售单价 $p=280$ 元/件,求

(1)该产品的总利润函数 $L(q)$;

(2)该产品的边际利润函数 $L_M(q)$ 以及销量 $q=420$ 个单位时的边际利润,并对此结论作出经济意义的解释.

(3)销售量为何值时利润最大?

解:(1)由已知可得总收入函数:$R(q)=pq=280q$,因此总利润函数为

$$L(q)=R(q)-C(q)=280q-1500-34q-0.3q^2$$
$$=-1500+246q-0.3q^2$$

(2)该产品的边际利润函数为 $L_M(q)=L'(q)=246-0.6q$;

$$L_M(420)=246-0.6\times 420=-6$$

这说明,销售量达到 420 件时,多销售一件该产品,总利润会减少 6 元.

(3)令 $L'(q)=0$,解得 $q=410$(件),又 $L''(410)=-0.6<0$,所以当销售量 $q=410$ 件时,获利最大.

二、弹性与弹性分析

1. 弹性函数

在引入概念之前,我们先看一个例子:

有甲、乙两种商品,它们的销售单价分别为 $P_1=12$ 元,$P_2=1200$ 元,如果甲、乙两种商品的销售单价都上涨 10 元,从价格的绝对改变量来说,它们是完全一致的. 但是,甲商品的上涨是人们不可接受的,而对乙商品来说,人们会显得很平静.

究其原因,就是相对改变量的问题. 相比之下,甲商品的上涨幅度为 $\frac{\Delta p}{p}=83.33\%$,而乙商品的涨幅只有 $\frac{\Delta p}{p}=0.83\%$,乙商品的涨幅人们自然不以为然.

在这一部分,我们将给出函数的相对变化率的概念,并进一步讨论它在经济分析中的应用.

定义 3.8 设 $y=f(x)$ 在 x_0 处可导,那么函数的相对改变量

$$\frac{\Delta y}{y_0} = \frac{f(x_0+\Delta x)-f(x_0)}{f(x_0)}$$

与自变量的相对改变量 $\frac{\Delta x}{x_0}$ 的比值 $\dfrac{\frac{\Delta y}{y_0}}{\frac{\Delta x}{x_0}}$,称为函数 $y=f(x)$ 从 x_0 到 $x_0+\Delta x$ 之间的平均弹性,令 $\Delta x \to 0$, $\dfrac{\frac{\Delta y}{y_0}}{\frac{\Delta x}{x_0}}$ 的极限称为 $y=f(x)$ 在 x_0 处的**点弹性**,一般称为**弹性**. 并记为 $E_{yx}\big|_{x=x_0}$,即

$$E_{yx}\big|_{x=x_0} = \lim_{x\to 0}\frac{\Delta y}{\Delta x}\frac{x_0}{f(x_0)} = f'(x_0)\frac{x_0}{f(x_0)}$$

$y=f(x)$ 在任一点 x 的弹性记为 $E_{yx}=f'(x)\dfrac{x}{f(x)}$,并称其为**弹性函数**.

一般来说,$\dfrac{\Delta y}{y} \approx E_{yx}\dfrac{\Delta x}{x}$,因此函数的弹性 E_{yx} 反映了自变量相对改变量对相应函数值的相对改变量影响的灵敏程度.

2. 需求价格弹性

设某种商品的需求量为 q,销售价格为 p,如果需求价格函数为 $q=q(p)$ 可导,那么 $E_{qp}=q'(p)\dfrac{p}{q(p)}$ 称为该商品的**需求价格弹性**.

一般情况下,$q=q(p)$ 是减函数,价格高了,需求量反而会降低,为此 $E_{qp}<0$.

另外,$\dfrac{\Delta q}{q} \approx E_{qp}\dfrac{\Delta p}{p}$,其经济解释为:在销售价格为 p 的基础上,价格上涨 1%,相应的需求量将下降 $|E_{qp}|\%$.

由于总收入 $R=pq$,则收入价格弹性为

$$E_{RP} = R'\cdot\frac{p}{R} = [q(p)+p\cdot q'(p)]\cdot\frac{p}{p\cdot q(p)} = 1+q'(p)\cdot\frac{p}{q(p)} = 1+E_{qp}$$

所以,$\dfrac{\Delta R}{R} \approx (1+E_{qp})\cdot\dfrac{\Delta p}{p}$.

下面我们给出三类商品的经济分析:

(1) 富有弹性商品

若 $|E_{pq}|>1$,则称该商品为富有弹性商品.

对于富有弹性商品,适当降价会增加总收入. 如果价格下降 1%,总收入将相对增加 $(|E_{pq}|-1)\%$.

富有弹性商品也称为价格的敏感商品,价格的微小变化,会造成需求量较大幅度的变化.

(2) 单位弹性商品

若 $|E_{qp}|=1$,则称该商品为具有单位弹性的商品.

单位弹性的商品,对价格作微小的调整,并不影响总收入.

(3)缺乏弹性商品

若$|E_{qp}|<1$,则称该商品为缺乏弹性商品.

对于缺乏弹性商品,适当涨价会增加总收入.如果价格上涨1%,总收入将相对增加$(1-|E_{pq}|)$%.

例 3.87 设某商品的需求价格函数为$q=1.5e^{-\frac{p}{5}}$,求销售价格$p=9$时的需求价格弹性,并进一步做出相应的经济解释.

解:$E_{qp}\Big|_{p=9}=-0.3e^{-\frac{p}{5}}\cdot\frac{p}{1.5e^{-\frac{p}{5}}}\Big|_{p=9}=-1.8$,由于$\left|E_{qp}\Big|_{p=9}\right|=1.8>1$,这是一种富有弹性的商品,价格的变化对需求量有较大的影响,在$p=9$的基础上,价格上涨1%,需求量将下降1.8%,总收入下降0.8%,当然价格下降1%,需求量将上升1.8%,总收入上升0.8%.通过以上分析,价格$p=9$时应当作出适当降价的决策.

三、经济学中的最优值问题

1. 最大利润问题

因为总利润$L(q)$、总收入$R(q)$和总成本$C(q)$有如下关系:
$$L(q)=R(q)-C(q)$$
所以
$$L'(q)=R'(q)-C'(q)$$

在这种情况下,获利最大的销售量q必满足:$L'(q)=0$,这就是说使边际收入与边际成本相等的销售量(或产量),能使利润最大.

例 3.88 如果销售q千克某商品的总利润函数为$L(q)=-\frac{1}{3}q^3+6q^2-11q-40$(万元),问销售多少千克能获利最大?

解:因为$L'(q)=-q^2+12q-11$,令$L'(q)=0$,得$q=11,q=1$,

又因为$L''(q)=-2q+12$,所以$L''(11)=-10<0,L''(1)=10>0$,

所以$q=11$为$L(q)$的极大值点(并且是唯一的),由于理论上最大利润是存在的,所以销售量$q=11$千克时利润最大.$L_{Max}(11)\approx121.333$(万元).

2. 成本最低的产量问题

例 3.89 设某企业生产q个单位产品的总成本函数是
$$C(q)=q^3-10q^2+50q$$

(1)求使得平均成本$\bar{C}(q)$为最小的产量;

(2)最小平均成本以及相应的边际成本.

解:(1)$\bar{C}(q)=\frac{q^3-10q^2+50q}{q}=q^2-10q+50$,那么,$\bar{C}'(q)=2q-10$,

令$\bar{C}'(q)=0$,解得$q=5$,又$\bar{C}''(5)=2>0$,所以$q=5$是$\bar{C}(q)$唯一的极小值点,理论上

$\bar{C}(q)$ 的最小值是存在的，$q=5$ 时平均成本 $\bar{C}(q)$ 为最小.

(2) $\bar{C}_{\min}(5)=5^2-10\times5+50=25$；

$C'(5)=3\times5^2-20\times5+50=25$.

一般而言：由于 $\bar{C}(q)=\dfrac{C(q)}{q}$，所以，

$$\bar{C}'(q)=\dfrac{qC'(q)-C(q)}{q^2}=\dfrac{1}{q}(C'(q)-\bar{C}(q))$$

由此可见，最小平均成本等于相应的边际成本.

习 题 十 一

1. 设某产品的产量为 x 千克时的总成本函数为 $C=200+2x+6\sqrt{x}$(元)，求产量为 100 千克时的总成本，平均成本和边际成本，并说明其经济意义.

2. 已知函数 $y=7\cdot 2^x-14$，求其边际函数和弹性函数.

3. 某厂每天的利润函数 $L(Q)=250Q-5Q^2$，其中 Q 表示产量，试确定产量为 20, 25, 35 时的边际利润，并作出经济解释.

4. 某商品的需求量 Q 为价格 P 的函数 $Q=150-2P^2$，求

(1) 当 $P=6$ 时的边际需求，并说明其经济意义；

(2) 当 $P=6$ 时的需求弹性，并说明其经济意义；

(3) 当 $P=6$ 时，若价格下降 2%，总收益将变化百分之几？是增加还是减少？

5. 某商品的需求函数为 $Q=45-P^2$.

(1) 求当 $P=3$ 与 $P=5$ 时的边际需求与需求弹性；

(2) 当 $P=3$ 与 $P=5$ 时，若价格上涨 1%，收益将如何变化？

(3) P 为多少时，收益最大？

6. 某商品的需求量 Q 是单价 P 的函数 $Q=12000-80P$，商品的成本 C 是需求量 Q 的函数 $C=25000+50Q$，每单位商品需纳税 2，试求使销售利润最大的商品价格和最大利润.

7. 已知某厂生产 x 件产品的成本为 $C=25000+200x+\dfrac{1}{40}x^2$(元).

(1) 要使平均成本最小，应生产多少件产品？

(2) 若产品以每件 500 元售出，要使利润最大，应生产多少件产品？

第十二节 曲线的曲率

在建筑设计、土木施工和机械制造中,常需要考虑曲线的弯曲程度.这里先对曲线的弯曲程度给出定量的表达式,即曲率的概念,然后给出其计算方法.

一、曲率的概念

看下面两图,图 3-27 中,$\overset{\frown}{AB}=\overset{\frown}{AC}$,$A,B,C$ 都是切点,而 $\Delta\alpha_2>\Delta\alpha_1$,显然 $\overset{\frown}{AB}$ 比 $\overset{\frown}{AC}$ 弯曲程度大,这表明了当弧长一定时,切线转角越大时,曲线弧弯曲程度越大;图 3-28 中,转角 $\Delta\alpha$ 一定,$\overset{\frown}{AB}$ 长小于 $\overset{\frown}{CD}$ 长,显然 $\overset{\frown}{AB}$ 比 $\overset{\frown}{CD}$ 弯曲程度小,这表明当转角一定时,转过的弧长越长,曲线弧弯曲程度越小.

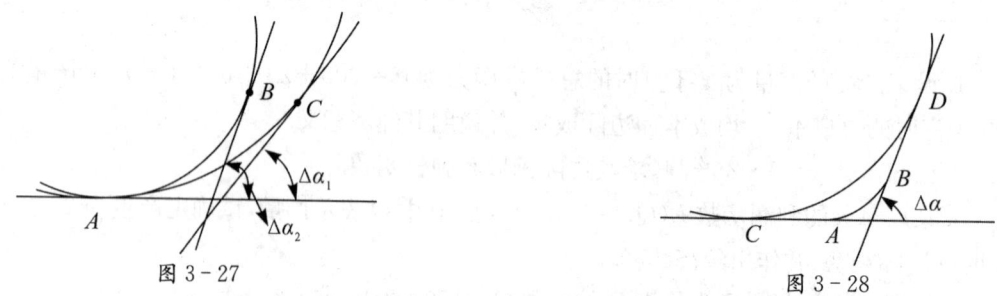

图 3-27

图 3-28

综上所述,曲线弧的弯曲程度与切线的转角(记为 $\Delta\alpha$)有关,也与曲线弧的长度(记为 Δs)有关.我们认为:如果曲线弧的长度不变,那么,弯曲程度与转角成正比;如果曲线弧的转角不变,那么弯曲程度与弧长成反比.因此我们用 $\dfrac{\Delta\alpha}{\Delta s}$ 来表示上述图中 $\overset{\frown}{AB}$ 的平均弯曲程度.而 A 点的平均弯曲程度则用极限 $\lim\limits_{B\to A}\dfrac{\Delta\alpha}{\Delta s}$ 表示,称为在 A 点的曲率 k.

二、曲率计算公式

$$k=\left|\frac{y''}{(1+y'^2)^{\frac{3}{2}}}\right| \qquad (3-1)$$

例 3.90 求半径为 R 的圆的曲率.

解:因为圆每个点的曲率是一样的,所以平均曲率为在该点的曲率,我们取整圆,对应的弧长为 $2\pi R$,圆上任一点的切线绕圆一周的转角为为 2π,所以

$$k=\frac{\Delta\alpha}{\Delta s}=\frac{2\pi}{2\pi R}=\frac{1}{R}$$

也可以用公式来做,曲率也是 $\dfrac{1}{R}$.(自己想一想,该怎么做?)

由此可见,圆的半径越大,曲率越小,直线如果作为一种特殊的圆,曲率为零.

在工程结构中考虑直梁的微小弯曲时,由于沿垂直于梁轴线方向的变形 y 很小,所以梁的挠曲线 $y=f(x)$ 的切线与 x 轴的夹角也很小,即 $y'=\tan\alpha$ 很小,因而 $(y')^2$ 可以略去不计,得

$$k\approx|y''|$$

这表明了挠曲线 $y=f(x)$ 二阶导数的绝对值近似地反映了直梁挠曲线的弯曲程度,由此得:

工程上常用的曲率近似计算公式
$$k\approx|y''| \qquad (3-2)$$

例 3.91 有一个长度为 L 的悬臂直梁,一端固定在墙内,另一端自由,当自由端有集中力 P 作用时,直梁发生微小的弯曲,如选择坐标系如图 3-29 所示,其挠曲线方程为
$$y=\frac{P}{EI}\left(\frac{1}{2}lx^2-\frac{1}{6}x^3\right)$$

其中 EI 为确定的常数,试求该梁的挠曲线 $x=0,\frac{l}{2},l$ 处的曲率.

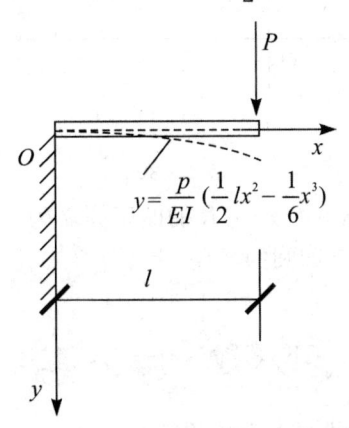

图 3-29

解: $y'=\frac{P}{EI}\left(lx-\frac{1}{2}x^2\right), y''=\frac{P}{EI}(l-x)$.

由于梁的弯曲变形很小,用公式(3-2),得 $k\approx|y''|=\frac{P}{EI}|l-x|$.

(1) 当 $x=0$ 时,$k\approx\frac{Pl}{EI}$;

(2) 当 $x=\frac{l}{2}$ 时,$k\approx\frac{Pl}{2EI}$;

(3) 当 $x=l$ 时,$k\approx 0$.

计算结果表明,当悬臂梁的自由端有集中荷载作用时,越靠近固定端弯曲越厉害,自由端几乎不弯曲,对弯曲厉害的部分,设计与施工时必须注意加强强度.

三、曲率圆与曲率半径

用曲率来描述曲线的弯曲程度,能够给出一个数字特征,k 越大,说明弯曲的程度越大,但是曲率不能给出一个弯曲的直观形象,为此我们引入曲率圆的概念.

考虑到圆在每一点的曲率都是常数 $\frac{1}{R}$,即半径的倒数,因此我们可以对照圆的弯曲程度来考虑在该点的弯曲程度,所以我们定义曲线在某点的曲率半径 R 为曲线在该点的曲率 k 的倒数,即

$$R = \frac{1}{k}$$

曲线上点 M 处的曲率圆圆心定义在曲线在该点的法线上,且处于曲线弧的凹向一侧.

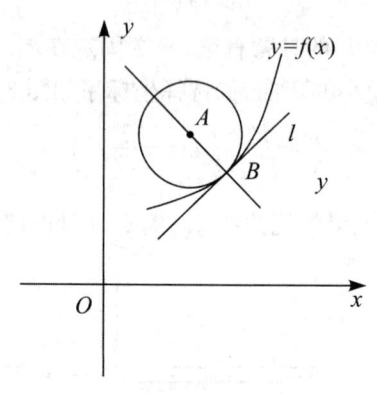

图 3 - 30

如图 3 - 30 所示,该圆为 $y=f(x)$ 在 B 的曲率圆,l 为 $y=f(x)$ 在 B 点的切线,AB 为 $y=f(x)$ 在 B 的法线,其中 AB(即圆的半径)为 $y=f(x)$ 在 B 点的曲率的倒数.

习 题 十 二

1. 求下列函数在给定点的曲率与曲率半径:

(1) 直线 $y=kx+b$ 在 (x_0, y_0) 处;

(2) $y=x^3+3x^2-9x+1$ 在 $(-1,12)$ 处.

2. 曲线 $y=\sin x (0<x<\pi)$ 上哪一点的曲率半径最小?并求该最值.

3. 如图 3 - 31 所示,有一个长度为 l 的直梁,搁置在支柱上,受均匀分布荷载 q 作用,选择梁的左端点为坐标原点,x 轴沿梁的轴线向右,y 轴向下,这时由材料力学的原理可知梁的挠曲线方程为

$$y = \frac{q}{24EI}(l^3 x - 2lx^3 + x^4)$$

其中,EI 是正的常数,试求该梁弯曲变形最厉害点的位置.

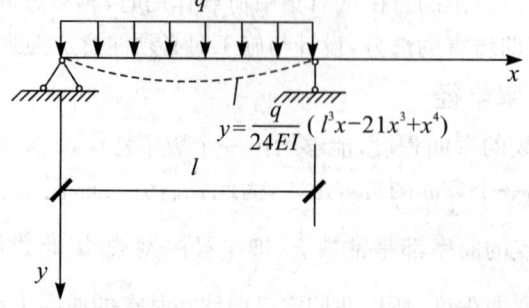

图 3 - 31

第十三节　MathCAD 在导数与微分中的应用

一、用 MathCAD 解一元方程与不等式

步骤：

1) 在 MathCAD 专业版中输入方程或不等式；

2) 在符号计算中点击 solve,并在占位符上输入变量,单击"→"符号.

例 3.92　函数 $f(x)=x^3-3x+4$ 在区间 $[1,4]$ 上满足拉格朗日中值定理,求 ξ.

解：

$$f(x):=x^3-3x+4$$

$$\frac{f(4)-f(1)}{4-1}=\frac{d}{d\xi}f(\xi)\,\text{solve},\xi\rightarrow\begin{bmatrix}\sqrt{7}\\-\sqrt{7}\end{bmatrix}$$

因为 $\xi\in(1,4)$,所以 $\xi=\sqrt{7}$.

例 3.93　讨论 $y=e^x-x-1$ 的单调性.

解：

$$f(x):=e^x-x-1$$

$$\frac{d}{dx}f(x)\geqslant 0\,\text{solve},x\rightarrow 0\leqslant x$$

即:在 $(-\infty,0)$ 内,$y'<0$,$y=e^x-x-1$ 在 $(-\infty,0)$ 内递减；

在 $(0,+\infty)$ 内,$y'>0$,$y=e^x-x-1$ 在 $[0,+\infty)$ 内递增.

二、显函数求导

步骤：

1) 定义函数 $f(x):=$ ；

2) 求一阶导数,先定义 "$f'(x):=$" 表示函数的 1 阶导数,然后在微积分工具栏中点击导数图标或使用热键 "Shift+/" 得到 $\frac{d}{d\blacksquare}\blacksquare$,并在分母占位符上输入自变量,右侧占位符上输入函数,最后单击计算工具栏中的 "→" 按钮或使用热键 "Ctrl+." 得到的解析等号 "→" 或单击符号计算工具栏中的 "simplify" 按钮,按回车键得出运算结果. 如果要求在 $x=a$ 处的导数,则只需增加一个步骤,即输入 $f'(a)$,然后单击计算工具栏中的 "→" 按钮或使用热键 "Ctrl+." 得到解析等号 "→",回车得到计算结果.

求函数的 n 阶导数的方法和求一阶导数大同小异,先定义 "$fn(x):=$" 表示函数的 n 阶导数,然后在微积分工具栏中点击 n 阶导数图标或使用热键 "Ctrl+Shift+/" 得到

$\dfrac{\mathrm{d}^{\blacksquare}}{\mathrm{d}\blacksquare^{\blacksquare}}\blacksquare$,并在下方比较小的占位符中输入 n,下方较大的占位符输入自变量,右侧占位符上输入函数,最后单击计算工具栏中的"→"按钮或使用热键"Ctrl+."得到解析等号"→"或单击符号计算工具栏中的"simplify"按钮,按回车键得出运算结果. 如果要求在 $x=a$ 处的 n 阶导数,则只需增加一个步骤,即输入 $f_n(a)$,然后单击计算工具栏中的"→"按钮或使用热键"Ctrl+."得到解析等号"→",回车得到计算结果.

例 3.94 求函数 $y=\sin x$ 的导数.

解:

$$y(x):=\sin(x)$$

$$\frac{\mathrm{d}}{\mathrm{d}x}y(x)\to\cos(x)$$

例 3.95 设 $f(x)=x^2+\cos x-\sin\dfrac{\pi}{2}$,求 $f'(x)$ 及 $f'\left(\dfrac{\pi}{2}\right)$.

解:

$$f(x):=x^2+\cos(x)-\sin\left(\frac{\pi}{2}\right)$$

$$\frac{\mathrm{d}}{\mathrm{d}x}f(x)\to 2\cdot x-\sin(x)$$

$$x:=\frac{\pi}{2}$$

$$\frac{\mathrm{d}}{\mathrm{d}x}f(x)\,\mathrm{sImplify}\to\pi-1$$

这里,为了使得结果简单,使用了 simplify 运算符.

例 3.96 求 $y=x^4\ln x$ 的导数.

解:

$$y(x):=x^4\ln(x)$$

$$\frac{\mathrm{d}}{\mathrm{d}x}y(x)\to 4\cdot x^3\cdot\ln(x)+x^3$$

例 3.97 求正切函数 $y=\tan x$ 的导数.

解:

$$y(x):=\tan(x)$$

$$=\frac{\mathrm{d}}{\mathrm{d}x}y(x)\to 1+\tan(x)^2$$

例 3.98 求 $y=x\sin x\tan x$ 的导数.

解:

$$y(x):=x\cdot\sin(x)\tan(x)$$

$$=\frac{\mathrm{d}}{\mathrm{d}x}y(x)\to\sin(x)\cdot\tan(x)+x\cdot\cos(x)\cdot\tan(x)+x\cdot\sin(x)\cdot(1+\tan(x)^2)$$

例 3.99 求函数 $y=\dfrac{1-x}{1+x}$ 的导数.

解:
$$y(x):=\dfrac{1-x}{1+x}$$

$$\dfrac{\mathrm{d}}{\mathrm{d}x}y(x) \to \dfrac{-1}{(1+x)} - \dfrac{(1-x)}{(1+x)^2}$$

例 3.100 已知 $y=\dfrac{5x^4-12x^3-3x^2+4}{\sqrt{x}}$,求 $\dfrac{\mathrm{d}y}{\mathrm{d}x}$ 和 $\dfrac{\mathrm{d}y}{\mathrm{d}x}\big|_{x=1}$.

解:
$$y(x):=\dfrac{5x^4-12x^3-3x^2+4}{\sqrt{x}}$$

$$\dfrac{\mathrm{d}}{\mathrm{d}x}y(x)\,\mathrm{simplify} \to \dfrac{1}{2}\cdot\dfrac{(35\cdot x^4-60\cdot x^3-9\cdot x^2-4)}{x^{\frac{3}{2}}}$$

$$x:=1$$

$$\dfrac{\mathrm{d}}{\mathrm{d}x}y(x) \to -19$$

例 3.101 设 $y=\ln\sin x$,求 $\dfrac{\mathrm{d}y}{\mathrm{d}x}$.

解:
$$y(x):=\ln(\sin(x))$$

$$\dfrac{\mathrm{d}}{\mathrm{d}x}y(x) \to \dfrac{\cos(x)}{\sin(x)}$$

例 3.102 设 $y=\sin x\cdot\mathrm{e}^x+\cos^2 x$,求 $\dfrac{\mathrm{d}^3}{\mathrm{d}^3 x}y$.

解:
$$y(x):=\sin(x)\mathrm{e}^x+\cos(x)^2$$

$$\dfrac{\mathrm{d}^3}{\mathrm{d}x^3}y(x) \to -2\cdot\sin(x)\cdot\exp(x)+2\cdot\cos(x)\cdot\exp(x)+8\cdot\cos(x)\cdot\sin(x)$$

三、隐函数、参数方程所确定的函数的求导

MathCAD 也能求由方程 $F(x,y)=0$ 确定的隐函数的导数. 不过要稍微转化一下. 一是可以把隐函数转成显函数(必须保证隐函数能用显函数形式表示出来),再利用显函数的求导方法去做;二是先分别求出 $F(x,y)$ 关于 x 和 y 的偏导,则 $\dfrac{\partial y}{\partial x}=-\dfrac{\partial F_x}{\partial F_y}$. 通过下面的例子说明.

例 3.103 求由方程 $\mathrm{e}^{x+y}-xy=0$ 所确定的隐函数 $y=y(x)$ 的导数.

解: 先定义函数
$$f(x,y):=\mathrm{e}^{x+y}-x\cdot y$$

再定义 $f'(x,y)$,表示隐函数 $y=y(x)$ 的导数.

则 y 关于 x 的导数为

$$fx'(x,y):=\frac{-\dfrac{d}{dx}f(x,y)}{\dfrac{d}{dy}f(x,y)} \to \frac{(-\exp(x+y)+y)}{(\exp(x+y)-x)}$$

例 3.104 求曲线 $xy-e^x+e^y=0$ 在点 $(0,0)$ 处的切线方程.

解：先定义函数

$$f(x,y):=x \cdot y-e^x+e^y$$

求出 $F(x,y)$ 关于 x 和 y 偏导

$$\frac{d}{dx}f(x,y) \to y-\exp(x)$$

$$\frac{d}{dy}f(x,y) \to x+\exp(y)$$

$$f'_x(x,y):=\frac{-\dfrac{d}{dx}f(x,y)}{\dfrac{d}{dy}f(x,y)} \to \frac{-(y+\exp(x))}{-(x+\exp(y))}$$

于是，曲线在点 $(0,0)$ 处的切线斜率为

$$f(x,y):=x \cdot y-e^x+e^y$$

$$x:=0 \qquad y:=0$$

$$dyx(0,0)=\frac{\dfrac{d}{dx}f(x,y)}{\dfrac{d}{dy}f(x,y)} \to dyx(0,0)=1$$

从而，曲线过点 $(0,0)$ 的切线方程为 $y=x$.

数学中 $x=u(t), y=v(t)$ 定义的 y 关于 x 的函数关系，称为由参数方程确定的函数，而且定义了 y 关于 x 的导数公式为 $\dfrac{dy}{dx}=\dfrac{dy}{dt}/\dfrac{dx}{dt}$，注意到 $\dfrac{dy}{dx}$ 仍然是 t 的函数，所以，在 MathCAD 中依然按照这个公式求导数.

例 3.105 求下列参数方程确定的函数的导数：$x=\ln(1+t^2), y=t-\arctan t$.

解：定义

$$x(t):=\ln(1+t^2) \qquad y(t):=t-\operatorname{atan}(t)$$

$$dyx(t):=\frac{\dfrac{d}{dt}y(t)}{\dfrac{d}{dt}x(t)}$$

则 y 关于 x 的导数为

$$dyx(t) \text{ simplify } \to \frac{1}{2} \cdot t$$

需要指出如果对函数 d$yx(t)$ 直接按"Ctrl+."得到的结果较繁琐,所以使用 simplify. 注意这里不能直接求 $\dfrac{\mathrm{d}}{\mathrm{d}x}y$.

四、用 MathCAD 求微分

从函数微分的定义

$$\mathrm{d}y = f'(x)\,\mathrm{d}x$$

可以知道,计算函数的微分,只要先求出函数的导数,再乘以自变量的微分即可. 因此,用 MathCAD 求微分,实际上同用 MathCAD 求导是一回事.

例 3.106 设 $y = \dfrac{\sin x}{x^3}$,求 dy.

解:

$$y(x) := \dfrac{\sin(x)}{x^3}$$

$$\mathrm{d}y = \left(\dfrac{\mathrm{d}}{\mathrm{d}x}y(x)\right)\cdot \mathrm{d}x \rightarrow \mathrm{d}y = \left(\dfrac{\cos(x)}{x^3} - 3\cdot\dfrac{\sin(x)}{x^4}\right)\cdot \mathrm{d}x$$

五、用 MathCAD 求一元函数的最值

MathCAD 中对具体数值可用 Max 或 Min 求最值.

例 3.107 求函数 $y = 2x^3 + 3x^2 - 12x + 14$ 在 $[-3, 4]$ 上的最大值与最小值.

解:

$$f(x) := 2x^3 + 3x^2 - 12x + 14$$

$$\dfrac{\mathrm{d}}{\mathrm{d}x}f(x)\,\mathrm{solve},x \rightarrow \begin{pmatrix} -2 \\ 1 \end{pmatrix}$$

$$\max(f(-3), f(4), f(-2), f(1)) = 142$$

$$\min(f(-3), f(4), f(-2), f(1)) = 7$$

习 题 十 四

1. 用 MathCAD 求下列各函数的导数:

(1) $y = \cos x \sin x$ (2) $y = x\tan x - 2\sec x$

(3) $y = \dfrac{\cos x}{x^2}$ (4) $\rho = \sqrt{\varphi}\sin\varphi$

(5) $y = \sqrt{x}(x - \cot x)\cos x$ (6) $f(t) = \dfrac{1 - \sqrt{t}}{1 + \sqrt{t}}$

(7) $u = v^2 - 3\sin v$ (8) $y = x^2(2 + \sqrt{x})$

(9) $y = \sqrt{x}\,\mathrm{arccot}\,x$ (10) $y = x\arcsin\ln x$

(11) $y = \text{arccot}(1-x^2)$ 　　　　　　(12) $y = e^{\arctan\sqrt{x}}$

(13) $y = x\arccos x - \sqrt{1-x^2}$ 　　　(14) $y = \dfrac{\arcsin x}{\arccos x}$

2. 用 MathCAD 求下列隐函数的导数：

(1) $x^2 + y^2 = 4$ 　　　　　　　　　(2) $xy + e^{xy} + 2 = 0$

(3) $y = x\ln y$ 　　　　　　　　　　(4) $y = \arctan(x^2 + y^2)$

(5) $y = \arcsin x + \sin y$ 　　　　　(6) $\ln y = xy$

3. 用 MathCAD 求下列参数方程的导数：

(1) $\begin{cases} x = t\cos\dfrac{\pi}{4}, \\ y = t\sin\dfrac{\pi}{4}; \end{cases}$ 　　(2) $\begin{cases} x = a\sec\theta, \\ y = b\tan\theta; \end{cases}$ $(a>0, b>0)$

(3) $\begin{cases} x = \sqrt{1-t^2}, \\ y = \sqrt{1+t^2}. \end{cases}$

4. 用 MathCAD 求下列函数的二阶导数：

(1) $y = 5x - 2x^2$ 　　　　　　　　　(2) $y = \sin x \ln x$

(3) $y = \dfrac{1}{\sqrt{x}}$ 　　　　　　　　　　(4) $y = e^{2x}$

5. 用 MathCAD 求下列函数的微分：

(1) $y = \cos\ln(1+2x)$ 　　　　　　(2) $y = (2x+1)^2(x-2)^3$

(3) $y = \sin 2x \cos x^2$ 　　　　　　　(4) $y = \dfrac{e^{-2x}}{\cos 3x}$

第四章 函数的积分及其应用

引　言

本章介绍一元函数的积分学,它包含了不定积分和定积分两部分.不定积分是微分的逆运算,定积分是积分学的另一基本内容,它在自然科学、工程技术及经济领域中都有广泛的应用.本章先由实际问题引出定积分的概念,讨论定积分的性质,然后揭示定积分与不定积分的关系,再给出积分的计算方法,最后通过一些简单的实际问题来介绍用定积分解决实际问题的方法——微元法.

引例 1　如何求得由曲线 $y=x^2$,直线 $x=0, x=1$ 及 x 轴所围成的平面图形的面积.

引例 2　已知一物体作直线运动,其加速度为 $a=12t^2-3\sin t$,且当时间 $t=0$ 时,速度 $v=5\,\text{m/s}$,路程 $s=3$.怎样确定 v 与 t 的函数关系?求 s 与 t 的函数关系?

引例 3　在电机、电器上常会标有功率、电流、电压的数字.如电机上标有功率 2.8 kW,电压 380 V.在灯泡上标有 4 W、220 V 等.这些数字表明交流电在单位时间内所做的功以及交流电压.但是交流电流,电压的大小和方向都随时间作周期性的变化,怎样确定交流电的功率、电流和电压呢?

第一节　定积分的概念

问题一:求由曲线 $y=x^2$,直线 $x=0, x=1$ 及 x 轴所围成的平面图形的面积.具体如图 4-1 所示.

分析:因为围成此平面图形的边不都是直线段,所以我们不能用在初等数学里见到的规则平面图形(矩形、正方形、平行四边形和梯形)的面积计算方法来实现此平面图形的面积计算.但是,我们知道,在初等数学里,圆面积是用一系列边数无限增加的内接多边形面积的极限来定义的.在此,可以利用同样的办法来实现上述平面图形的面积计算.

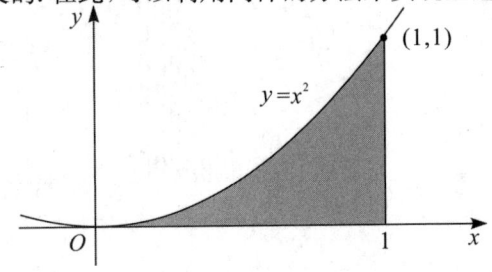

图 4-1

例如，把平面图形的底边进行四等分就可以得到该平面图形的四个小部分，如图 4-2 所示.

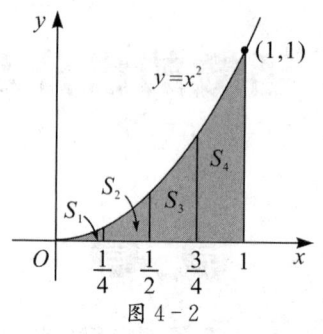

图 4-2

四个部分的面积之和就是该平面图形的面积. 现在问题是，每部分的顶边都不是直边而是曲边，每部分图形的底边上各点处的高是变动的，它的面积不能直接用公式来计算.

然而，由于每部分图形的底边上各点处的高是连续变化的，在很小一段区间上变化很小，可以看作近似不变. 换句话说，从整体来看，高是变化的，但从局部来看，高近似不变，即从整体看顶是曲的，但从局部来看，顶是直的. 因此在上述平面图形所分的每个小部分，可以用其底边上某一点处的高来近似代替每个小部分的底边上的变高，为了便于计算，取每个小部分的底边上最右边的点处的高来近似代替每个小部分的底边上的变高，相应地得到四个小矩形，如图 4-3 所示，这四个小矩形的面积之和就是上述平面图形的面积的近似值.

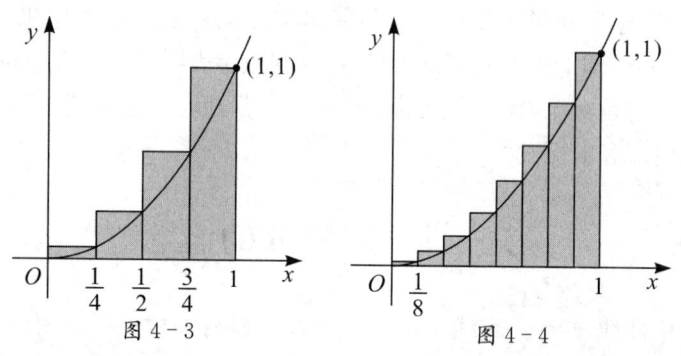

图 4-3 图 4-4

显然，可以从图 4-3、4-4、4-5、4-6、4-7 直观看到，如果把上述平面图形分割越细，近似程度越高. 当无限细分为 n 等份时，使每个小部分平面图形的底的长度趋于零时，所有小矩形的面积之和的极限值就是上述平面图形面积的精确值.

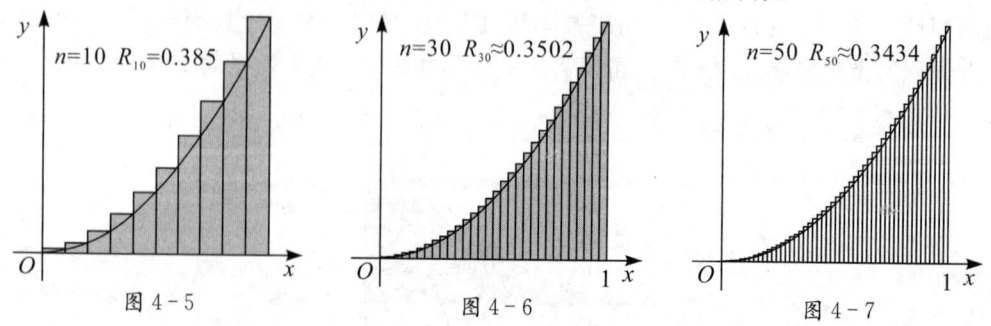

图 4-5 图 4-6 图 4-7

问题二:曲边梯形的面积的计算

定义 4.1 所谓曲边梯形是指由三条直线(其中有两条是平行直线,且第三条直线与两平行直线垂直)和一条曲线所围的平面图形,如图 4-8 所示.

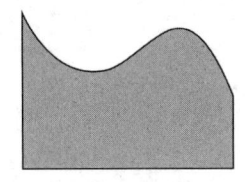

图 4-8

求由曲线 $y=f(x)(f(x)\geqslant 0$ 且 $y=f(x)$ 在 $[a,b]$ 上连续),直线 $x=a$, $x=b$ 及 x 轴所围成的曲边梯形的面积,如图 4-9 所示.

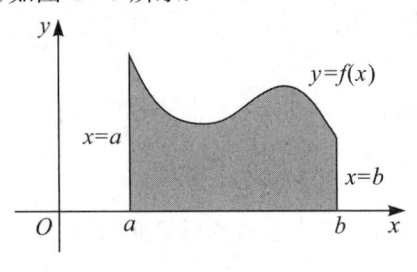

图 4-9

分析:

如果 $f(x)$ 在 $[a,b]$ 上是常数,则曲边梯形就是一个矩形,它的面积可按公式矩形面积=底×高来计算. 现在问题是,顶边不是直边而是曲边,就是说曲边梯形在底边上各点处的高 $f(x)$,在区间 $[a,b]$ 上是变动的,它的面积不能直接用矩形面积公式来计算. 然而,由于曲边梯形的高 $f(x)$. 在区间 $[a,b]$ 上是连续变化的,在很小一段区间上变化很小,近似于不变. 换句话说,从整体来看,高是变化的,但从局部来看,高近似不变,即从整体看顶是曲的,但从局部来看,顶是直的. 这一特点与问题一完全类似.

因此我们可以把区间 $[a,b]$ 分成 n 个小区间,在每个小区间上,若用其中某一点处的高来近似代替这个小区间上的窄曲边梯形的变高,那么,按矩形面积公式算出的这些窄矩形面积就分别是相应窄曲边梯形面积的近似值,从而所有窄矩形面积之和就是曲边梯形面积的近似值.

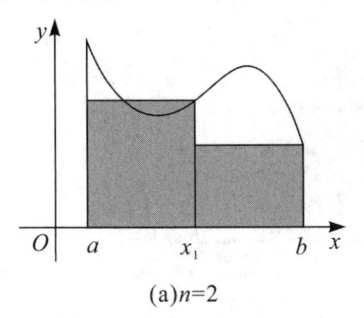

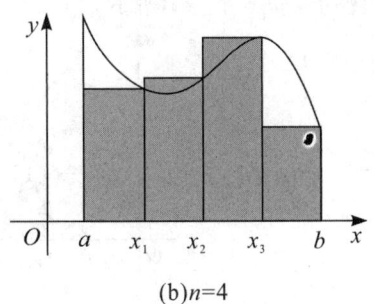

(a) $n=2$ (b) $n=4$

(c) $n=8$ (d) $n=12$

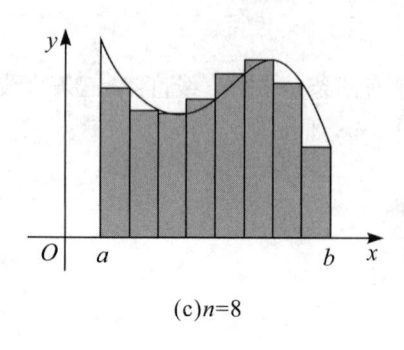

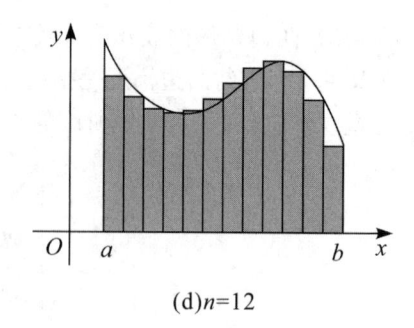

图 4-10

同样,我们可以从图 4-10 直观看到,如果把区间 n 等分得越细,近似程度越高,当无限细分时,使每个小曲边梯形的底的长度趋向于零时,所有小矩形的面积之和的极限值就是整个曲边梯形面积的精确值.

思路:

第一步,分割,将曲边梯形划分成 n 个小曲边梯形,则

$$S_{曲梯} = \sum_{i=1}^{n} S_{小曲梯 i}$$

第二步,近似,近似计算每一个小曲边梯形的面积,用一个小矩形的面积近似代替相应小曲边梯形的面积.

$$S_{小曲梯 i} \approx S_{小矩形 i}$$

第三步,求和,把 n 个小矩形的面积相加,得到曲边梯形面积的近似值.

$$S_{曲梯} \approx \sum_{i=1}^{n} S_{小矩形 i}$$

第四步,取极限,当无限细分曲边梯形时,即使每个小曲边梯形的底边长度趋向于零时,所有小矩形的面积之和的极限值就是整个曲边梯形面积的精确值.

根据以上分析,可按以下步骤计算曲边梯形的面积

(1)分割   在区间 (a,b) 内任取 $n-1$ 个分点:

$$a=x_0<x_1<x_2<\cdots<x_{n-1}<x_n=b$$

把 $[a,b]$ 分成 n 个小区间:$[x_0,x_1],[x_1,x_2],\cdots,[x_{n-1},x_n]$,它们的长度分别计为:$\Delta x_i = x_i - x_{i-1}(i=1,2,\cdots,n)$,再过每一分点作平行于 y 轴的直线,把曲边梯形分成 n 个窄曲边梯形,如图 4-11 所示.

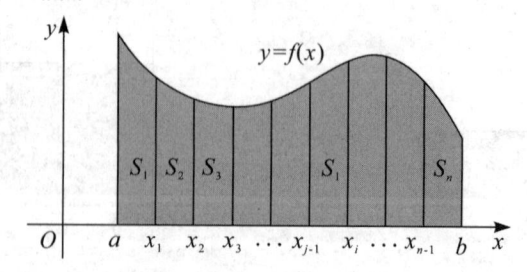

图 4-11

(2)近似   在每个小区间 $[x_{i-1},x_i]$ 上任取一点 x_i^*,用底为 Δx_i、高为 $f(x_i^*)$ 的小矩

形的面积近似代替相应的窄曲边梯形的面积 ΔA_i,如图 4-12 所示.

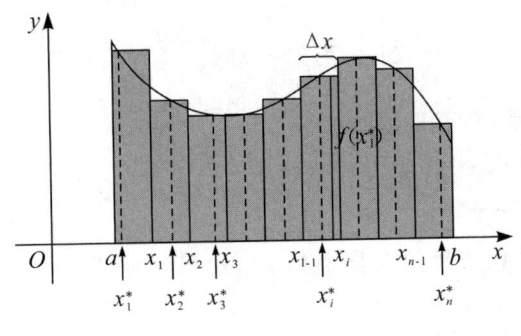

图 4-12

即
$$\Delta A_i \approx f(x_i^*)\Delta x_i$$

(3)求和 把 n 个小矩形的面积加起来,就得到整个曲边梯形面积 A 的近似值,即
$$A = \sum_{i=1}^{n}\Delta A_i \approx \sum_{i=1}^{n}f(x_i^*)\Delta x_i$$

(4)取极限 当每个小曲边梯形的底的长度无限缩小,即当所有小区间长度的最大值 λ 趋向于零时(这时 $n\to\infty$),上述和式的极限就是曲边梯形面积的精确值,即
$$A = \lim_{\lambda\to 0}\sum_{i=1}^{n}f(x_i^*)\Delta x_i$$

上式表明,求曲边梯形的面积最后归结为求一个特定和式的极限.以上步骤也就可以概括为"分割取近似,作和求极限".

问题三:变速直线运动的路程

一物体作变速直线运动,假设速度 $v=v(t)$ 是时间 t 的连续函数,求物体在时间间隔 $[T_1,T_2]$ 内所经过的路程 s.

分析:我们知道,对于匀速直线运动,路程=速度×时间,而对于变速运动求路程的困难在于速度 $v(t)$ 是变化的.但是速度是连续变化的,在很短一段时间内,它的变化很小,当时间间隔越小时,速度的变化越小,近似为匀速.因此用类似于求曲边梯形面积的办法来计算路程.

计算过程:

(1)分割 在时间间隔 $[T_1,T_2]$ 内任取 $n-1$ 个分点:
$$T_1=t_0<t_1<t_2<\cdots<t_{n-1}<t_n=T_2$$

把 $[T_1,T_2]$ 分成 n 个小区间:$[t_0,t_1],[t_1,t_2],\cdots,[t_{n-1},t_n]$.它们的长度分别记为:$\Delta t_i = t_i - t_{i-1}(i=1,2,\cdots,n)$,

(2)近似 任取一时刻 $\tau_i \in [t_{i-1},t_i]$,用 τ_i 时的速度 $v(\tau_i)$ 近似代替 $[t_{i-1},t_i]$ 上各时刻的速度,得物体在时间间隔 $[t_{i-1},t_i]$ 内经过的路程 Δs_i 的近似值,即 $\Delta s_i \approx v(\tau_i)\Delta t_i(i=1,2,\cdots,n)$,

(3)求和 物体在时间间隔 $[T_1,T_2]$ 内经过的路程 s 的近似值为 $s=\sum_{i=1}^{n}\Delta s_i$

$$\approx \sum_{i=1}^{n} v(\tau_i) \Delta t_i,$$

（4）取极限　记 $\lambda = \max\limits_{1 \leqslant i \leqslant n} \{\Delta t_i\}$，当 $\lambda \to 0$ 时上述和式的极限就作为物体在时间间隔 $[T_1, T_2]$ 内经过的路程 s 的精确值，即 $s = \lim\limits_{\lambda \to 0} \sum\limits_{i=1}^{n} v(\tau_i) \Delta t_i$.

上式表明，求变速直线运动的路程最后也归结为求一个特定和式的极限.

问题四：产品的总产量

某产品在时刻 t 的总产量的变化率为 $f(t) = 100 + 12t - 0.6t^2$（单位：小时），求从 $t = 2$ 到 $t = 4$ 这两小时内的总产量 P.

分析：如果 $f(t)$ 是常数，则总产量可按公式 $P = f(t) \times (t_2 - t_1)$ 来计算. 现在问题是，$f(t)$ 不是常数，就是说 $f(t)$ 在区间 $[t_1, t_2]$ 上是变动的，总产量不能直接用公式 $P = f(t) \times (t_2 - t_1)$ 来计算.

然而，由于 $f(t)$ 在 $[t_1, t_2]$ 上是连续变化的，在很小一段区间上变化很小，近似于不变. 换句话说，从整体来看，$f(t)$ 是变化的，但从局部来看，$f(t)$ 近似于不变. 因此把区间 $[t_1, t_2]$ 分成许多小区间，在每个小区间上，若用 $f(\xi_i)$（$\xi_i \in [t_i - t_{i-1}]$）近似代替这个小区间上 $f(t)$，那么，按公式 $f(\xi_i)(t_i - t_{i-1})$ 算出的产量就分别是相应区间上产量的近似值，从而所有产量的近似值之和就是产量的近似值.

显然，把区间 $[t_1, t_2]$ 分割越细，近似程度越高，当无限细分时，使 (t_{i-1}, t_i) 的长度趋向于零时，所有 $f(\xi_i)(t_i - t_{i-1})$ 之和的极限值就是产量的精确值.

计算过程：

（1）划分　将 $[t_1, t_2]$ 划分成 n 个小区间 $[t_{i-1}, t_i]$；

（2）近似　近似计算每一个小区间 $[t_{i-1}, t_i]$ 上的产量 ΔP_i，即 $\Delta P_i = f(\xi_i)(t_i - t_{i-1})$；

（3）求和　把 n 个小区间 $[t_{i-1}, t_i]$ 上的产量相加，得到产量的近似值，即

$$\Delta P \approx \sum_{i=1}^{n} f(\xi_i)(t_i - t_{i-1})$$

（4）取极限　把区间 $[t_1, t_2]$ 分割越细，近似程度越高. 无限细分时，即所有 $[t_{i-1}, t_i]$ 的区间长度的最大值 λ 趋于零，所有 $f(\xi_i)(t_i - t_{i-1})$ 之和的极限值就是产量的精确值，即

$$P = \lim_{\lambda \to 0} \sum_{i=1}^{n} f(\xi_i)(t_i - t_{i-1})$$

上式表明，求产品的总产量最后也归结为求一个特定和式的极限.

一、定积分的定义

上述问题中所要计算的量的实际意义虽然不同，但计算这些量的思想方法与步骤是相同的，它们都归结为求具有相同结构的一种特定和式的极限，如

面积　　$A = \lim\limits_{\lambda \to 0} \sum\limits_{i=1}^{n} f(\xi_i) \Delta x$

路程　　$S = \lim\limits_{\lambda \to 0} \sum\limits_{i=1}^{n} v(\tau_i) \Delta t$

产量　　$P = \lim\limits_{\lambda \to 0} \sum\limits_{i=1}^{n} f(\xi_i)(t_i - t_{i-1})$

许多实际问题都可以归结为计算上述这种和式的极限,数学家们将其抽象为一个数学模型——定积分.

定义 4.2 设函数 $f(x)$ 上在区间 $[a,b]$ 上有界,任取分点 $a=x_0<x_1<x_2<\cdots<x_{n-1}<x_n=b$,将 $[a,b]$ 分成 n 个子区间 $[x_{i-1},x_i]$,其长度分别为 Δx_i,任取一点 $\xi_i\in[x_{i-1},x_i]$,作乘积 $f(\xi_i)\Delta x_i,(i=1,2,\cdots,n)$,并作和式 $S_n=\sum_{i=1}^{n}f(\xi_i)\Delta x_i$,记 $\lambda=\max_{1\leqslant i\leqslant n}\{\Delta x_i\}$,如果不论对 $[a,b]$ 怎样分法,也不论对 ξ_i 怎样取法,当 $\lambda\to 0$ 时,上述和式极限 $\lim_{\lambda\to 0}\sum_{i=1}^{n}f(\xi_i)\Delta x_i$ 存在,且该极限值与对 $[a,b]$ 的分法以及对点 ξ_i 的取法无关,则称函数 $f(x)$ 在区间 $[a,b]$ 上可积,并称该极限值为函数 $f(x)$ 在区间 $[a,b]$ 上的定积分,记作 $\int_a^b f(x)\mathrm{d}x$,即

$$\int_a^b f(x)\mathrm{d}x=\lim_{\lambda\to 0}\sum_{i=1}^{n}f(\xi_i)\Delta x_i$$

其中 $f(x)$ 称为被积函数,$f(x)\mathrm{d}x$ 称为被积表达式,x 称为积分变量,$[a,b]$ 称为积分区间,a 与 b 分别称为积分下限与上限.

关于定积分的定义作以下说明:

(1)定积分是和式的极限值,是一个常数,它由函数 $f(x)$ 与区间 $[a,b]$ 所确定,与积分变量的记号无关,即有

$$\int_a^b f(x)\mathrm{d}x=\int_a^b f(t)\mathrm{d}t=\int_a^b f(u)\mathrm{d}u$$

(2)在定义中假定了 $a<b$,如果 $a>b$,我们规定

$$\int_a^b f(x)\mathrm{d}x=-\int_b^a f(x)\mathrm{d}x$$

特别地,当 $a=b$ 时,规定 $\int_a^b f(x)\mathrm{d}x=0$.

(3)定义中,当 $\lambda\to 0$ 时,必有 $n\to\infty$,但当 $n\to\infty$ 时,未必能保证 $\lambda\to 0$.

根据定积分的定义,前面三个实际问题均应一并表述,可以表述为:

(1)曲边梯形的面积 A 是曲边函数 $f(x)$ 在底区间 $[a,b]$ 上的定积分,

即 $$A=\int_a^b f(x)\mathrm{d}x$$

(2)变速直线运动的路程 s 是速度函数 $v(t)$ 在时间区间 $[T_1,T_2]$ 上的定积分,

即 $$S=\int_{T_1}^{T_2}v(t)\mathrm{d}t$$

(3)产品的总产量 P 是总产量变化率函数 $f(t)$ 在时间 $[2,4]$ 上的定积分,

即 $$P=\int_2^4 f(t)\mathrm{d}t$$

关于函数 $f(x)$ 在 $[a,b]$ 上的可积性,有如下结论.

定理 4.1 如果 $f(x)$ 在 $[a,b]$ 连续或仅有有限个第一类间断点,则 $f(x)$ 在 $[a,b]$ 上可积.

二、定积分的几何意义

由前面的讨论知:

(1) 若在 $[a,b]$ 上 $f(x)$ 连续且 $f(x) \geqslant 0$,则 $\int_a^b f(x) \mathrm{d}x$ 在几何上表示由曲线 $y=f(x)$ 与直线 $x=a, x=b, y=0$ 所围成的曲边梯形的面积,即

$$\int_a^b f(x) \mathrm{d}x = A$$

(2) 若在 $[a,b]$ 上 $f(x) < 0$,这时曲边梯形在 x 轴下方,如图 4-13 所示.

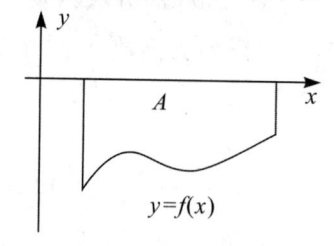

图 4-13

由于 $f(\xi_i) < 0, \Delta x_i > 0$,则

$$\lim_{\lambda \to 0} \sum_{i=1}^{i=n} f(\xi_i) \Delta x_i \leqslant 0$$

此时,$\int_a^b f(x) \mathrm{d}x$ 在几何上表示曲边梯形面积 A 的负值,即

$$\int_a^b f(x) \mathrm{d}x = -A$$

(3) 当 $f(x)$ 在 $[a,b]$ 上有正有负时,$\int_a^b f(x) \mathrm{d}x$ 在几何上表示几个曲边梯形面积的代数和,如图 4-14 所示.

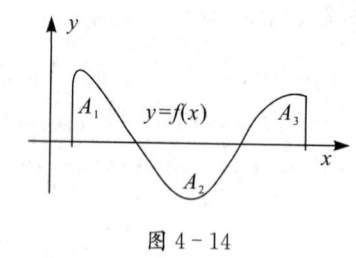

图 4-14

有

$$\int_a^b f(x) \mathrm{d}x = A_1 - A_2 + A_3$$

例 4.1 对下列每个图形,直观上确定 $\int_a^b f(x) \mathrm{d}x$ 是正、负还是零.

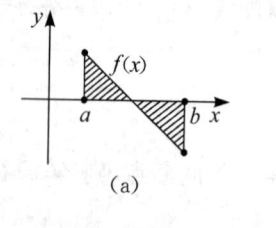

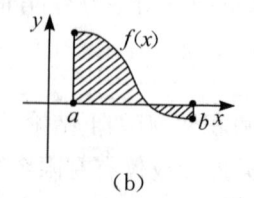

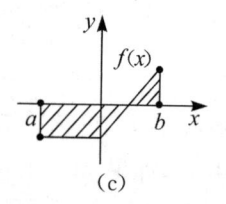

(a)　　(b)　　(c)

图 4-15

解: 图 4-15-a 中, x 轴上方与下方有相同的面积, 因此,

$$\int_a^b f(x)\,\mathrm{d}x = 0$$

图 4-15-b 中, x 轴上方阴影部分面积大于下方阴影部分的面积, 因此,

$$\int_a^b f(x)\,\mathrm{d}x > 0$$

图 4-15-c 中, x 轴下方阴影部分面积大于上方阴影部分的面积, 因此,

$$\int_a^b f(x)\,\mathrm{d}x < 0$$

例 4.2 用定积分表示图 4-16 中各图形阴影部分的面积. 并根据定积分的几何意义求出其值.

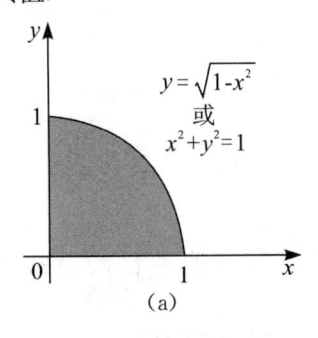

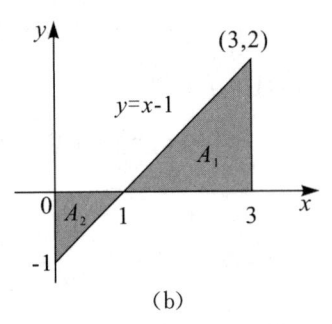

图 4-16

解: (1) 在图 4-16(a) 中, 被积函数 $f(x) = \sqrt{1-x^2}$ 在区间 $[0,1]$ 上连续, 且 $f(x) > 0$, 根据定积分的几何意义, 阴影部分的面积为

$$A = \frac{1}{4} \int_0^1 \sqrt{1-x^2}\,\mathrm{d}x = \frac{\pi}{4}$$

(2) 在图 4-16(b) 中, 被积函数 $f(x) = x-1$ 在区间 $[0,3]$ 上连续, 根据定积分的几何意义, 阴影部分的面积为

$$\int_0^3 |x-1|\,\mathrm{d}x = \frac{(3-1) \times 2}{2} + \frac{1 \times 1}{2} = \frac{5}{2}$$

三、定积分的简单性质

在下面的讨论中, 假定函数 $f(x), g(x)$ 在所讨论的区间上都是可积的.

性质 4.1 两个函数代数和的定积分等于各函数定积分的代数和, 即

$$\int_a^b [f(x) \pm g(x)]\,\mathrm{d}x = \int_a^b f(x)\,\mathrm{d}x \pm \int_a^b g(x)\,\mathrm{d}x$$

性质 1 可以推广到有限多个函数的代数和的情形.

性质 4.2 被积函数中的常数因子可以提到积分号外面, 即

$$\int_a^b kf(x)\,\mathrm{d}x = k \int_a^b f(x)\,\mathrm{d}x.$$

性质 4.3(定积分的可加性) 对于任意的三个数 $a, b, c (a < c < b)$ 总有

$$\int_a^b f(x)\,dx = \int_a^c f(x)\,dx + \int_c^b f(x)\,dx$$

下面根据定积分的几何意义对这一条性质加以说明.

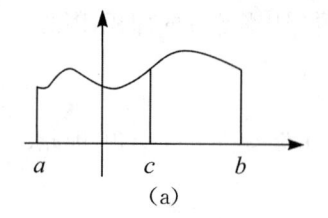

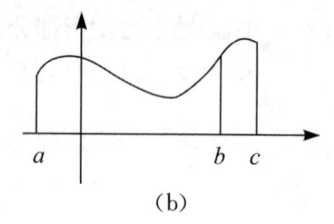

图 4-17

在图 4-17(a)中,有
$$\int_a^b f(x)\,dx = A_1 + A_2 = \int_a^c f(x)\,dx + \int_b^c f(x)\,dx$$

在图 4-17(b)中,因为
$$\int_a^c f(x)\,dx = A_1 + A_2 = \int_a^b f(x)\,dx + \int_b^c f(x)\,dx$$

所以
$$\int_a^b f(x)\,dx = \int_a^c f(x)\,dx - \int_b^c f(x)\,dx = \int_a^c f(x)\,dx + \int_c^b f(x)\,dx$$

性质 4.4(保号性) 如果在区间 $[a,b]$ 上 $f(x) \geq 0$,则 $\int_a^b f(x)\,dx \geq 0$.

推论 1 如果区间 $[a,b]$ 上 $f(x) \geq g(x)$,则 $\int_a^b f(x)\,dx \geq \int_a^b g(x)\,dx$.

性质 4.5(估值性质) 设 M 和 m 分别是在 $f(x)$ 区间 $[a,b]$ 上的最大值和最小值,则
$$m(b-a) \leq \int_a^b f(x)\,dx \leq M(b-a)$$

性质 4.6(积分中值定理) 如果函数 $f(x)$ 在闭区间 $[a,b]$ 上连续,则在区间 $[a,b]$ 上至少存在一点 ξ,使得
$$\int_a^b f(x)\,dx = f(\xi)(b-a),\ (a \leq \xi \leq b).$$

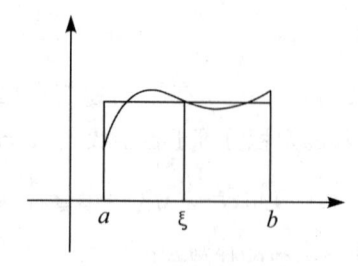

图 4-18

当 $f(x) \geq 0 (a \leq x \leq b)$ 时,积分中值定理的几何解释是:由曲线 $y=f(x)$,直线 $x=a$, $x=b$ 和 $y=0$ 所围成的曲边梯形的面积,即以区间 $[a,b]$ 为底,以该区间上某一点处的函数值 $f(\xi)$ 为高的矩形的面积(图 4-18).

习题一

1. 填空题：

(1) 定积分中 $\int_1^3 \dfrac{1}{x^2}\mathrm{d}x$ 中，积分上限是_____，积分下限_____，积分区间是_____.

(2) 由积分曲线 $y=\sin x$ 与直线 $x=0, x=\pi$ 及 x 轴所围成的曲边梯形的面积，用定积分表示为_____.

(3) $\int_{-1}^{2}\dfrac{x}{3}\mathrm{d}x$ _____.

2. 对下列每个图形，直观上确定 $\int_a^b f(x)\mathrm{d}x$ 是正的、负的还是零.

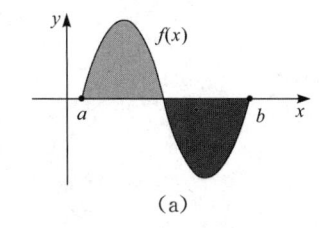

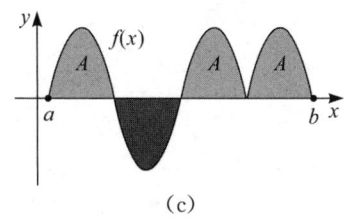

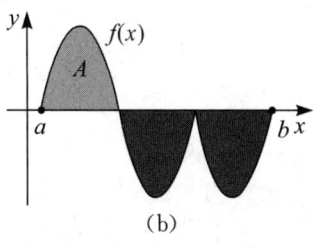

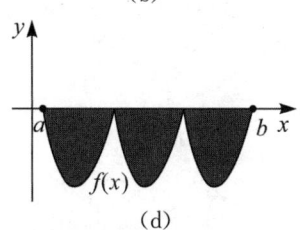

图 4-19

3. 利用定积分表示下列各图形阴影部分的面积：

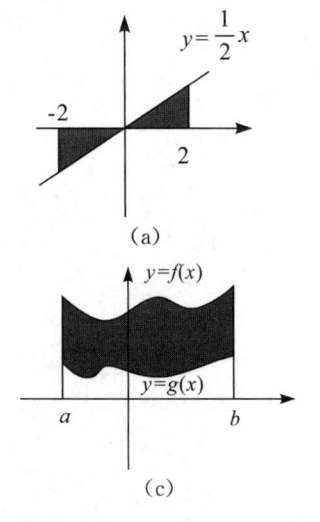

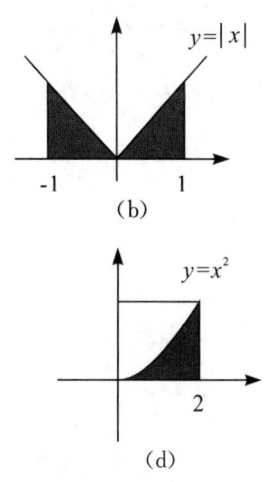

图 4-20

4. 根据定积分的几何意义,求下列各式的值:

(1) $\int_{-2}^{3} 2\,dx$

(2) $\int_{0}^{4} (x-1)\,dx$

(3) $\int_{0}^{a} mx\,dx \,(a>0, m>0)$

(4) $\int_{0}^{a} (mx+b)\,dx \,(a>0, m>0, b>0)$

第二节　微积分的基本公式

一、函数

定义 4.3(原函数)　设函数 $f(x)$ 在某区间 I 内有定义,如果存在函数 $F(x)$,使得在区间 I 内的任一点 x 都有

$$F'(x)=f(x) \text{ 或 } dF(x)=f(x)dx$$

则称函数 $F(x)$ 为函数 $f(x)$ 在区间 I 内的一个原函数.

例如,因 $(\cos x)'=-\sin x$,故 $\cos x$ 是 $-\sin x$ 在 $(-\infty,+\infty)$ 内的一个原函数.

定理 4.2(原函数存在定理)　如果函数 $f(x)$ 在区间 I 上连续,则函数 $f(x)$ 在该区间上的原函数必定存在(证明略).

定积分定义为一种特殊和式的极限,如果按照定义计算定积分,即使被积函数很简单,但也是十分困难的. 因此,有必要寻找计算定积分的简便有效的方法.

二、微积分基本公式

定理 4.3　设函数 $f(x)$ 在 $[a,b]$ 上连续,且 $F(x)$ 是 $f(x)$ 在 $[a,b]$ 上的一个原函数,则

$$\int_a^b f(x)dx = F(b)-F(a) \tag{1}$$

式(1)被称为牛顿-莱布尼茨公式,也叫微积分基本公式. 为书写方便,式(1)中的 $F(b)-F(a)$ 通常记为 $[F(x)]_a^b$ 或 $F(x)|_a^b$. 因此上述公式也可以写成

$$\int_a^b f(x)dx = [F(x)]_a^b \text{ 或 } \int_a^b f(x)dx = F(x)|_a^b$$

由牛顿-莱布尼茨公式可知:

求 $f(x)$ 在区间 $[a,b]$ 上的定积分分为两步:

第一步:求出 $f(x)$ 在区间 $[a,b]$ 上的任一原函数 $F(x)$,

第二步:计算它在两端点处的函数值之差 $F(b)-F(a)$.

引例 1　求由曲线 $y=x^2$,直线 $x=0,x=1$ 及 x 轴所围成的平面图形的面积.

解:第一步,求原函数,因为 $\left(\frac{1}{3}x^3\right)'=x^2$,所以 $\frac{1}{3}x^3$ 是 x^2 的一个原函数,

即 $F(x)=\frac{1}{3}x^3$

第二步

求 $F(b)-F(a)=\frac{1}{3}\times 1^3-\frac{1}{3}\times 0^3=\frac{1}{3}$

简单一点可以写成

$$\int_0^1 x^2 dx = \left[\frac{1}{3}x^3\right]_0^1 = \frac{1}{3}\times(1^3-0^3)=\frac{1}{3}$$

▶ 应用数学基础

例 4.3 计算 $\int_0^\pi \sin x \, dx$.

解: $\int_0^\pi \sin x \, dx = -\cos x \Big|_0^\pi = -\cos \pi - (-\cos 0) = 2.$

例 4.4 比较函数 $y = x^2$ 和 $y = -x^2$ 在区间 $[0, 2]$ 上的定积分.

解:

$$\int_0^2 x^2 \, dx = \frac{x^3}{3} \Big|_0^2 = \frac{2^3}{3} - \frac{0^3}{3} = \frac{8}{3}, \quad \int_0^2 (-x^2) \, dx = -\frac{x^3}{3} \Big|_0^2 = -\left(\frac{2^3}{3} - \frac{0^3}{3}\right) = -\frac{8}{3}.$$

下面我们画出两个函数的图象.(见图 4-21)

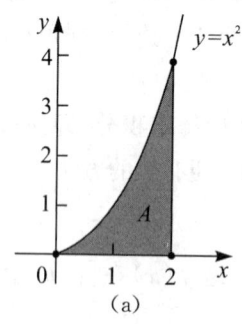

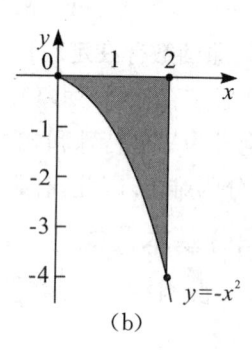

图 4-21

从图 4-21 来看,函数 $y = x^2$ 和 $y = -x^2$ 的图形关于 x 轴互为镜像,因此阴影区域的面积相同,都是 $\frac{8}{3}$. 第二种情形的计算过程给出的是 $-\frac{8}{3}$,这说明对于负值函数,定积分给出的是曲线与 x 轴之间面积的相反数,这与我们前面给出定积分的几何意义是一样的.

在下面的例子中,用定积分来求精确的面积. 然后,为了理解定积分的定义中和的极限,我们用和来逼近定积分的值,取充分大的 n,可得到满意的结果.

例 4.5 在区间 $[0, 600]$ 上的函数 $f(x) = 600x - x^2$.

(1)使用定积分求精确的面积.

(2)把区间平均分为 6 个子区间,求区域面积的近似值.

(3)把区间平均分为 12 个子区间,求区域面积的近似值.

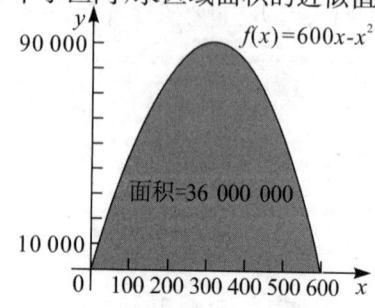

图 4-22

解:(1)用定积分求精确的面积如下:

$$\int_0^{600}(600x-x^2)\,dx = \left(300x^2-\frac{x^3}{3}\right)\Big|_0^{600}$$

$$= \left(300\times 600^2-\frac{600^3}{3}\right)-\left(300\times 0^2-\frac{0^3}{3}\right)$$

$$= 36\,000\,000$$

(3)把区间平均分为6个子区间(见图4-23)

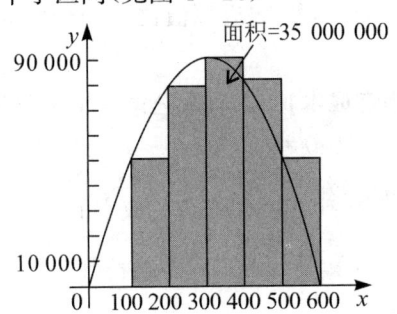

图 4-23

每个子区间的区间长度为:$\Delta x=\frac{600-0}{6}=100$,取 $x_0=0$,$x_6=600$.于是得到:

$$\sum_{i=0}^{5}f(x_i)\Delta x = f(0)\times 100+f(100)\times 100+f(200)\times 100$$

$$+f(300)\times 100+f(400)\times 100+f(500)\times 100$$

$$= 0\times 100+50000\times 100+80000\times 100+90000\times 100$$

$$+80000\times 100+50000\times 100$$

$$= 35000000$$

(4)把区间,每个子区间的区间长度为(如图4-24)

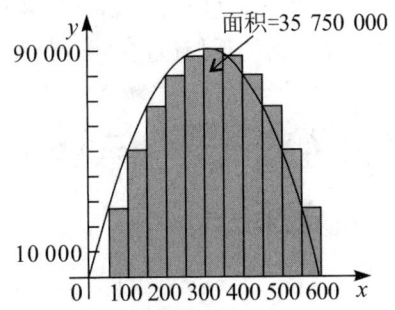

图 4-24

每个子区间的区间长度为:$\Delta x=\frac{600-0}{12}=50$,取 $x_0=0$,$x_{12}=600$,于是得到:

$$\sum_{i=0}^{11}f(x_i)\Delta x = f(0)\times 50+f(50)\times 50+f(100)\times 50$$

$$+f(150)\times 50+f(200)\times 50+f(250)\times 50$$

$$+ f(300) \times 50 + f(350) \times 50 + f(400) \times 50$$
$$+ f(450) \times 50 + f(500) \times 50 + f(550) \times 50$$
$$= 0 \times 50 + 27500 \times 50 + 50000 \times 50 + 67500 \times 50 + 80000 \times 50$$
$$+ 87500 \times 50 + 90000 \times 50 + 87500 \times 50 + 80000 \times 50$$
$$+ 67500 \times 50 + 50000 \times 50 + 27500 \times 50$$
$$= 35750000$$

显然，平均分为 12 个子区间得到的近似值比平均分为 6 个子区间得到的近似值更接近精确值．

例 4.6（由边际成本确定成本） 某有限公司测定某类服装 x 套服装的边际成本为
$$C'(x) = 0.0003x^2 - 0.2x + 50$$

(1) 用 $\sum_{i=1}^{4} C'(x_i) \Delta x$ 计算生产 400 套服装总成本的近似值．

(2) 用定积分计算生产 400 套服装的总成本的精确值．

解：

(1) 将区间 $[0, 400]$ 分成 4 个子区间，每个子区间的区间长度 $\Delta x = \dfrac{400-0}{4} = 100$，取 $x_1 = 100, x_4 = 400$. 于是得到：

$$\sum_{i=1}^{4} C'(x_i) \Delta x = C'(100) \times 100 + C'(200) \times 100 + C'(300) \times 100 + C'(400) \times 100$$
$$= 33 \times 100 + 22 \times 100 + 17 \times 100 + 18 \times 100$$
$$= 9000$$

(2) 精确的总成本是
$$\int_0^{400} C'(x) \, dx = \int_0^{400} (0.0003x^2 - 0.2x + 50) \, dx$$
$$= (0.0001x^3 - 0.1x^2 + 50x) \Big|_0^{400} = 10400$$

思考：为什么这样分区间计算得到的近似值比精确值小？如果取 $x_0 = 0, x_3 = 300$ 呢？

习 题 二

1．计算下列定积分并用面积来解释结果：

(1) $\int_0^1 (x^2 + 2x - 1) \, dx$ (2) $\int_0^{\pi} \cos x \, dx$

(3) $\int_{-1}^{2} (x^2 - 1) \, dx$ (4) $\int_0^2 (x^2 - x) \, dx$

2．求下列定积分：

(1) $\int_1^2 (4x+3)(5x-2) \, dx$ (2) $\int_4^{16} (x-1)\sqrt{x} \, dx$

(3) $\int_0^{\frac{1}{2}} \dfrac{1}{\sqrt{1-x^2}} \, dx$ (4) $\int_4^9 \sqrt{x}(\sqrt{x}+1) \, dx$

(5) $\int_1^8 \dfrac{x^5-x^{-1}}{x^2}\mathrm{d}x$　　　　(6) $\int_1^2 \dfrac{x^3+1}{x+1}\mathrm{d}x$

(7) $\int_1^2 \dfrac{x^3-1}{x+1}\mathrm{d}x$　　　　(8) $\int_{-1}^2 \dfrac{x^2+3}{x^2+1}\mathrm{d}x$

3. 计算 $\int_0^2 |1-x|\mathrm{d}x$.

4. 在区间 $[0,5]$ 上的函数 $f(x)=x^2+1$,

(1) 把区间平均分成 5 个子区间,求如图 4-23 所示的所有小矩形的面积和.

(2) 计算 $\int_0^5 (x^2+1)\mathrm{d}x$,并与(1)的结果比较.

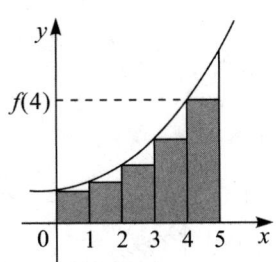

图 4-25

5. 学生在一次测验中的分数由函数 $S(t)=t^2, t\in[0,10]$ 给出,其中 $S(t)$ 是经过 t 小时学习后的分数.

(1) 求学生可以达到的最高分数以及为此所花费的时间.

(2) 求在 10 个小时的区间上的平均分数.

第三节　无限区间上广义积分

前面我们所讨论的定积分,其积分区间都是有限区间,且被积函数都是有界函数,这样的积分也常称为常义积分.但在实际问题中,常常会遇到积分区间是无限区间或者被积函数是无界函数的情形,这两类积分都叫做广义积分.

先看下面的例子：

求曲线 $y=\dfrac{1}{x^2}$ 与直线 $y=0,x=1$ 所围的向右无限伸展的"开口曲边梯形"的面积（图 4-26）.

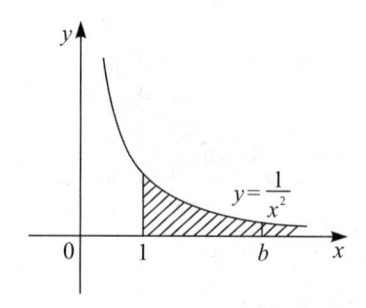

图 4-26

由于图形是"开口"的,所以不能直接用定积分计算其面积.如果任取 $b>1$,则在区间 $[a,b]$ 上的曲边梯形的面积为

$$\int_1^b \frac{1}{x^2}\,\mathrm{d}x = \left[-\frac{1}{x}\right]_1^b = 1-\frac{1}{b}$$

显然,b 越大,这个曲边梯形的面积就越接近于所求的"开口曲边梯形"的面积.因此,当 $b\to+\infty$ 时,曲边梯形面积的极限

$$\lim_{b\to\infty}\int_1^b \frac{1}{x^2}\,\mathrm{d}x = \lim_{b\to\infty}\left(1-\frac{1}{b}\right) = 1$$

就表示了所求的"开口曲边梯形"的面积.

一、广义积分的概念

一般地,对于积分区间是无限区间的积分,可定义如下：

定义 4.4　设函数 $f(x)$ 在区间 $[a,+\infty)$ 上连续,任取 $b>a$,如果极限 $\lim\limits_{b\to+\infty}\int_a^b f(x)\,\mathrm{d}x$ 存在,则称此极限为函数 $f(x)$ 在区间 $[a,+\infty)$ 的广义积分,记作 $\int_a^{+\infty} f(x)\,\mathrm{d}x$,即

$$\int_a^{+\infty} f(x)\,\mathrm{d}x = \lim_{b\to+\infty}\int_a^b f(x)\,\mathrm{d}x$$

也称广义积分 $\int_a^{+\infty} f(x)\,\mathrm{d}x$ 收敛；如果上述极限不存在,则称广义积分 $\int_a^{+\infty} f(x)\,\mathrm{d}x$ 发散,这时 $\int_a^{+\infty} f(x)\,\mathrm{d}x$ 不再表示数值.

类似地,可定义无限区间$(-\infty, b]$与$(-\infty, +\infty)$上的广义积分:

$$\int_{-\infty}^{b} f(x)\,dx = \lim_{a \to -\infty} \int_{a}^{b} f(x)\,dx$$

$$\int_{-\infty}^{+\infty} f(x)\,dx = \int_{-\infty}^{c} f(x)\,dx + \int_{c}^{+\infty} f(x)\,dx$$

$$= \lim_{a \to -\infty} \int_{a}^{c} f(x)\,dx + \lim_{b \to +\infty} \int_{c}^{b} f(x)\,dx \quad (c \text{ 为任意常数})$$

注意:在上式中,只有当$\int_{-\infty}^{c} f(x)\,dx$和$\int_{c}^{+\infty} f(x)\,dx$都收敛时,才称$\int_{-\infty}^{+\infty} f(x)\,dx$收敛,否则就称$\int_{-\infty}^{+\infty} f(x)\,dx$发散.

例 4.7 计算$\int_{0}^{+\infty} e^{-x}\,dx$.

解:
$$\int_{0}^{+\infty} e^{-x}\,dx = \lim_{b \to +\infty} \int_{0}^{b} e^{-x}\,dx \quad (b > 0)$$

$$= \lim_{b \to +\infty} \left[-e^{-x}\right]_{0}^{b} = \lim_{b \to +\infty} \left(1 - \frac{1}{e^{b}}\right) = 1$$

为了书写简便,实际运算过程中常常省去极限记号,而形式地把∞当成一个"数",直接利用牛顿—莱布尼茨公式的计算格式.如例4.7可写为

$$\int_{0}^{+\infty} e^{-x}\,dx = \left[-e^{-x}\right]_{0}^{+\infty} = 0 + 1 = 1$$

一般地

$$\int_{a}^{+\infty} f(x)\,dx = \left[F(x)\right]_{a}^{+\infty} = F(+\infty) - F(a)$$

$$\int_{-\infty}^{b} f(x)\,dx = \left[F(x)\right]_{-\infty}^{b} = F(b) - F(-\infty)$$

$$\int_{-\infty}^{+\infty} f(x)\,dx = \left[F(x)\right]_{-\infty}^{+\infty} = F(+\infty) - F(-\infty)$$

其中$F(x)$为$f(x)$的一个原函数,记号$F(\pm\infty)$应理解为极限运算

$$F(\pm\infty) = \lim_{x \to \pm\infty} F(x)$$

例 4.8 计算广义积分$\int_{0}^{+\infty} \frac{1}{1+x^{2}}\,dx$.

解:
$$\int_{0}^{+\infty} \frac{1}{1+x^{2}}\,dx = \left[\arctan x\right]_{0}^{+\infty}$$

$$= \lim_{x \to +\infty} \arctan x - \arctan 0 = \frac{\pi}{2}$$

二、广义积分的收敛性判断

例 4.9 判别广义积分$\int_{-\infty}^{+\infty} e^{x}\,dx$的收敛性.

解:因为 $\int_{-\infty}^{+\infty} e^{x}\,dx = \left[e^{x}\right]_{-\infty}^{+\infty} = +\infty$,

所以广义积分 $\int_{-\infty}^{+\infty} e^x \, dx$ 发散.

例 4.10 判断广义积分 $\int_{-\infty}^{+\infty} \dfrac{1}{1+x^2} \, dx$ 的收敛性.

解：
$$\int_{-\infty}^{+\infty} \dfrac{1}{1+x^2} \, dx = [\arctan x]_{-\infty}^{+\infty}$$
$$= \dfrac{\pi}{2} - \left(-\dfrac{\pi}{2}\right) = \pi$$

所以 $\int_{-\infty}^{+\infty} \dfrac{1}{1+x^2} \, dx$ 是收敛的.

习　题　三

1. 计算下列广义积分：

(1) $\int_{1}^{+\infty} \dfrac{1}{x^4} \, dx$ 　　　　　　(2) $\int_{1}^{+\infty} x e^{-x^2} \, dx$

2. 求在区间 $[2, +\infty)$ 上曲线 $f(x) = \dfrac{1}{x^2}$ 与 x 轴围成的区域面积.

第四节　不定积分

一、函数族

在本章第二节定义 4.3 中我们定义了函数 $f(x)$ 在区间 I 内的一个原函数.

例如,因 $(\cos x)' = -\sin x$,故 $\cos x$ 是 $-\sin x$ 在 $(-\infty, +\infty)$ 内的一个原函数.

又如,当 $x > 0$ 时,$(\ln x)' = \dfrac{1}{x}$,故 $\ln x$ 是 $\dfrac{1}{x}$ 在区间 $(0, +\infty)$ 内的一个原函数. 显然,$\ln x + \sqrt{5}$,$\ln x + 2$ 等也都是 $\dfrac{1}{x}$ 在 $(0, +\infty)$ 内的原函数.

从这些例子可知:一个已知函数,如果有一个原函数,那么相差一个常数的无限多个函数都是已知函数的原函数. 现在要问,任何函数的原函数是否都是这样? 下面的定理解决了这个问题.

定理 4.4(原函数族定理)　如果函数 $f(x)$ 有原函数,那么它就有无限多个原函数,并且其中任意两个原函数的差是常数.

证　定理要求证明下列两点:

(1) $f(x)$ 的原函数有无限多个

设函数 $f(x)$ 的一个原函数为 $F(x)$,即 $F'(x) = f(x)$,并设 C 为任意常数. 由于
$$[F(x) + C]' = F'(x) = f(x)$$

所以 $F(x) + C$ 也是 $f(x)$ 的原函数. 又因为 C 为任意常数,即 C 可以取无限多个值,所以 $f(x)$ 有无限多个原函数.

(2) $f(x)$ 的任意两个原函数的差是常数

设 $F(x)$ 和 $G(x)$ 都是 $f(x)$ 的原函数,根据原函数的定义,有
$$F'(x) = f(x), G'(x) = f(x)$$

令
$$h(x) = F(x) - G(x)$$

于是有
$$h'(x) = F'(x) - G'(x) = f(x) - f(x) = 0$$

根据导数恒为零的函数必为常数的定理可知
$$h(x) = C \quad (C \text{为常数})$$

即
$$F(x) - G(x) = C$$

从这个定理可以推得下面的结论:

如果 $F(x)$ 是 $f(x)$ 的一个原函数,那么 $F(x) + C$ 就是 $f(x)$ 的全部原函数(称为原函数族),这里 C 为任意常数.

上面的结论指出,假定已知函数有一个原函数,它就有无限多个原函数. 现在要问,

任何一个函数是不是一定有一个原函数？下面的定理解决了这个问题.

二、不定积分的概念

根据原函数族定理,我们引入不定积分的概念.

定义 4.5（不定积分） 函数 $f(x)$ 在区间 I 内的全体原函数 $F(x)+C$（C 为任意常数）叫做函数 $f(x)$ 在区间 I 内的不定积分,记为 $\int f(x)\,\mathrm{d}x$,即

$$\int f(x)\,\mathrm{d}x = F(x)+C$$

其中 $\int$ 为积分号,$f(x)$ 为被积函数,$f(x)\,\mathrm{d}x$ 为被积表达式,x 为积分变量,求已知函数的不定积分的过程叫做对这个函数进行积分.

求函数 $f(x)$ 的不定积分,就是要求出所有的原函数. 所以求一个函数的不定积分时,只要求出一个原函数,再加上任意常数 C 就可以了.

例 4.11 求 $\int x^2\,\mathrm{d}x$.

解：因为 $\left(\dfrac{1}{3}x^3\right)' = x^2$,所以 $\dfrac{1}{3}x^3$ 是 x^2 的一个原函数,因此 $\int x^2\,\mathrm{d}x = \dfrac{1}{3}x^3 + C$.

例 4.12 求 $\int 4\mathrm{e}^{4x}\,\mathrm{d}x$.

解：因为 $(\mathrm{e}^{4x})' = \mathrm{e}^{4x}(4x)' = 4\cdot\mathrm{e}^{4x}$,所以 e^{4x} 是 $4\mathrm{e}^{4x}$ 的一个原函数,所以

$$\int 4\mathrm{e}^{4x}\,\mathrm{d}x = \mathrm{e}^{4x} + C$$

为了简便见,今后在不至于发生混淆的情况下,不定积分也简称为积分. 求不定积分的运算和方法,分别称为**积分运算**和**积分法**.

从不定积分的定义可知,求不定积分和求导数或求微分互为逆运算,显然有以下性质：

(1) $\left[\int f(x)\,\mathrm{d}x\right]' = f(x)$ 或 $\mathrm{d}\int f(x)\,\mathrm{d}x = f(x)\,\mathrm{d}x$；

(2) $\int F'(x)\,\mathrm{d}x = F(x) + C$ 或 $\int \mathrm{d}F(x) = F(x) + C$.

这就是说,若先积分后微分,则积分符号与微分符号相互抵消；反过来先微分后积分,积分分号与微分号相互抵消后加上任意常数 C.

三、不定积分的性质

性质 4.7 两个函数和（差）的不定积分等于各函数不定积分之和（差）,即

$$\int [f(x) \pm g(x)]\,\mathrm{d}x = \int f(x)\,\mathrm{d}x \pm \int g(x)\,\mathrm{d}x$$

该性质可推广到有限多个函数代数和的情况,即

$$\int [f_1(x) \pm f_2(2) \pm \cdots \pm f_n(x)]\,\mathrm{d}x = \int f_1(x)\,\mathrm{d}x \pm \int f_2(2)\,\mathrm{d}x \pm \cdots \pm \int f_n(x)\,\mathrm{d}x$$

性质 4.8 被积函数中的常数因子可以提到积分号外面去,即

$$\int kf(x)\,\mathrm{d}x = k\int f(x)\,\mathrm{d}x \quad (k \text{ 是常数}, k \neq 0)$$

四、不定积分的几何意义

函数 $f(x)=x^2$ 的一个原函数为 $F(x)=\dfrac{1}{3}x^3$,它的图象是一条曲线,$f(x)$ 的不定积分 $\int x^2\,\mathrm{d}x = \dfrac{1}{3}x^3 + C$ 的图象是由曲线 $y=\dfrac{1}{3}x^3$ 沿 y 轴上下平行移动而得到的一组曲线. 这个曲线族中每一条曲线在横坐标为 x 的点处的切线斜率都是 x^2,因此,这些曲线在横坐标相同的点处的切线都是相互平行,如图 4-27 所示.

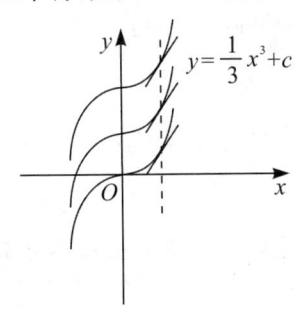

图 4-27

一般地,函数 $f(x)$ 的原函数 $F(x)$ 的图象,称为函数 $f(x)$ 的积分曲线. 不定积分 $\int f(x)\,\mathrm{d}x$ 的图象是一族积分曲线,这族曲线可以由一条积分曲线 $y=F(x)$ 经上下平行移动得到. 每条积分曲线横坐标相同的点处的切线的斜率相等,都等于 $f(x)$,如图 4-28 所示.

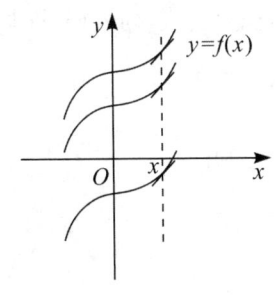

图 4-28

引例 2(运动方程) 已知一物体作直线运动,其加速度为 $a=12t^2-3\sin t$,且当时间 $t=0$ 时,速度 $v=5$,路程 $s=3$.

(1) 求速度 v 与时间 t 的函数关系;

(2) 求路程 s 与时间 t 的函数关系.

解：(1)由速度与加速度的关系 $v'(t)=a(t)$ 可知速度 $v(t)$ 满足
$$v'(t)=a(t)=12t^2-3\sin t,\text{且 }v(0)=5$$
求不定积分,得
$$v(t)=\int(12t^2-3\sin t)\,\mathrm{d}t=4t^3+3\cos t+C$$
将 $v(0)=5$ 代入上式,得 $C=2$. 所以 $v(t)=4t^3+3\cos t+2$.

(2)由路程与速度的关系 $s'(t)=v(t)$,知路程 $s(t)$ 满足
$$s'(t)=v(t)=4t^3+3\cos t+2,\text{且 }s(0)=3$$
求不定积分,得
$$s(t)=\int(4t^3+3\cos t-3)\,\mathrm{d}t=t^4+3\sin t+2t+C$$
将 $s(0)=3$ 代入上式,得 $C=3$. 所以
$$s(t)=t^4+3\sin t+2t+3$$

五、基本积分表

由于积分运算是微分运算的逆运算,所以由基本导数公式可以直接得到基本积分公式.

例如,由导数公式
$$\left(\frac{x^{a+1}}{a+1}\right)'=x^a \quad (a\neq -1)$$

得到积分公式
$$\int x^a\,\mathrm{d}x=\frac{x^{a+1}}{a+1}+C \quad (a\neq -1)$$

类似地,可以推导出其他基本积分公式,列表如下(基本积分公式表):

(1) $\int k\,\mathrm{d}x=kx+C$ (k 为常数).

(2) $\int x^a\,\mathrm{d}x=\dfrac{x^{a+1}}{a+1}+C(a\neq -1)$.

(3) $\int \dfrac{1}{x}\,\mathrm{d}x=\ln|x|+C$.

(4) $\int \dfrac{1}{1+x^2}\,\mathrm{d}x=\arctan x+C=-\operatorname{arccot} x+C$.

(5) $\int \dfrac{1}{\sqrt{1-x^2}}\,\mathrm{d}x=\arcsin x+C=-\arccos x+C$.

(6) $\int a^x\,\mathrm{d}x=\dfrac{1}{\ln a}a^x+C$,当 $a=\mathrm{e}$ 时,$\int \mathrm{e}^x\,\mathrm{d}x=\mathrm{e}^x+C$.

(7) $\int \cos x\,\mathrm{d}x=\sin x+C$.

(8) $\int \sin x \, dx = -\cos x + C.$

(9) $\int \sec^2 x \, dx = \tan x + C.$

(10) $\int \csc^2 x \, dx = -\cot x + C.$

(11) $\int \sec x \tan x \, dx = \sec x + C.$

(12) $\int \csc x \cot x \, dx = -\csc x + C.$

以上各基本积分公式是求不定积分的基础,要求熟记.

下面利用不定积分的性质和基本积分表,求一些较简单的不定积分.

例 4.13 求 $\int (x^2 + x + 2) \, dx$.

解: $\int (x^2 + x + 2) \, dx = \int x^2 \, dx + \int x \, dx + \int 2 \, dx = \dfrac{1}{3} x^3 + \dfrac{1}{2} x^2 + 2x + C.$

为了检验此结果,我们对得出的结果进行求导.

$$\left(\dfrac{1}{3} x^3 + \dfrac{1}{2} x^2 + 2x + C \right)' = 3 \cdot \dfrac{1}{3} x^2 + 2 \cdot \dfrac{1}{2} x + 2 + 0 = x^2 + x + 2.$$

注意:

1. 在分项积分后,每个不定积分的结果都含有任意常数,但由于任意常数之和仍是任意常数,因此只要写出一个任意常数就行了.

2. 检验积分结果是否正确,只要把结果求导,看它的导数是否等于被积函数,相等时结果是正确的,否则结果是错误的.

例 4.14 求 $\int \sin^2 \dfrac{x}{2} \, dx$.

解: $\int \sin^2 \dfrac{x}{2} \, dx = \int \dfrac{1 - \cos x}{2} \, dx$

$\qquad = \dfrac{1}{2} \int dx - \dfrac{1}{2} \int \cos x \, dx$

$\qquad = \dfrac{1}{2} x - \dfrac{1}{2} \sin x + C$

上述例题说明,若被积函数不是基本积分表中所列类型,则需把被积函数变形为基本积分表中所列类型,然后利用基本积分公式和不定积分性质,求出其不定积分.这种求不定积分的方法叫直接积分法.

用直接积分法所能计算的不定积分是非常有限的,因此,有必要进一步研究不定积分的求法.

例 4.15 某公司测定出生产 x 件某种产品的边际成本 $C'(x) = 4x^3 + 2x$,求总成本函数 $C(x)$.假设固定成本(生产 0 件产品的成本)为 50,即边界条件或初始条件是 $x = 0$ 时,$C(0) = 50$.

解:

(1) 用积分求 $C(x)$，为了避免与成本函数 C 相混淆，使用 K 作为积分常数；

$$C(x) = \int C'(x)\,dx = \int (4x^3 + 2x)\,dx = x^4 + x^2 + K$$

(2) 固定成本是 50 元，即 $C(0) = 50$，用此确定常数 K 的值；

$$C(0) = 0^4 + 0^2 + K = 50$$

所以 $\qquad\qquad\qquad K = 50$

所以 $\qquad\qquad\qquad C(x) = x^4 + x^2 + 50$

六、第一类换元积分法（凑微分法）

第一类换元积分法是与微分学中的复合函数的求导法则（或微分形式不变性）相对应的积分方法．为了说明这种方法我们先看下面的例子：

例 4.16 求 $\int 3\cos 3x\,dx$.

在基本积分公式里，虽然有

$$\int \cos x\,dx = \sin x + C$$

但我们这里不能直接应用．这是因为被积函数 $\cos 3x$ 是 x 的复合函数．基本积分表中没有这样的积分公式，为了套用这个公式，先作如下变形，然后进行计算．

令 $\qquad u = 3x$

则 $\qquad \dfrac{du}{dx} = 3$

因此 $\quad du = 3\,dx$

如果以 u 代替 $3x$，以 du 代替 $3\,dx$，则积分可变为如下形式：

$$\int \cos u\,du$$

由于 $\int \cos u\,du = \sin u + C$

因而得到 $\int 3\cos 3x\,dx = \sin 3x + C$

可以简写为：

$$\int 3\cos 3x\,dx = \int \cos 3x \cdot 3\,dx$$
$$= \int \cos(3x)\,d(3x) \xrightarrow{\text{令 } 3x = u} \int \cos u\,du$$
$$= \sin u + C \xrightarrow{u = 3x} \sin 3x + C$$

验证：$(\sin 3x + C)' = 3\cos 3x$.

所以，$\sin 3x + C$ 是 $3\cos 3x$ 的原函数．这说明上述方法是正确的．

上面例子的解法的特点是引入新的变量 $u = 3x$，从而把原积分化为积分变量为 u 的积分,再利用基本积分公式求解,它就是利用 $\int \cos x \, dx = \sin x + C$ 得 $\int \cos u \, du = \sin u + C$. 对一般的情形,有如下定理:

定理 4.6 若 $\int f(u) \, du = F(u) + C$,且 $u = \varphi(x)$ 可微,则有换元公式

$$\int f[\varphi(x)] \cdot \varphi'(x) \, dx = \int f(u) \, du = F(u) + C = f[\varphi(x)] + C \tag{2}$$

上述定理表明,虽然 $\int f[\varphi(x)] \varphi'(x) \, dx$ 是一个整体,但被积表达式中的 $\varphi'(x) \, dx$ 可以当作变量 u 的微分来对待. 从而微分等式 $\varphi'(x) \, dx = d[\varphi(x)] = du$ 可以方便地应用到被积表达式中来. 因此,应用式(2)求不定积分时,可按下述步骤进行计算:

$$\int g(x) \, dx = \int f[\varphi(x)] \varphi'(x) \, dx = \int f[\varphi(x)] \, d\varphi(x)$$

$$\xrightarrow{\varphi(x) = u} \int f(u) \, du = F(u) + C$$

$$\xrightarrow{u = \varphi(x)} F[\varphi(x)] + C$$

通常把这种求不定积分的方法叫第一类换元积分法.

上述步骤中,关键是怎样选择适当的变量代换,令 $u = \varphi(x)$,从而将 $g(x) \, dx$ 凑成 $f[\varphi(x)] \, d[\varphi(x)]$. 因此,第一类换元法又叫凑微分法.

例 4.17 求 $\int (3x+1)^8 \, dx$.

解:
$$\int (3x+1)^8 \, dx = \frac{1}{3} \int (3x+1)^8 \cdot 3 \, dx$$
$$= \frac{1}{3} \int (3x+1)^8 \, d(3x+1)$$
$$\xrightarrow{u=3x+1} \frac{1}{3} \int u^8 \, du = \frac{1}{27} u^9 + C$$
$$\xrightarrow{u=3x+1} \frac{1}{27} (3x+1)^9 + C$$

例 4.18 求 $\int 2x e^{x^2} \, dx$.

解:
$$\int 2x e^{x^2} \, dx = \int e^{x^2} \, d(x^2)$$
$$\xrightarrow{u=x^2} \int e^u \, du = e^u + C$$
$$\xrightarrow{u=x^2} e^{x^2} + C$$

例 4.19 求 $\int \frac{2x}{(1+x^2)^2} \, dx$.

解:
$$\int \frac{2x}{(1+x^2)^2} \, dx \xrightarrow{\text{凑微分}} \int \frac{1}{(1+x^2)^2} \, d(1+x^2)$$

$$\xrightarrow{\text{换元}} \int \frac{1}{u^2} du = \int u^{-2} du$$

$$= -\frac{1}{u} + C = -\frac{1}{1+x^2} + C$$

例 4.20 求 $\int \frac{\arcsin x}{\sqrt{1-x^2}} dx$.

解：
$$\int \frac{\arcsin x}{\sqrt{1-x^2}} dx \xrightarrow{\text{凑微分}} \int \arcsin x \, d\arcsin x$$

$$\xrightarrow{\text{换元}} \int u \, du = \frac{1}{2} u^2 + C$$

$$= \frac{1}{2} (\arcsin x)^2 + C$$

当运算比较熟练后,可以不必把 $u = \varphi(x)$ 写出来,只须默记在心里.

例 4.21 求 $\int x e^{-x^2} dx$

解：
$$\int x e^{-x^2} dx = -\frac{1}{2} \int e^{-x^2} d(-x^2) = -\frac{1}{2} e^{-x^2} + C$$

七、第二类换元法

定理 4.7 设 $x = \varphi(t)$ 是单调的可导函数,并且 $\varphi'(t) \neq 0$, $f[\varphi(t)]\varphi'(t)$ 具有原函数,则有换元公式

$$\int f(x) dx = \int f[\varphi(t)] \varphi'(t) dt = F(t) + C = F[\varphi^{-1}(x)] + C \quad (3)$$

其中,$t = \varphi^{-1}(x)$ 是 $x = \varphi(t)$ 的反函数.

上述定理表明,如果积分 $\int f[\varphi(t)]\varphi'(t) dt$ 容易用直接积分法求得,那么就按下述方法计算不定积分：

$$\int f(x) dx \xrightarrow{x = \varphi(t)} \int f[\varphi(t)] \varphi'(t) dt = F(t) + C \xrightarrow{t = \varphi^{-1}(x)} F[\varphi^{-1}(x)] + C$$

通常把这样的积分方法叫做第二类换元积分法.

下面举例说明换元公式(3)的应用.

例 4.22 求 $\int \frac{dx}{1+\sqrt{x}}$.

解：其中积分公式表中没有公式可供本题直接套用,凑微分也不容易.求这个积分困难在于被积式中含有根式 $\sqrt{x}$,为了去掉根号,作变换如下：

令 $\sqrt{x} = t$,即 $x = t^2 (t > 0)$,则 $dx = 2t dt$,

所以 $\int \dfrac{\mathrm{d}x}{1+\sqrt{x}} = \int \dfrac{2t}{1+t}\mathrm{d}t = 2\int \dfrac{1+t-1}{1+t}\mathrm{d}t = 2\left[\int \mathrm{d}t - \int \dfrac{1}{1+t}\mathrm{d}t\right]$

$\qquad\qquad\qquad = 2(t-\ln|1+t|)+C = 2(\sqrt{x}-\ln|1+\sqrt{x}|)+C$

例 4.23 求 $\int \dfrac{x}{\sqrt{1+x}}\mathrm{d}x$.

解：

$$\int \dfrac{x}{\sqrt{1+x}}\mathrm{d}x \xlongequal[x=t^2-1]{t=\sqrt{1+x}} \int \dfrac{t^2-1}{t}\mathrm{d}(t^2-1)$$

$$= \int 2(t^2-1)\mathrm{d}t$$

$$= \dfrac{2}{3}t^3 - 2t + C$$

$$= \dfrac{2}{3}(\sqrt{1+x})^3 - 2\sqrt{1+x} + C$$

例 4.24 求 $\int \sqrt{a^2-x^2}\,\mathrm{d}x \, (a>0)$.

解： 求这个不定积分的困难也在于被积表达式中有根式 $\sqrt{a^2-x^2}$，我们又不能像上面那样令 $a^2-x^2=t^2$ 使之有理化，但可用三角公式 $\sin^2 t + \cos^2 t = 1$ 来消去根式.

设 $x=a\sin t \left(-\dfrac{\pi}{2}\leqslant t\leqslant \dfrac{\pi}{2}\right)$，则 $t=\arcsin\dfrac{x}{a}$，$\mathrm{d}x = a\cos t\,\mathrm{d}t$

因 $\qquad\qquad \sqrt{a^2-x^2} = \sqrt{a^2-a^2\sin^2 t} = a\sqrt{1-\sin^2 t} = a\cos t$

于是

$$\int \sqrt{a^2-x^2}\,\mathrm{d}x = \int a\cos t \cdot a\cos t\,\mathrm{d}t = \int a^2\cos^2 t\,\mathrm{d}t = a^2 \int \dfrac{1+\cos 2t}{2}\mathrm{d}t$$

$$= \dfrac{a^2}{2}\left(t+\dfrac{1}{2}\sin 2t\right)+C = \dfrac{a^2}{2}(t+\sin t\cdot\cos t)+C$$

$$= \dfrac{a^2}{2}\left[\arcsin\dfrac{x}{a}+\left(\dfrac{x}{a}\cdot\dfrac{\sqrt{a^2-x^2}}{a}\right)\right]+C$$

$$= \dfrac{a^2}{2}\arcsin\dfrac{x}{a}+\dfrac{x}{2}\sqrt{a^2-x^2}+C$$

注意： 为了将 t 还原为 x，可以利用直角三角形的边角关系. 由 $x=a\sin t$，$\sin t=\dfrac{x}{a}$，作一锐角为 t 的三角形，其斜边为 a，取对边为 x，如图 4-27 所示.

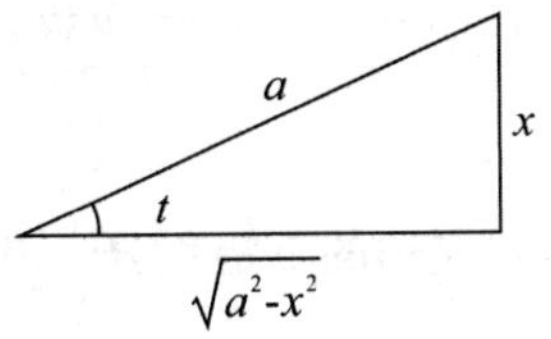

图 4-27

例 4.25 求 $\int \dfrac{1}{\sqrt{a^2+x^2}}\mathrm{d}x \, (a>0)$.

解: 设 $x = a\tan t \left(-\dfrac{\pi}{2} < t < \dfrac{\pi}{2}\right)$, 则 $\tan t = \dfrac{x}{a}$, $t = \arctan\dfrac{x}{a}$, $\mathrm{d}x = a\sec^2 t\,\mathrm{d}t.$

$$\sqrt{a^2+x^2} = \sqrt{a^2 + a^2\tan^2 t} = a\sqrt{1+\tan^2 t} = a\sec t$$

于是

$$\begin{aligned}
\int \frac{1}{\sqrt{a^2+x^2}}\mathrm{d}x &= \int \frac{1}{a\sec t} \cdot a\sec^2 t\,\mathrm{d}t \\
&= \int \sec t\,\mathrm{d}t = \int \frac{1}{\cos t}\mathrm{d}t \\
&= \int \frac{\cos t}{\cos^2 t}\mathrm{d}t = \int \frac{1}{1-\sin^2 t}\mathrm{d}\sin t \\
&= \frac{1}{2}\int \left(\frac{1}{1-\sin t} + \frac{1}{1+\sin t}\right)\mathrm{d}\sin t \\
&= \frac{1}{2}[\ln(1+\sin t) - \ln(1-\sin t)] + C \\
&= \frac{1}{2}\ln\left(\frac{1+\sin t}{1-\sin t}\right) + C \\
&= \frac{1}{2}\ln\frac{(1+\sin t)(1+\sin t)}{(1-\sin t)(1+\sin t)} + C \\
&= \ln\left(\frac{1+\sin t}{\cos t}\right) + C \\
&= \ln(\sec t + \tan t) + C \\
&= \ln\left(\frac{x}{a} + \frac{\sqrt{a^2+x^2}}{a}\right) + C \\
&= \ln(x + \sqrt{a^2+x^2}) + C
\end{aligned}$$

八、分部积分法

定理 4.8 设函数 $u = u(x), v = v(x)$ 具有连续导数,由乘积的微分法则,有

$$\mathrm{d}(uv) = u\mathrm{d}v + v\mathrm{d}u$$

移项,得

$$u\mathrm{d}v = \mathrm{d}(uv) - v\mathrm{d}u$$

两边积分,得

$$\int u\mathrm{d}v = uv - \int v\mathrm{d}u \tag{4}$$

上式(4)叫分部积分法.

这个公式的作用在于把求等式左边的不定积分 $\int u\mathrm{d}v$ 转化为求等式右边的不定积分 $\int v\mathrm{d}u$. 如果 $\int u\mathrm{d}v$ 不易求得,而 $\int v\mathrm{d}u$ 容易求,利用这个公式,就可以起到化难为易的作用.

例 4.26 求 $\int x\cos x\,\mathrm{d}x$.

解：若选取 $u=x, dv=\cos x dx = d(\sin x)$，代入式(4)，得
$$\int x\cos x\,dx = \int x\,d(\sin x) = x\sin x - \int \sin x\,dx$$

于是
$$\int x\cos x\,dx = x\sin x + \cos x + C$$

若选取 $u=\cos x, dv=x dx = d\left(\dfrac{x^2}{2}\right)$，代入式(4)，得
$$\int x\cos x\,dx = \int \cos x\,d\left(\dfrac{x^2}{2}\right) = \dfrac{1}{2}x^2\cos x + \dfrac{1}{2}\int x^2 \sin x\,dx$$

显然，上式右端的积分 $\int x^2 \sin x\,dx$ 比原来的积分 $\int x\cos x\,dx$ 更难求出.

由此可见，如 u 和 dv 选取不恰当，就难以求其结果，所以在应用分部积分时，恰当地选择 u 和 dv 是关键.

运用分部积分法的提示：

1. 如果尝试换元积分法且没有成功，则可尝试分部积分法；
2. 当一个积分具有形式

$$\int f(x)g(x)\,dx$$

时，使用分部积分法，然后把它与形如 $\int u dv$ 的积分相比较，选择一个函数令 $u=f(x)$，其中 $f(x)$ 是能够求导的；而余下的因子作为 $dv=g(x)dx$，此处 $g(x)$ 是能够积分的；

3. 用微分求 du，用积分求 v；
4. 如果所得到的积分比原来的积分更复杂，则换为 $u=g(x), dv=f(x)dx$.

（一般地，u, v 为"指（指数函数）、三（三角函数）、幂（幂函数）、对（对数函数）、反（反三角函数）"中的两个函数，按照"指、三、幂、对、反"的顺序，排在前面的看作 v，排在后面的看作 u）

例 4.27 求 $\int xe^x\,dx$.

解：选取 $u=x, dv=e^x dx = de^x$，则
$$\int xe^x\,dx = \int x\,de^x = xe^x - \int e^x\,dx = xe^x - e^x + C = e^x(x-1) + C$$

例 4.28 求 $\int (3x^2+2x-1)\ln x\,dx$.

解：选择 $u=\ln x, dv=(3x^2+2x-1)dx$，则
$$\int (3x^2+2x-1)\ln x\,dx = \int \ln x\,d(x^3+x^2-x)$$
$$= (x^3+x^2-x)\ln x - \int (x^3+x^2-x)\,d\ln x$$

$$= (x^3+x^2-x)\ln x - \int (x^2+x-1)\,\mathrm{d}x$$

$$= (x^3+x^2-x)\ln x - \left(\frac{x^3}{3}+\frac{x^2}{2}-x\right)+C$$

例 4.29 求 $\int 2x\cdot\arctan x\,\mathrm{d}x$.

解：
$$\int 2x\cdot\arctan x\,\mathrm{d}x = \int \arctan x\,\mathrm{d}x^2$$
$$= x^2\cdot\arctan x - \int x^2\,\mathrm{d}(\arctan x)$$
$$= x^2\cdot\arctan x - \int \frac{x^2}{1+x^2}\,\mathrm{d}x$$
$$= x^2\cdot\arctan x - \int \left(1-\frac{1}{1+x^2}\right)\,\mathrm{d}x$$
$$= x^2\cdot\arctan x - (x-\arctan x)+C$$
$$= (x^2+1)\arctan x - x + C$$

分部积分法在一个题目中是可以重复多次使用的.

例 4.30 求 $\int (x^2-x+1)\cos x\,\mathrm{d}x$.

解：
$$\int (x^2-x+1)\cos x\,\mathrm{d}x = \int (x^2-x+1)\,\mathrm{d}\sin x$$
$$= (x^2-x+1)\sin x - \int \sin x\,\mathrm{d}(x^2-x+1)$$
$$= (x^2-x+1)\sin x - \int (2x-1)\sin x\,\mathrm{d}x$$
$$= (x^2-x+1)\sin x + \int (2x-1)\,\mathrm{d}\cos x$$
$$= (x^2-x+1)\sin x + \left[(2x-1)\cos x - \int \cos x\,\mathrm{d}(2x-1)\right]$$
$$= (x^2-x+1)\sin x + (2x-1)\cos x - 2\int \cos x\,\mathrm{d}x$$
$$= (x^2-x+1)\sin x + (2x-1)\cos x - 2\sin x + C$$
$$= (x^2-x-1)\sin x + (2x-1)\cos x + C$$

习题四

1. 选择：

(1) 下列等式中成立的是 ( )

A. $d\int f(x)dx = f(x)$

B. $\dfrac{d}{dx}\int f(x)dx = f(x)dx$

C. $\dfrac{d}{dx}\int f(x)dx = f(x)+C$

D. $d\int f(x)dx = f(x)dx$

(2) 在区间 (a,b) 内，如果 $f'(x) = g'(x)$，则下列各式中一定成立的是 ( )

A. $f(x) = g(x)$

B. $f(x) = g(x)+1$

C. $\left(\int f(x)dx\right)' = \left(\int g(x)dx\right)'$

D. $\int f'(x)dx = \int g'(x)dx$

2. 求下列不定积分：

(1) $\int (x^2+3\sqrt{x}+\ln 2)dx$

(2) $\int x^2\sqrt{x}\,dx$

(3) $\int 2^x \cdot e^x dx$

(4) $\int \dfrac{x^2}{1+x^2}dx$

(5) $\int \dfrac{1+x}{x^2}dx$

(6) $\int \left(x^2+2^x+\dfrac{2}{x}\right)dx$

(7) $\int (x^3-x^{\frac{8}{7}})dx$

(8) $\int (\sqrt[2]{x^3}+x^{\frac{5}{6}})dx$

(9) $\int \sqrt{x}\,dx$

(10) $\int \dfrac{1}{\sqrt{x}}dx$

3. 求满足下列条件的 $f(x)$：

(1) $f'(x) = x-3, f(2) = 9$

(2) $f'(x) = x+5, f(1) = 6$

(3) $f'(x) = x^2+4, f(0) = 7$

(4) $f'(x) = \sin x-1, f(0) = 8$

4. 用第一类换元积分法求下列不定积分：

(1) $\int \sin 3x\,dx$

(2) $\int \sqrt{1-2x}\,dx$

(3) $\int \dfrac{1}{1+x}dx$

(4) $\int (1-3x)^8 dx$

(5) $\int 3^{2x}dx$

(6) $\int \dfrac{1}{x\ln x}dx$

(7) $\int \dfrac{e^x}{1+e^{2x}}dx$

(8) $\int e^x\sqrt{e^x+1}\,dx$

(9) $\int \dfrac{1}{\sqrt{x}(1+x)}dx$

(10) $\int \dfrac{1}{x^2}\cos\dfrac{1}{x}dx$

(11) $\int \dfrac{\sin x}{\cos^2 x}dx$

(12) $\int \dfrac{\arccos x}{\sqrt{1-x^2}}dx$

(13) $\int \dfrac{1}{\sqrt{1-x^2}\arcsin x}\mathrm{d}x$ (14) $\int \dfrac{1}{1+x^2}\arctan x\,\mathrm{d}x$

5. 用第二类换元积分法求下列积分：

(1) $\int x\sqrt{x-3}\,\mathrm{d}x$ (2) $\int \dfrac{1}{\sqrt{4-x^2}}\mathrm{d}x$

(3) $\int \dfrac{1}{1-\sqrt{2x+1}}\mathrm{d}x$ (4) $\int \dfrac{x^2}{\sqrt{a^2-x^2}}\mathrm{d}x$

(5) $\int \dfrac{x}{\sqrt{1-x^2}}\mathrm{d}x$ (6) $\int \dfrac{\mathrm{d}x}{x^2\sqrt{x^2-9}}$

(7) $\int \dfrac{1}{x\sqrt{1+x^2}}\mathrm{d}x$ (8) $\int \dfrac{x^2}{\sqrt[3]{2-x}}\mathrm{d}x$

6. 用分部积分法求下列不积分：

(1) $\int x\sin x\,\mathrm{d}x$ (2) $\int x\mathrm{e}^{-x}\,\mathrm{d}x$

(3) $\int x\sin^2 x\,\mathrm{d}x$ (4) $\int \arctan\sqrt{x}\,\mathrm{d}x$

(5) $\int \mathrm{e}^{2x}\sin 3x\,\mathrm{d}x$ (6) $\int x^2\mathrm{e}^{2x}\,\mathrm{d}x$

(7) $\int \ln x\,\mathrm{d}x$ (8) $\int x^2\sin x\,\mathrm{d}x$

7. 已知平面曲线 $y=F(x)$ 上任一点 $M=(x,y)$ 处的切线斜率为 $k=4x^3-1$，且曲线经过点 $P=(1,3)$，求该曲线的方程.

8. 某公司求出卖主的销售数量关于价格的变化率可用边际供给函数表示为 $S'(p)=0.24p^2+4p+10$. 如果知道当价格是每件 5 元时，卖主可销售 121 件，求供给函数.

9. 一辆汽车在 0.5 分钟内以常加速度由 0 km/h 增加到 60 km/h，这个时间段内汽车行驶了多远？

10. 机器操作员的效率 E（表示成百分比）关于时间 t 的变化率可表示为

$$\dfrac{\mathrm{d}E}{\mathrm{d}t}=40-10t$$

其中 t 是操作员工作的小时数.

(1) 已知操作员工作 2 小时的效率是 72%，即 $E(2)=72$，求 $E(t)$；

(2) 利用(1)的答案求 4 小时和 8 小时后操作员的效率.

11. 一位聪明的学生研制了一台发动机，它被认为符合政府的排放控制标准. 发动机的排放速率为 $E(t)=2t^2$，此处 $E(t)$ 是在时间 t（以年计）的排放率，以 10 亿污染颗粒/年为单位. 传统发动机的排放速率为 $C(t)=9+t^2$，两条曲线如图 4-28 所示：

(1) 在何时排放速率是相同的？

(2) 求该学生的发动机的排放量函数.

(3)在3年内,该学生的发动机的排放量比传统发动机的排放量减少了多少?

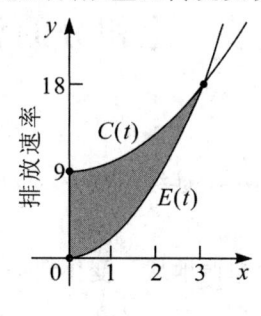

图 4-28

12. 一家草坪机器公司引进一种新型的草坪播种机.公司发现,关于这种播种机的边际供给函数满足

$$S'(p) = \frac{100p}{(20-p)^2}, 0 \leqslant p \leqslant 19$$

其中,S 是每台播种机价格为 p 千元时所购买的数量.已知当价格是19千元时,公司将销售2000台播种机,求供给函数 $S(p)$.

第五节 定积分的计算

一、定积分的换元积分法

定理 4.9 设函数 $f(x)$ 在 $[a,b]$ 上连续,令 $x=\varphi(t)$,且满足

(1) $\varphi(\alpha)=a, \varphi(\beta)=b$;

(2) 当 t 从 α 变化到 β 时,$\varphi(t)$ 单调地从 a 变化到 b;

(3) $\varphi'(t)$ 在 $[\alpha,\beta]$ 上连续,则有

$$\int_a^b f(x)\,dx = \int_\alpha^\beta f[\varphi(t)]\varphi'(t)\,dt \tag{5}$$

上式称为定积分的换元积分法.

该定理说明,在应用换元积分法计算定积分时,通过变换 $x=\varphi(t)$ 把原来的积分变量 x 换成新积分变量 t,求出原函数后不必把它变回成原变量 x 的函数,而只需相应改变积分上、下限即可.

例 4.31 计算 $\int_0^4 \dfrac{1}{\sqrt{x}+1}\,dx$.

解:令 $\sqrt{x}=t$,则 $x=t^2$, $dx=2t\,dt$,且当 $x=0$ 时,$t=0$;当 $x=4$ 时,$t=2$,(**注意**:因为将积分变量 x 换为 t,所以积分上、下限也发生了相应的变化)

于是,

$$\begin{aligned}\int_0^4 \frac{1}{\sqrt{x}+1}\,dx &= \int_0^2 \frac{1}{t+1}2t\,dt \\ &= 2\int_0^2 \frac{t+1-1}{t+1}\,dt \\ &= 2\int_0^2 1\,dt - 2\int_0^2 \frac{1}{t+1}\,d(t+1) \\ &= 2[t]_0^2 - 2[\ln(t+1)]_0^2 = 4-2\ln 3\end{aligned}$$

检验:设 $\sqrt{x}=t$,则 $x=t^2$, $dx=2t\,dt$,所以

$$\begin{aligned}\int \frac{1}{\sqrt{x}+1}\,dx &= \int \frac{1}{t+1}2t\,dt = 2\int \frac{t+1-1}{t+1}\,dt \\ &= 2(t-\ln|t+1|)+C \\ &= 2[\sqrt{x}-\ln(\sqrt{x}+1)]+C\end{aligned}$$

于是

$$\int_0^4 \frac{1}{\sqrt{x}-1}\,dx = [2(\sqrt{x}-\ln(\sqrt{x}+1))]_0^4 = 4-2\ln 3$$,结论一致.

例 4.32 计算 $\int_{-a}^a \sqrt{a^2-x^2}\,dx$ $(a>0)$.

解:令 $x=a\sin t$,则 $dx=a\cos t\,dt$.

当 $x=-a$ 时,$t=-\dfrac{\pi}{2}$;当 $x=a$ 时,$t=\dfrac{\pi}{2}$.

$$\int_{-a}^{a}\sqrt{a^2-x^2}\,\mathrm{d}x=\int_{-\frac{\pi}{2}}^{\frac{\pi}{2}}a\cos t\cdot a\cos t\,\mathrm{d}t=a^2\int_{-\frac{\pi}{2}}^{\frac{\pi}{2}}\cos^2 t\,\mathrm{d}t$$

$$=\dfrac{a^2}{2}\int_{-\frac{\pi}{2}}^{\frac{\pi}{2}}(1+\cos 2t)\,\mathrm{d}t$$

$$=\dfrac{a^2}{2}\left[t+\dfrac{1}{2}\sin 2t\right]_{-\frac{\pi}{2}}^{\frac{\pi}{2}}=\dfrac{1}{2}\pi a^2$$

例 4.33 计算 $\int_{0}^{\ln 2}\sqrt{\mathrm{e}^x-1}\,\mathrm{d}x$.

解：令 $t=\sqrt{\mathrm{e}^x-1}$,则 $x=\ln(t^2+1)$,$\mathrm{d}x=\dfrac{2t}{t^2+1}\mathrm{d}t$,且当 $x=0$ 时,$t=0$;$x=\ln 2$ 时,$t=1$.

于是

$$\int_{0}^{\ln 2}\sqrt{\mathrm{e}^x-1}\,\mathrm{d}x=2\int_{0}^{1}\dfrac{t^2}{t^2+1}\mathrm{d}t$$

$$=2\int_{0}^{1}\left(1-\dfrac{1}{t^2+1}\right)\mathrm{d}t$$

$$=2[t-\arctan t]_{0}^{1}=2-\dfrac{\pi}{2}$$

定积分的换元公式也可以反过来用,即

$$\int_{\alpha}^{\beta}f[\varphi(x)]\varphi'(x)\,\mathrm{d}x\xrightarrow{t=\varphi(x)}\int_{a}^{b}f(t)\,\mathrm{d}t$$

例 4.34 求定积分 $\int_{0}^{1}2x\mathrm{e}^{-x^2}\,\mathrm{d}x$.

解：令 $t=-x^2$,则 $\mathrm{d}t=-2x\,\mathrm{d}x$,当 $x=0$ 时,$t=0$;$x=1$ 时,$t=-1$.

于是

$$\int_{0}^{1}2x\mathrm{e}^{-x^2}\,\mathrm{d}x=-\int_{0}^{-1}\mathrm{e}^t\,\mathrm{d}t$$

$$=-[\mathrm{e}^t]_{0}^{-1}$$

$$=-(\mathrm{e}^{-1}-\mathrm{e}^{0})=1-\mathrm{e}^{-1}$$

例 4.35 设 $f(x)$ 在 $[-a,a]$ 上连续,试证明：

(1)若 $f(x)$ 为偶函数,则 $\int_{-a}^{a}f(x)\,\mathrm{d}x=2\int_{0}^{a}f(x)\,\mathrm{d}x$;

(2)若 $f(x)$ 为奇函数,则 $\int_{-a}^{a}f(x)\,\mathrm{d}x=0$.

(此例题的结论可以作为公式来用,是两个常用的公式)

证明：$\int_{-a}^{a}f(x)\,\mathrm{d}x=\int_{-a}^{0}f(x)\,\mathrm{d}x+\int_{0}^{a}f(x)\,\mathrm{d}x$ ①

对①式右端的第一个积分作变换 $t=-x$,得

$$\int_{-a}^{0} f(x)\,dx = -\int_{a}^{0} f(-t)\,dt = \int_{0}^{a} f(-t)\,dt$$
$$= \int_{0}^{a} f(-x)\,dx$$

(1) 当 $f(-x)=f(x)$ 时，①式即为

$$\int_{-a}^{a} f(x)\,dx = \int_{-a}^{0} f(x)\,dx + \int_{0}^{a} f(x)\,dx$$
$$= \int_{0}^{a} f(x)\,dx + \int_{0}^{a} f(x)\,dx$$
$$= 2\int_{0}^{a} f(x)\,dx$$

(2) 当 $f(-x)=-f(x)$ 时，①式即为

$$\int_{-a}^{a} f(x)\,dx = -\int_{0}^{a} f(x)\,dx + \int_{0}^{a} f(x)\,dx = 0$$

上述结论从几何上来理解是很容易的，因为奇函数的图象关于原点对称，偶函数图象关于 y 轴对称。利用这两个公式，可以简化奇、偶函数在关于原点对称的对称区间上的定积分计算，特别是奇函数在对称区间上的积分不经计算就知其积分值为 0。

例 4.36 计算 $\int_{-\pi}^{\pi} x^2 \sin^7 x\,dx$.

解：因为函数 $f(x)=x^2\sin^7 x$ 在对称区间 $[-\pi,\pi]$ 上是奇函数，所以

$$\int_{-\pi}^{\pi} x^2 \sin^7 x\,dx = 0$$

二、定积分的分部积分法

定理 4.10 设函数 $u=u(x)$ 与 $v=v(x)$ 在区间 $[a,b]$ 上具有连续导数，则

$$\int_{a}^{b} u\,dv = [uv]_{a}^{b} - \int_{a}^{b} v\,du \tag{6}$$

我们称上述公式为定积分的分部积分公式。

证明：

设函数 $u(x), v(x)$ 在区间 $[a,b]$ 上具有连续导数 $u'(x), v'(x)$，则 $(uv)'=u'v+v'u$，于是

$$\int_{a}^{b} (uv)'\,dx = \int_{a}^{b} u'v\,dx + \int_{a}^{b} v'u\,dx$$

即

$$[uv]_{a}^{b} = \int_{a}^{b} v\,du + \int_{a}^{b} u\,dv$$

也可以写成

$$\int_{a}^{b} u\,dv = [uv]_{a}^{b} - \int_{a}^{b} v\,du$$

例 4.37 计算 $\int_{0}^{1} xe^x\,dx$.

解：设 $u=x, dv=e^x, dx=d(e^x)$，则 $du=dx, v=e^x$.

$$\int_0^1 xe^x\, dx = \int_0^1 x\, de^x = [xe^x]_0^1 - \int_0^1 e^x\, dx$$
$$= e - [e^x]_0^1 = 1$$

例 4.38 计算 $\int_0^\pi x^2 \cos x\, dx$.

解：
$$\int_0^\pi x^2 \cos x\, dx = \int_0^\pi x^2\, d\sin x$$
$$= [x^2 \sin x]_0^\pi - 2\int_0^\pi x \sin x\, dx$$
$$= 0 + 2\int_0^\pi x\, d\cos x$$
$$= 2[x \cos x]_0^\pi - 2\int_0^\pi \cos x\, dx$$
$$= -2\pi - 2[\sin x]_0^\pi = -2\pi$$

例 4.39 计算 $\int_1^e x \ln x\, dx$.

解：
$$\int_1^e x \ln x\, dx = \int_1^e \ln x\, d\left(\frac{x^2}{2}\right)$$
$$= \left[\frac{x^2}{2} \ln x\right]_1^e - \int_1^e \frac{x^2}{2} \cdot \frac{1}{x}\, dx$$
$$= \frac{e^2}{2} - \frac{1}{2}\int_1^e x\, dx$$
$$= \frac{e^2}{2} - \frac{1}{2}\left[\frac{x^2}{2}\right]_1^e = \frac{e^2+1}{4}$$

例 4.40 计算 $\int_0^{\sqrt{3}} \arctan x\, dx$.

解：
$$\int_0^{\sqrt{3}} \arctan x\, dx = [x \arctan x]_0^{\sqrt{3}} - \int_0^{\sqrt{3}} x\, d(\arctan x)$$
$$= \sqrt{3} \arctan \sqrt{3} - \int_0^{\sqrt{3}} \frac{x}{1+x^2}\, dx$$
$$= \frac{\sqrt{3}}{3}\pi - \frac{1}{2}\int_0^{\sqrt{3}} \frac{1}{1+x^2}\, d(1+x^2)$$
$$= \frac{\sqrt{3}}{3}\pi - \frac{1}{2}[\ln(1+x^2)]_0^{\sqrt{3}}$$
$$= \frac{\sqrt{3}}{3}\pi - \ln 2$$

例 4.41 计算 $\int_0^1 e^{\sqrt{x}}\, dx$.

解：先用换元法.

令 $t=\sqrt{x}$,则 $x=t^2$,$\mathrm{d}x=2t\mathrm{d}t$,且当 $x=0$ 时,$t=0$;当 $x=1$ 时,$t=1$.
于是
$$\int_0^1 \mathrm{e}^{\sqrt{x}} \mathrm{d}x = 2\int_0^1 t\mathrm{e}^t \mathrm{d}t$$

再由分部积分法计算上式右端的积分,由于
$$\int_0^1 t\mathrm{e}^t \mathrm{d}t = \int_0^1 t\mathrm{d}(\mathrm{e}^t) = [t\mathrm{e}^t]_0^1 - \int_0^1 \mathrm{e}^t \mathrm{d}t$$
$$= \mathrm{e} - [\mathrm{e}^t]_0^1 = 1$$

所以
$$\int_0^1 \mathrm{e}^{\sqrt{x}} \mathrm{d}x = 2$$

由以上例子说明,用定积分的分部积分法计算定积分,可随时把已积出的部分代入上下限算出结果.有些积分需混用换元法和分部积分法才能求出结果.

四、定积分的近似计算

定积分 $\int_a^b f(x)\mathrm{d}x$ ($f(x) \geqslant 0$) 不论在实际问题中的意义如何,在数值上都等于曲线 $y=f(x)$,直线 $x=a$,$x=b$ 与 x 轴所围成的曲边梯形的面积.不管 $f(x)$ 是以什么形式给出的,只要近似地算出相应的曲边梯形的面积,就可得到所给定积分的近似值,这就是所给的定积分近似计算法的基本思想.

1. 梯形法

将区间 $[a,b]$ 分成 n 等分,如图 4-29 所示,分点为
$$a=x_0<x_1<x_2<\cdots<x_n=b$$

每个小区间的长度都等于 $\Delta x = \dfrac{b-a}{n}$,不妨设 $f(x) \geqslant 0$,则对应于各分点的被积函数值为:$y_0,y_1,y_2,\cdots,y_{n-1},y_n$.

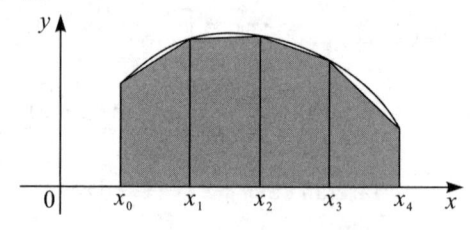

图 4-29

连接每相邻两个纵坐标线端点,得到 n 个直角梯形,其面积分别为:
$$\frac{y_0+y_1}{2}\Delta x, \frac{y_1+y_2}{2}\Delta x, \cdots, \frac{y_{n-1}+y_n}{2}\Delta x$$

这 n 个直角梯形面积的和就可作为定积分 $\int_a^b f(x)\mathrm{d}x$ 的近似值,于是得到定积分的近似公式:
$$\int_a^b f(x)\mathrm{d}x \approx \frac{b-a}{n}\left(\frac{y_0+y_1}{2}+\frac{y_1+y_2}{2}+\cdots+\frac{y_{n-1}+y_n}{2}\right)$$

$$=\frac{b-a}{n}\left(\frac{y_0}{2}+y_1+y_2+\cdots+y_{n-1}+\frac{y_n}{2}\right)$$

这就是梯形法的计算公式.

2. 抛物线法

抛物线法的基本思想是：

用小段抛物线（它的表达式是二次函数 $y=Ax^2+Bx+C$）近似代替相应的小段曲线，即用小段抛物线下的面积近似代替窄曲边梯形的面积，这种方法又称为辛普森方法. 如图 4-30 所示：

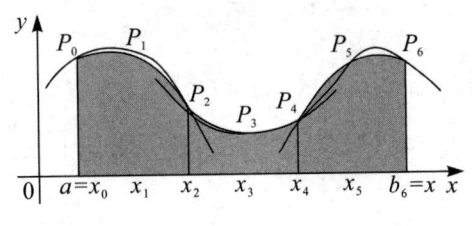

图 4-30

把积分区间 $[a,b]$ 分为 n 等份，n 为偶数，每个小区间的长度 $\Delta x=\frac{b-a}{n}$，

$$\int_a^b f(x)dx \approx \frac{b-a}{3n}[y_0+y_n+2(y_2+y_4+\cdots+y_{n-2})+4(y_1+y_3+\cdots+y_{n-1})]$$

此式称为辛普森公式.

例 4.42 在不少工业设备基础或工业厂房中，采用了椭圆薄壳基础技术. 根据设计和施工的要求，都需要计算椭圆的周长. 在计算基础椭圆钢筋周长的过程中，会遇到积分 $\int_0^{\frac{\pi}{2}}\sqrt{1-\frac{1}{2}\sin^2\theta}d\theta$，因该积分的原函数很难用初等函数表示，所以只能用近似计算的方法来计算该积分的值.

解：将积分区间 $\left[0,\frac{\pi}{2}\right]$ 分成 6 等份（因用抛物线法必须分成偶数等份）.

$$\Delta\theta=\frac{\frac{\pi}{2}-0}{6}=\frac{\pi}{12}$$

其分点坐标及相应的函数 $y=\sqrt{1-\frac{1}{2}\sin^2\theta}$ 的值为：

i	0	1	2	3	4	5	6
θ_i	0	$\frac{\pi}{12}$	$\frac{\pi}{6}$	$\frac{\pi}{4}$	$\frac{\pi}{3}$	$\frac{5\pi}{12}$	$\frac{\pi}{2}$
y_i	1	0.9831	0.9354	0.8660	0.7906	0.7304	0.7071

下面用抛物线法计算该定积分.

由辛普森公式，得

$$\int_0^{\frac{\pi}{2}} \sqrt{1-\frac{1}{2}\sin^2\theta}\,d\theta \approx \frac{1}{3} \cdot \frac{\pi}{12}[y_0+y_6+2(y_2+y_4)+4(y_1+y_3+y_5)]$$

$$=\frac{1}{3} \cdot \frac{\pi}{12}[1+0.7071+2(0.9354+0.7096)+4(0.9831+0.8660+0.7304)]$$

$$\approx \frac{1}{3} \times 0.2618 \times 15.4771 \approx 1.3506$$

请读者用梯形法求该定积分的近似值.

习题 五

1. 用换元积分法计算下列定积分:

(1) $\int_1^4 \frac{1}{\sqrt{x}+1}dx$

(2) $\int_3^8 \frac{x-1}{\sqrt{1+x}}dx$

(3) $\int_0^4 \frac{\sqrt{x}}{\sqrt{x}+1}dx$

(4) $\int_0^2 \sqrt{4-x^2}\,dx$

(5) $\int_1^4 \frac{2x+1}{x^2+x-1}dx$

(6) $\int_0^2 3x^2 e^{x^3}dx$

(7) $\int_0^1 \frac{x^3}{(2-x^4)^7}dx$

(8) $\int_0^1 12x\sqrt[5]{1-x^2}\,dx$

(9) $\int_1^{\sqrt{3}} \frac{dx}{x^2\sqrt{1+x^2}}$

(10) $\int_1^2 \frac{dx}{x\sqrt{x^2-1}}$

(11) $\int_0^{\frac{1}{2}} \frac{1-\arcsin x}{\sqrt{1-x^2}}dx$

(12) $\int_{-1}^1 \frac{\sqrt{2}-x}{\sqrt{2-x^2}}dx$

2. 用分部积分法计算下列定积分:

(1) $\int_1^e \ln x\,dx$

(2) $\int_0^\pi x\sin x\,dx$

(3) $\int_1^e x^2 \ln x\,dx$

(4) $\int_0^1 x^2 e^x\,dx$

(5) $\int_1^2 x^2 \ln x\,dx$

(6) $\int_0^1 (x^3+2x^2+e)e^{-2x}dx$

(7) $\int_0^1 2x \cdot \arctan x\,dx$

(8) $\int_0^1 \sin x \cdot e^x\,dx$

(9) $\int_3^4 \arctan\sqrt{x-3}\,dx$

(10) $\int_0^{\ln 2} \sqrt{e^x-1}\,dx$

(11) $\int_0^\pi \sin 2x\,dx$

(12) $\int_0^1 x^2 e^{-x}\,dx$

3. 计算下列定积分:

(1) $\int_{-\frac{1}{2}}^{\frac{1}{2}} \frac{x^3}{\sqrt{1-x^2}}dx$

(2) $\int_{-\frac{\pi}{2}}^{\frac{\pi}{2}} x^3 \cos x\,dx$

第六节　定积分的应用

一、定积分的微元法

回顾第一节开头求曲边梯形面积 A 的方法与步骤：

(1) 分割，将区间 $[a,b]$ 等分成 n 个小区间，相应地得到 n 个小曲边梯形，设第 i 个小曲边梯形的面积为 ΔA_i；

(2) 计算 ΔA_i 的近似值：$\Delta A_i \approx f(x_i^*)\Delta x_i\ (x_{i-1} < x_i^* < x_i)$；

(3) 求和，得 A 的近似值：$A \approx \sum\limits_{i=1}^{n} f(x_i^*)\Delta x_i$；

(4) 取极限，得 $A = \lim\limits_{\lambda \to 0}\sum\limits_{i=1}^{n} f(x_i^*)\Delta x_i = \int_a^b f(x)\,\mathrm{d}x$.

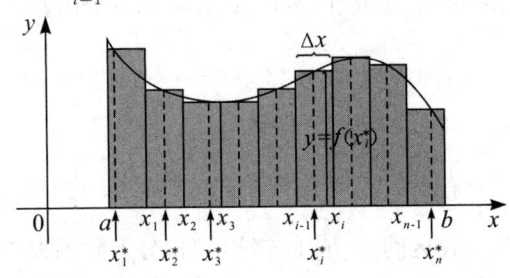

图 4-31

为简便起见，在关键的第(2)步中省略下标 i，用 ΔA 表示 $[a,b]$ 内任一小区间 $[x,x+\mathrm{d}x]$ 上的小曲边梯形的面积，如图 4-31 所示，取 $[x,x+\mathrm{d}x]$ 的左端点为 x^*，那么，以点 x 处的函数值 $f(x)$ 为高，$\mathrm{d}x$ 为底的小矩形面积 $f(x)\mathrm{d}x$ 就是 ΔA 的近似值，即

$$\Delta A \approx f(x)\mathrm{d}x$$

其中 $f(x)\mathrm{d}x$ 称为面积 A 的微元，记作

$$\mathrm{d}A = f(x)\mathrm{d}x$$

这正好与(4)中定积分 $\int_a^b f(x)\,\mathrm{d}x$ 的被积表达式 $f(x)\mathrm{d}x$ 相同.

由此可见，可以把上述四步简化为两步：

(1) 选取 x 为积分变量，积分区间为 $[a,b]$，在区间 $[a,b]$ 上任取典型区间 $[x,x+\mathrm{d}x]$. 以 x 处的函数值 $f(x)$ 为高、$\mathrm{d}x$ 为底的小矩形的面积 $f(x)\mathrm{d}x$ 作为区间 $[x,x+\mathrm{d}x]$ 上小曲边梯形面积 ΔA 的近似值，即

$$\Delta A \approx f(x)\mathrm{d}x$$

即得面积 A 的微元（也称面积元素）

$$\mathrm{d}A = f(x)\mathrm{d}x$$

(2) 将面积微元在 $[a,b]$ 上积分，得

$$A = \int_a^b f(x)\,\mathrm{d}x$$

一般地,对于某一个所求量 Q,如果选好了积分变量 x 和积分区间 $[a,b]$,求出 Q 的微元 $dQ=f(x)dx$,便可求得 $Q=\int_a^b f(x)dx$. 这种方法称为定积分的微元法.

应用这种方法需注意以下两点:

(1)所求量 Q 对区间 $[a,b]$ 具有可加性,即 Q 可以分解成每个小区间上部分量的和;

(2)部分量 ΔQ 与微元 $dQ=f(x)dx$ 相差一个 dx 的高阶无穷小(在实际问题中,所求出来的近似值 $f(x)dx$ 一般都具有这种性质).

二、积分上限函数及其导数

定义 4.7(积分上限函数) 设函数 $f(t)$ 在区间 $[a,b]$ 上连续,对于 $[a,b]$ 上任一点 x,由于 $f(t)$ 在 $[a,x]$ 上连续,则定积分 $\int_a^x f(t)dt$ 存在. 于是,对 $[a,b]$ 上每一点 x,都有一个唯一确定的值 $\int_a^x f(t)dt$ 与之对应,由此在 $[a,b]$ 上定义了一个函数,称之为积分上限函数,记为 $\Phi(x)$,即

$$\Phi(x)=\int_a^x f(t)dt \quad (a\leqslant x\leqslant b)$$

积分上限函数 $\Phi(x)$ 具有下面定理所阐明的重要性质.

定理 4.11 函数 $f(x)$ 在区间 $[a,b]$ 上连续,则积分上限函数 $\Phi(x)=\int_a^x f(t)dt$ 可导,且

$$\Phi'(x)=\left[\int_a^x f(t)dt\right]'=f(x) \quad (a\leqslant x\leqslant b)$$

按导数的定义,证得对于任一点 $x\in[a,b]$,均有 $\lim_{\Delta x\to 0}\dfrac{\Delta \Phi}{\Delta x}=f(x)$ 即可. 如图 4-32 所示.

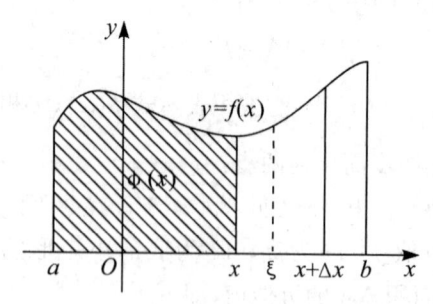

图 4-32

给 x 一个增量 Δx,$x+\Delta x\in[a,b]$,由 $\Phi(x)$ 的定义,有

$$\Delta \Phi(x)=\Phi(x+\Delta x)-\Phi(x)$$
$$=\int_a^{x+\Delta x}f(t)dt-\int_a^x f(t)dt$$

$$= \int_a^{x+\Delta x} f(t)dt + \int_x^a f(t)dt$$

$$= \int_x^{x+\Delta x} f(t)dt$$

因为 $f(t)$ 连续,所以由积分中值定理知,在 x 与 $x+\Delta x$ 之间存在点 ξ,使得

$$\Delta \Phi(x) = \int_x^{x+\Delta x} f(t)dt = f(\xi)\Delta x$$

由 $f(t)$ 在 $[a,b]$ 上连续,并注意到当 $\Delta x \to 0$ 时,有 $\xi \to x$,得

$$\Phi'(x) = \lim_{\Delta x \to 0} \frac{\Delta \Phi}{\Delta x} = \lim_{\xi \to x} f(\xi) = f(x)$$

定理 4.11 表明,如果函数 $f(x)$ 在闭区间 $[a,b]$ 上连续,则 $f(x)$ 在区间 $[a,b]$ 上一定有原函数(积分上限函数 $\Phi(x) = \int_a^x f(t)dt$ 就是 $f(x)$ 的一个原函数).同时,这个定理也初步揭示了定积分与被积函数的原函数之间的关系,使我们在前面提出的通过原函数来计算定积分的猜想成为现实.

例 4.43 设 $\Phi(x) = \int_{\frac{\pi}{2}}^x t\cos t \, dt$,求 $\Phi'(x),\Phi'(\pi)$

解:

$$\Phi'(x) = \frac{d}{dx}\int_{\frac{\pi}{2}}^x t\cos t \, dt = x\cos x$$

$$\Phi'(\pi) = \Phi'(x)|_{x=\pi} = \pi \times \cos \pi = -\pi$$

例 4.44 求下列函数的导数:

(1) $F(x) = \int_x^0 \cos 2t \, dt$

(2) $y = F(x) = \int_2^{\sqrt{x}} \sin t^2 \, dt \quad (x > 0)$

解: (1) 由于 x 为下限,不能直接应用定理 4.11 来求导数,但可以将原式变形,再求导数:

$$F'(x) = \frac{d}{dx}\left(\int_x^0 \cos 2t \, dt\right) = \frac{d}{dx}\left(-\int_0^x \cos 2t \, dt\right) = -\cos 2x$$

(2) $y = F(x)$ 是由函数

$$y = F(u) = \int_2^u \sin t^2 \, dt, u = \sqrt{x}$$

复合而成的复合函数,所以利用复合函数的求导法则,得

$$y'_x = \frac{dy}{du} \cdot \frac{du}{dx} = \left(\int_2^u \sin t^2 \, dt\right)' \cdot (\sqrt{x})'_x = \sin u^2 \cdot \frac{1}{2\sqrt{x}} = \frac{\sin x}{2\sqrt{x}}$$

三、平面图形的面积计算

1. 由连续曲线 $y=f(x)$ 与直线 $x=a, x=b(a<b)$ 及 x 轴所围成的平面图形的面积.

▶ 应用数学基础

取 $x\in[a,b]$ 为积分变量,任取一子区间 $[x,x+\mathrm{d}x]$,相应的部分面积可以用以 $|f(x)|$ 为高,$\mathrm{d}x$ 为底的小矩形的面积近似代替,即面积微元为

$$\mathrm{d}A = |f(x)|\,\mathrm{d}x$$

于是,所求的面积为

$$A = \int_a^b \mathrm{d}A = \int_a^b |f(x)|\,\mathrm{d}x \tag{7}$$

例 4.45 求曲线 $y=x^3$ 与直线 $x=-1, x=2$ 及 x 轴所围成的平面图形的面积.

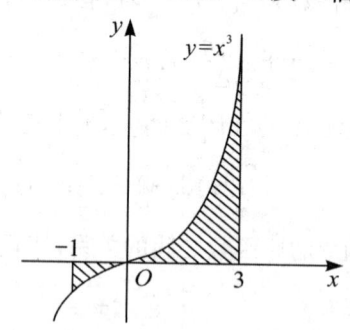

图 4-33

解:如图 4-33 所示,由式(7),得

$$\begin{aligned}
A &= \int_{-1}^{2} |x^3|\,\mathrm{d}x \\
&= \int_{-1}^{0} (-x^3)\,\mathrm{d}x + \int_{0}^{2} x^3\,\mathrm{d}x \\
&= \left.\frac{-x^4}{4}\right|_{-1}^{0} + \left.\frac{x^4}{4}\right|_{0}^{2} \\
&= \left(\frac{-0^4}{4} - \frac{-(-1)^4}{4}\right) + \left(\frac{2^4}{4} - \frac{0^4}{4}\right) \\
&= \frac{1}{4} + \frac{16}{4} = \frac{17}{4}
\end{aligned}$$

例 4.46 求椭圆 $\dfrac{x^2}{a^2}+\dfrac{y^2}{b^2}=1$ 的面积.

解:如图 4-34 所示,

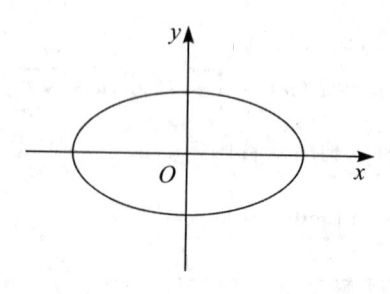

图 4-34

由 $\dfrac{x^2}{a^2}+\dfrac{y^2}{b^2}=1$,得 $y=\pm\dfrac{b}{a}\sqrt{a^2-x^2}$.

根据椭圆的对称性,得

$$A=4\int_0^a \dfrac{b}{a}\sqrt{a^2-x^2}\,\mathrm{d}x=\dfrac{4b}{a}\int_0^a\sqrt{a^2-x^2}\,\mathrm{d}x$$

$$\xrightarrow{x=a\sin t}\dfrac{4b}{a}\int_0^{\frac{\pi}{2}}a\cos t\,\mathrm{d}(a\sin t)$$

$$=\dfrac{4b}{a}\int_0^{\frac{\pi}{2}}a^2\cos^2 t\,\mathrm{d}t=4ab\int_0^{\frac{\pi}{2}}\dfrac{\cos t+1}{2}\mathrm{d}t$$

$$=2ab\left(\dfrac{\sin 2t}{2}+t\right)\bigg|_0^{\frac{\pi}{2}}=\pi ab$$

特别当 $a=b=r$ 时,得圆的面积公式: $A=\pi r^2$.

2. 由连续曲线 $y=f(x),y=g(x)$ 与直线 $x=a,x=b(a<b)$ 所围成的平面图形的面积,如图 4-35 所示.

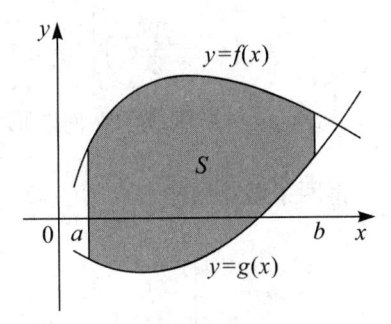

图 4-35

取 $x\in[a,b]$ 为积分变量,任取一子区间 $[x,x+\mathrm{d}x]$,相应的部分面积可以以 $|f(x)-g(x)|$ 为高、$\mathrm{d}x$ 为底的小矩形的面积近似代替,如图 4-36 所示:

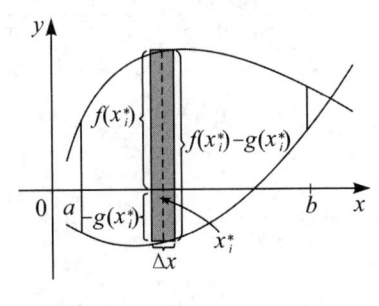

图 4-36

即面积微元为

$$\mathrm{d}A=|f(x)-g(x)|\,\mathrm{d}x$$

于是

$$A=\int_a^b|f(x)-g(x)|\,\mathrm{d}x \tag{8}$$

例 4.47 求由 $y=e^x, y=x, x=0$ 及 $x=1$ 所围成的平面图形的面积.

解:如图 4-37 所示:

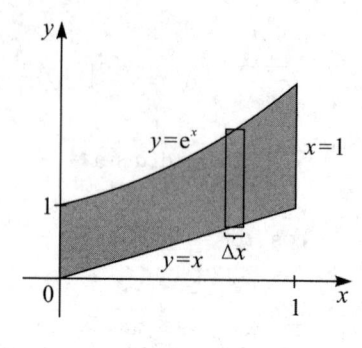

图 4-37

由式(8),得

$$A = \int_0^1 (e^x - x) dx$$
$$= \left(e^x - \frac{1}{2}x^2\right)\bigg|_0^1 = e - \frac{3}{2}$$

例 4.48 求由 $y_T = 2x - x^2, y_B = x^2$ 所围成的平面图形的面积.

解:解方程组 $\begin{cases} y = 2x - x^2 \\ y = x^2 \end{cases}$,得两条抛物线的交点为 $(0,0)$ 和 $(1,1)$,如图 4-38 所示:

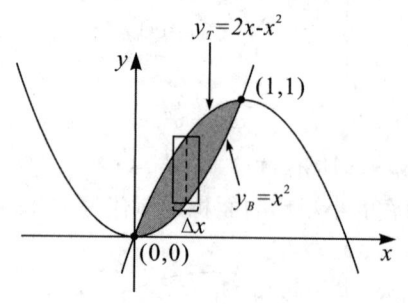

图 4-38

由式(8),得

$$A = \int_0^1 (2x - x^2 - x^2) dx$$
$$= \left(x^2 - \frac{2}{3}x^3\right)\bigg|_0^1 = 1 - \frac{2}{3} = \frac{1}{3}$$

四、立体体积的计算

1. 旋转体的体积

旋转体就是一个平面图形绕着该平面的一条直线旋转一周而成的立体.圆柱、圆锥、圆台、球都是旋转体.

例 4.49 求球体的体积. 如图 4-39 所示.

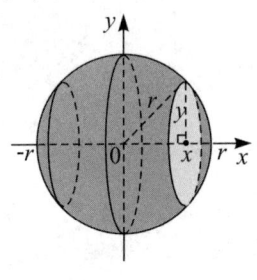

图 4-39

思路如下图 4-40 所示：

图 4-40

设一旋转体是由连续曲线 $y=f(x)(f(x)\geqslant 0)$、直线 $x=a$、$x=b(a<b)$ 及 x 轴所围成的平面图形绕 x 轴旋转一周而成的立体，如图 4-41 所示. 我们利用定积分计算旋转体的体积.

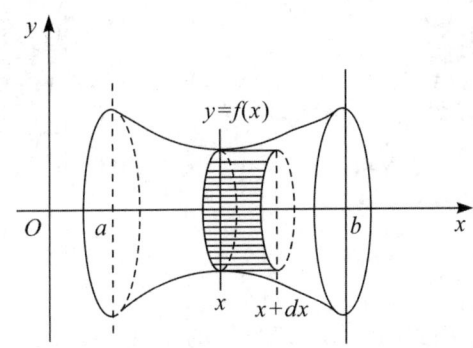

图 4-41

取横坐标 x 为积分变量，它的变化区间为 $[a,b]$，相应于 $[a,b]$ 上的任取一个小区间 $[x,x+\mathrm{d}x]$ 的小曲边梯形绕 x 轴旋转一周而成的薄片的体积（即体积微元）为

$$\mathrm{d}V = \pi [f(x)]^2 \mathrm{d}x$$

以 $\pi[f(x)]^2 \mathrm{d}x$ 为被积表达式，在 $[a,b]$ 上求定积分，便得所求旋转体的体积，即

$$V_x = \pi \int_a^b f^2(x) \mathrm{d}x \tag{9}$$

类似地，还可以得到 $[c,d]$ 上由连续曲线 $x=f^{-1}(y)$ 绕 y 轴旋转而成的体积公式为

$$V_y = \pi \int_c^d [f^{-1}(y)]^2 \mathrm{d}y \tag{10}$$

例 4.50 求由连续曲线 $y=\sqrt{x}$、直线 $x=1$ 及 x 轴所围成的平面图形绕 x 轴旋转一

▶ 应用数学基础

周得到的旋转体的体积.

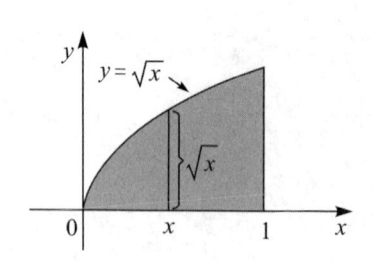

图 4-42

解：如图 4-42 所示，由式(9)知所求立体的体积为

$$V = \pi \int_0^1 (\sqrt{x})^2 \, dx$$
$$= \pi \frac{1}{2} x^2 \Big|_0^1 = \frac{1}{2}\pi$$

例 4.51 求由连续曲线 $y = x^3$、直线 $y = 8$ 及 y 轴所围成的平面图形绕 y 轴旋转一周得到的旋转体的体积.

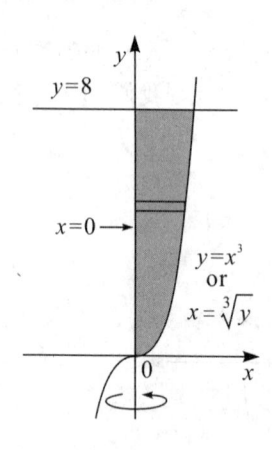

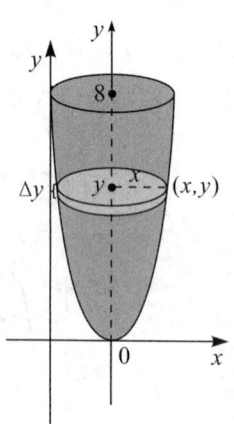

(a) 图 4-43 (b)

解：如图 4-43 所示，由式(10)知所求立体的体积为

$$V = \pi \int_0^8 (\sqrt[3]{y})^2 \, dy$$
$$= \pi \frac{1}{1+\frac{2}{3}} y^{\frac{5}{3}} \Big|_0^8 = \frac{96}{5}\pi$$

例 4.52 求椭圆 $\dfrac{x^2}{a^2} + \dfrac{y^2}{b^2} = 1$ 绕 x 轴旋转一周而成的旋转体（叫旋转椭圆体）体积.

解：由椭圆方程得

$$y^2 = b^2 \left(1 - \frac{x^2}{a^2}\right)$$

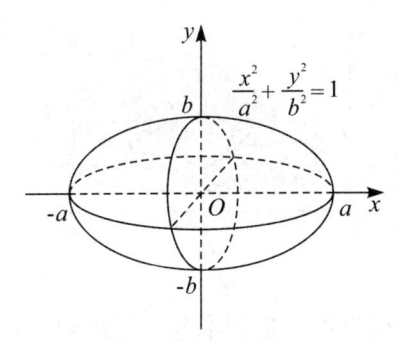

图 4-44

如图 4-44 所示,由式(9)可知所求立体的体积为

$$V = \pi \int_{-a}^{a} b^2 \left(1 - \frac{x^2}{a^2}\right) dx$$

$$= \pi b^2 \left(x - \frac{x^3}{3a^2}\right)\Big|_{-a}^{a} = \pi b^2 \left(a - \frac{a^3}{3a^2}\right) - \pi b^2 \left(-a - \frac{(-a)^3}{3a^2}\right)$$

$$= \frac{4}{3}\pi b^2 a$$

特别地,当 $a = b$ 时,旋转椭球体就变成了半径为 a 的球体,其体积为

$$V = \frac{4}{3}\pi a^3$$

2. 平行截面面积为已知的立体体积计算

如果一个立体 Ω 不是旋转体,如图 4-45 所示,但立体 Ω 上垂直于 x 的各个平行截面的面积 $A(x)$ 是已知的,且 $A(x)$ 是区间 $[a,b]$ $(a \leqslant x \leqslant b)$ 上的连续函数,如何求立体 Ω 的体积?

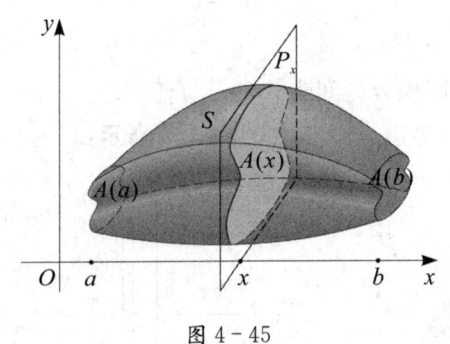

图 4-45

思路见图 4-46、4-47:

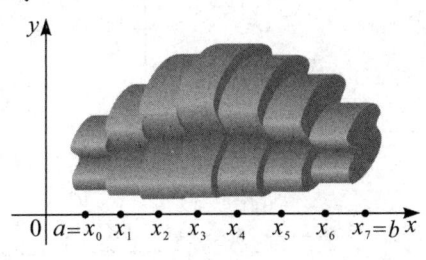

图 4-46

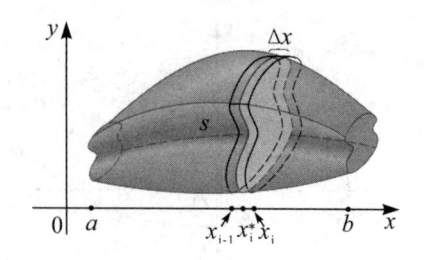

图 4-47

实际上，我们取 $x \in [a,b]$ 为积分变量，任取一子区间 $[x, x+\mathrm{d}x]$，相应的小薄片的体积，如图 4-47 所示，近似于底面积为 $A(x)$、高为 $\mathrm{d}x$ 的扁柱体的体积，从而得体积元素
$$\mathrm{d}V = A(x)\mathrm{d}x$$

所以
$$V = \int_a^b A(x)\mathrm{d}x \tag{11}$$

例 4.53 设有如图 4-48 所示的金属工件，它是底面是半径为 1 的圆，而垂直于一条固定直径的所有截面都是等边三角形的立体．求该金属工件的体积．

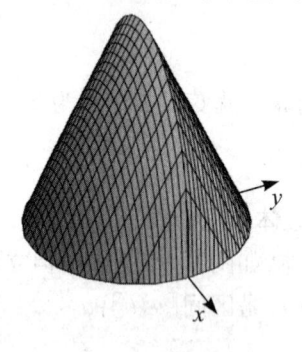

图 4-48

解：底圆的方程为 $x^2 + y^2 = 1$

选定 x 为积分变量，则积分区间为 $[-1,1]$，任取一点 $x \in [-1,1]$，依题设知，过点 x 且垂直于 x 轴的截面是一等边三角形，如图 4-49 所示：

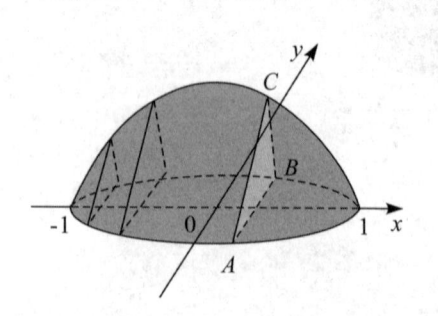

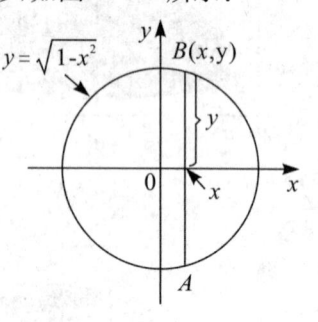

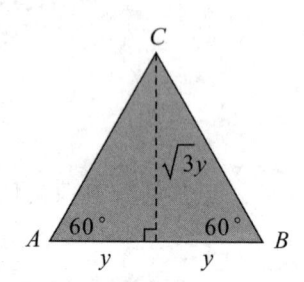

图 4-49

其边长为 $2|y| = 2\sqrt{1^2 - x^2}$．
故该截面的面积
$$A(x) = \frac{1}{2} \cdot 2\sqrt{1^2 - x^2} \cdot 2\sqrt{1^2 - x^2} \sin\frac{\pi}{3} = \sqrt{3}(1^2 - x^2)$$

由式(11)得该金属工件的体积为

$$V = \int_{-1}^{1} \sqrt{3}(1^2 - x^2) \, dx$$

$$= \sqrt{3}\left(x - \frac{1}{3}x^3\right)\Big|_{-1}^{1} = \frac{4}{3}\sqrt{3}$$

因此,该金属工件的体积为 $\frac{4\sqrt{3}}{3}$.

五、平面曲线的弧长及其在建筑工程中的应用(曲线型钢筋长度的计算)

生产实践中不仅要计算直线段的长度,有时还需要计算曲线弧的长度. 例如,建造鱼腹式钢筋混凝土梁,为了确定钢筋的下料长度,就需要计算出鱼腹部分曲线型钢筋的长度.

当曲线弧是由直角坐标方程 $y = f(x)$ ($a \leqslant x \leqslant b$) 给出,则这段曲线弧的长度计算思路如图 4-50 所示:

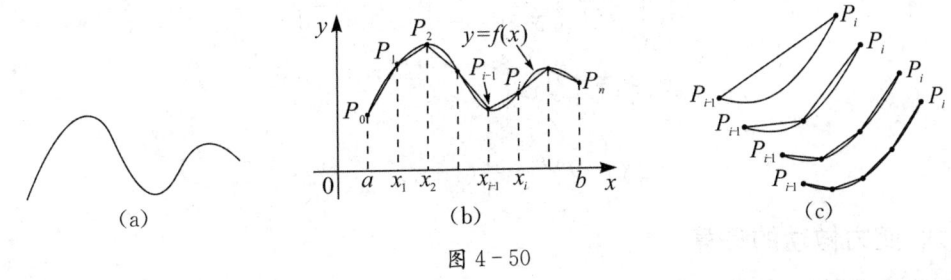

图 4-50

实际上,我们取 $x \in [a,b]$ 为积分变量,任取一子区间 $[x, x+dx]$,相应的小段曲线弧的长度,如图 4-51 所示:

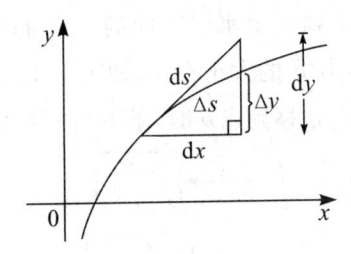

图 4-51

近似于底为 dx、高为 dy 的直角三角形的斜边的长度,从而得曲线弧长元素

$$ds = \sqrt{(dx)^2 + (dy)^2} = \sqrt{1 + \left(\frac{dy}{dx}\right)^2} \, dx = \sqrt{1 + (y')^2} \, dx$$

则曲线弧的长度为

$$s = \int_a^b \sqrt{1 + y'^2} \, dx \tag{12}$$

当曲线弧是由参数方程 $\begin{cases} x = \varphi(t) \\ y = \psi(t) \end{cases}$ ($\alpha \leqslant t \leqslant \beta$) 给出,则曲线弧的长度为

$$s = \int_\alpha^\beta \sqrt{[\varphi'(t)]^2 + [\psi'(t)]^2}\,dt \tag{13}$$

注意: 为使弧长为正,要使上述式(12)和(13)中的积分上限大于积分下限.

例 4.54 计算曲线 $y = \frac{2}{3}x^{\frac{3}{2}}$ 上相当于 x 从 a 到 b 的一段弧的长度. 如图 4-52 所示.

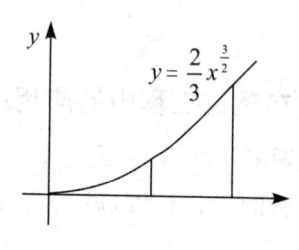

图 4-52

解: 因为 $y' = x^{\frac{1}{2}}$,由式(12)则

$$s = \int_a^b \sqrt{1 + y'^2}\,dx = \int_a^b \sqrt{1+x}\,dx$$

$$= \frac{2}{3}(1+x)^{\frac{3}{2}} \Big|_a^b$$

$$= \frac{2}{3}(1+b)^{\frac{3}{2}} - \frac{2}{3}(1+a)^{\frac{3}{2}}$$

六、变力做功的计算

由物理学知道,物体在常力 F 的作用下沿力的方向作直线运动,当物体移动一段距离 S 时,力 F 所做的功为 $W = F \cdot S$. 但在实际问题中,常常会遇到变力做功的问题.

如图 4-53 所示,设物体受到一个水平方向的力 F 的作用而沿水平方向作直线运动,已知在 x 轴上的不同点处,力 F 的大小不同,即力 F 是 x 的函数,记为 $F = F(x)$,当物体在这个力 F 的作用下,由点 a 移到点 b 时,求变力 F 所做的功.

图 4-53

在区间 $[a,b]$ 上任取一个小区间 $[x, x+dx]$,由于 dx 很小,于是物体这一小区间上所受的力可以近似地看成是一个常力,从而得到物体从点 x 移到点 $x + dx$ 所做的功的近似值

$$dW = F(x)\,dx$$

dW 叫做功微元. 对做功微元在区间 $[a,b]$ 上求定积分,便得到力 F 在 $[a,b]$ 上所做的功是

$$W = \int_a^b F(x)\,dx \tag{14}$$

例 4.55 一圆台贮水池高 5m，上底圆与下底圆的直径分别为 6m 和 4m，见图 4-54，问将池内盛满的水抽出需要做多少功？

图 4-54

解：这是一个克服重力做功的问题。因为抽出不同深度的水，其位移距离是不同的，克服重力所做的功是不同的。所以，此问题需要用定积分来计算。选取坐标系如图 4-55 所示。

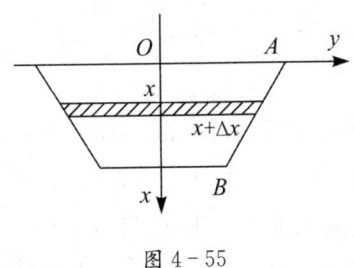

图 4-55

取积分变量为 $x \in [0,5]$，任取一子区间 $[x, x+dx]$。因直线 AB 的方程为 $y = 3 - \dfrac{x}{5}$，水密度 $\rho = 1000\,\text{kg/m}^3$，则相应的薄水层的重力的近似值为

$$dF = g \cdot \rho \cdot \pi y^2\, dx = 9.8 \times 1000\pi \left(3 - \frac{x}{5}\right)^2 dx$$

这层水抽出池外的位移为 x，则功的微元为

$$dW = 9.8 \times 1000\pi x \left(3 - \frac{x}{5}\right)^2 dx$$

因此，将池内盛满的水抽出需要做功

$$W = \int_0^5 9.8 \times 1000\pi x \left(3 - \frac{x}{5}\right)^2 dx$$

$$= \int_0^5 9.8 \times 1000\pi \left(9x - \frac{6}{5}x^2 + \frac{1}{25}x^3\right) dx$$

$$= 9.8 \times 1000\pi \left(\frac{9}{2}x^2 - \frac{2}{5}x^3 + \frac{1}{100}x^4\right)\bigg|_0^5 \approx 217000$$

于是 $W \approx 2117000(J)$

七、液体的压力计算

由物理学可知，一水平放置在液体中的薄片，若其面积为 A，距离液体表面的深度为 h，则该薄片一侧所受的压力 F 等于以 A 为底，h 为高的液体柱的重量，即 $F = PA = \gamma gAh$，其中 γ 为液体的密度（单位：kg/m^3）。

但在实际问题中,常常要计算液体中与液面垂直的薄片的一侧所受的压力,由于薄片上每个位置距离液体表面的深度不一样,因此不能简单地利用上述公式进行计算.

如图 4-56,有一块形状似曲边梯形[曲线方程为 $y=f(x)$]的平面薄片,铅直地放置在液体中(液体的密度为 γ),最上端的一边平行于液面并与液面的距离为 a,最下端的一边平行于液面并与液面的距离为 b,怎样求该薄片的一侧所受的压力呢?

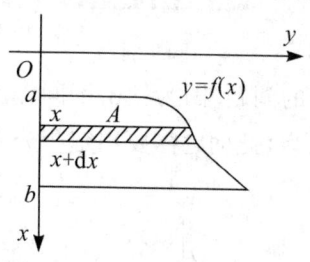

图 4-56

建立直角坐标系,如图 4-56 在区间 $[a,b]$ 上任取一小区间 $[x,x+dx]$,由于 dx 很小,其对应的小条块近似地看作一个以 $f(x)$ 为长,以 dx 为宽的小矩形,其面积为 $f(x)dx$;小条块距液面的深度近似地看作不变,都等于 $9.8 \cdot \gamma \cdot f(x)dx \cdot x$,因此小条块上受到的压力近似地等于 x,即压力微元. 所以,曲边梯形上所受的侧压力为

$$F = \int_a^b 9.8\gamma x f(x) dx$$

例 4.56 设一水平放置的水管,其断面是直径为 6 m 的圆,求当水半满,水管一端的竖立闸门上所受的压力.

解:如图 4-57 所示,建立直角坐标系:

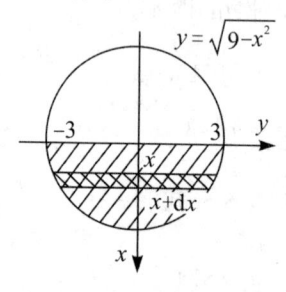

图 4-57

则圆的方程为 $x^2+y^2=9$. 取 x 为积分变量,积分区间为 $[0,3]$,于是竖立闸门上所受的压力为

$$F = 2\int_0^3 9.8 \times 10^3 x \sqrt{9-x^2} dx$$

$$= -9800\int_0^3 \sqrt{9-x^2} d(9-x^2)$$

$$= -9800 \times \frac{2}{3}(9-x^2)^{\frac{3}{2}}\Big|_0^3 = 176400$$

八、函数的平均值及其应用

假设在一个气象站观测点，$T=f(t)$是某一天记录下的时间 t 的气温，观测站使用一个 24 小时的计时器，因此气温函数的定义域是区间$[0,24]$，该函数是连续的，如图 4-58 所示.

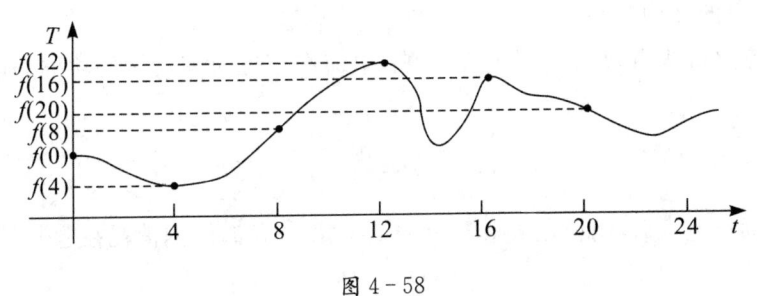

图 4-58

为了求这一天的平均气温，从午夜开始每隔 4 小时读取一次气温值，记

$$T_1=f(0),\quad T_2=f(4),\quad T_3=f(8)$$
$$T_4=f(12),\quad T_5=f(16),\quad T_6=f(20)$$

平均值是这 6 个值的和除以 6：

$$T_{av}=\frac{T_1+T_2+T_3+T_4+T_5+T_6}{6}$$

这样计算的平均气温不可能提供最有效的结果. 例如，假设这是一个炎热的夏日，下午 2:00（在 24 小时的计时器上是 14 点），在我们所读取的时间间隔内，有一个短暂的雷雨天气，气温下降，这个瞬间的下降就没有反映在上面计算的平均值中.

应该如何做呢？可以每半小时为间隔读取 48 个值，再求平均值，这样得到的结果会更好一些. 事实上，读取的间隔越短得到的结果越好. 看来合理的做法是把时间 T 在区间 $[0,24]$ 上的平均值定义为 $n\to\infty$ 时 n 个值的平均值的极限：

$$T_{av}=\lim_{n\to\infty}\frac{1}{n}\sum_{i=1}^{n}T_i=\lim_{n\to\infty}\frac{1}{n}\sum_{i=1}^{n}f(t_i)$$

这离定积分的定义就不远了，只需要给出 Δt 即可，此时 $\Delta t=\dfrac{24-0}{n}=\dfrac{24}{n}$，把它代入求和式中：

$$T_{av}=\lim_{n\to\infty}\frac{1}{n}\sum_{i=1}^{n}f(t_i)=\lim_{n\to\infty}\frac{1}{\Delta t}\cdot\frac{1}{n}\sum_{i=1}^{n}f(t_i)\Delta t=\lim_{n\to\infty}\frac{n}{24}\cdot\frac{1}{n}\sum_{i=1}^{n}f(t_i)\Delta t$$
$$=\frac{1}{24}\lim_{n\to\infty}\sum_{i=1}^{n}f(t_i)\Delta t=\frac{1}{24}\int_0^{24}f(t)\mathrm{d}t$$

定义 4.8 设 $f(x)$ 是闭区间 $[a,b]$ 上的连续函数，它在区间 $[a,b]$ 上的平均值记为 $\overline{y_{av}}$ 或 $\overline{y}$.

$$y_{av}=\frac{1}{b-a}\int_a^b f(x)\mathrm{d}x$$

▶ 应用数学基础

引例3（**交流电的平均功率**） 在电机、电器上常会标有功率、电流、电压的数字.如电机上标有功率 2.8 kW,电压 380 V.在灯泡上标有 45 W,220 V 等.这些数字表明交流电在单位时间内所做的功以及交流电压.但是交流电流、电压的大小和方向都随时间作周期性的变化,怎样确定交流电的功率、电流、电压呢？

(1) 直流电的平均功率

平均功率又称为有效功率,由电工学知,电流在单位时间所做的功称为电流的功率 P,即

$$P = \frac{W}{t}$$

直流电通过电阻 R,消耗在电阻 R 上的功率(即单位时间内消耗在电阻 R 上的功)是

$$P = I^2 R$$

其中 I 为电流,因直流电流大小和方向不变,所以 I 是常数,因而功率 P 也是常数. 若要计算经过时间 t 消耗在电阻上的功,则有

$$W = P(t) = I^2 R t$$

(2) 交流电的平均功率

对交流电,因交流电流 $i = i(t)$ 不是常数,故通过电阻 R 所消耗的功率 $P(t) = I(t)^2 R$ 也随时间而变. 由于交流电随时间 t 在不断变化,因而所求的功 W 是一个非均匀分布的量,可以用定积分表示.

交流电虽然在不断变化,但在很短的时间间隔内,可以近似地认为是不变的(即近似地看作是直流电),

因而在 dt 时间内对"$i = i(t)$"以常代变,可得到功的微元：

$$dW = R i^2(t) dt$$

在时间 $[t_0, t]$ 内电阻元件的热量 q,也就是这段时间内吸收(消耗)的电能 W 为

$$W = \int_{t_0}^{t} R i^2(t) dt = \int_{t_0}^{t} \frac{u^2(t)}{R} dt$$

在一个周期 T 内消耗的功率为

$$W = \int_{0}^{T} R i^2(t) dt = \int_{0}^{T} \frac{u^2(t)}{R} dt$$

因此,交流电的平均功率为

$$\overline{P} = \frac{W}{T} = \frac{1}{T} \int_{0}^{T} R i^2(t) dt$$

例 4.57（**发动机的排放物**）一台发动机的排放速率为 $E(t) = 2t^2$,其中 $E(t)$ 表示发动机排放速率,以 10 亿个污染颗粒/年计. 求由时间 $t = 1$ 到 $t = 5$ 的平均排放量.

解：平均排放量是

$$\frac{1}{5-1} \int_{1}^{5} 2t^2 dt = \frac{1}{4} \cdot \frac{2}{3} t^3 \Big|_{1}^{5} = \frac{1}{6}(5^3 - 1^3)$$

$$= \frac{1}{6}(125-1) = 20\frac{2}{3}(10亿个污染颗粒/年)$$

例 4.58 求纯电阻电路中正弦交流电 $i = I_m \sin\omega t$ 在一个周期上功率的平均值(简称平均功率).

注：$U_m = I_m R$，I_m 和 U_m 分别表示电流、电压的峰值.

解：设电阻为 R，则电路中电压为 $U = iR = I_m R \sin\omega t$，而功率 $P = Ui = I_m^2 R \sin^2\omega t$，故功率在长度为一周期的区间 $\left[0, \frac{2\pi}{\omega}\right]$ 上的平均值为

$$\bar{P} = \frac{\omega}{2\pi}\int_0^{\frac{2\pi}{\omega}} I_m^2 R \sin^2\omega t \, dt$$

$$= \frac{\omega I_m^2 R}{2\pi}\int_0^{\frac{2\pi}{\omega}} \sin^2\omega t \, dt$$

$$= \frac{\omega I_m^2 R}{2\pi}\int_0^{\frac{2\pi}{\omega}} \frac{1-\cos 2\omega t}{2} dt$$

$$= \frac{\omega I_m^2 R}{2\pi}\left(\frac{1}{2}t - \frac{\sin 2\omega t}{4\omega}\right)\Big|_0^{\frac{2\pi}{\omega}}$$

$$= \frac{\omega I_m^2 R}{2\pi} \cdot \frac{\pi}{\omega} = \frac{I_m^2 R}{2} = \frac{I_m \cdot (I_m R)}{2} = \frac{I_m U_m}{2}$$

因此

$$\bar{P} = \frac{I_m U_m}{2}$$

即，纯电阻电路中正弦交流电的平均功率等于电流、电压的峰值的乘积的二分之一. 通常交流电器上标明的功率就是指平均功率.

九、函数的均方根及其应用

通常，我们将 $\sqrt{\frac{1}{b-a}\int_a^b f^2(x)dx}$ 叫做函数 $f(x)$ 在 $[a,b]$ 上的均方根.

我们日常使用的电器上表明的电流值，实际上是一种特定的平均值，习惯上称为有效值.

对周期性非恒定电流 i 的有效值的定义是：当 $i(t)$ 在它的一个周期内在负载 R 上消耗的平均功率等于取固定值 I 的恒定电流在 R 上消耗的功率时，称这个 I 值为 $i(t)$ 的有效值.

例 4.59 求纯电阻电路中正弦交流电 $i = I_m \sin\omega t$ 中电流的有效值.

解：电流 $i(t)$ 在 R 上消耗的功率为 $u(t)i(t) = Ri^2(t)$，它在 $[0,T]$ 上的平均值即为 $\frac{1}{T}\int_0^T Ri^2(t)dt$，而取固定值 I 的恒定电流在电阻 R 上消耗的功率为 $I^2 R$，所以 I 满足下列等式

$$I^2 R = \frac{1}{T}\int_0^T Ri^2(t)dt$$

即
$$I^2 = \frac{1}{T}\int_0^T i^2(t)\,\mathrm{d}t$$

于是
$$I = \sqrt{\frac{1}{T}\int_0^T i^2(t)\,\mathrm{d}t}$$

当 $i(t)=I_m \sin\omega t$ 时,有效值

$$I = \sqrt{\frac{\omega}{2\pi}\int_0^{\frac{2\pi}{\omega}} I_m^2 \sin^2\omega t\,\mathrm{d}t} = \sqrt{\frac{\omega}{2\pi}I_m^2\int_0^{\frac{2\pi}{\omega}}\sin^2\omega t\,\mathrm{d}t} = \sqrt{\frac{\omega}{2\pi}I_m^2\frac{\pi}{\omega}} = \frac{I_m}{\sqrt{2}}$$

这就是说,正弦交流电的有效值等于它峰值的 $\frac{1}{\sqrt{2}}$.

显然,周期性交流电 $i(t)$ 的有效值是它在一个周期上的均方根.

十、定积分在经济上的应用

例 4.60 某产品边际成本为 $C'(x)=10+0.02x$,边际收益为 $R'(x)=15-0.01x$(C 和 R 的单位均为万元,产量 x 的单位为百台),试求产量由 15(百台)增加到 18(百台)的总利润.

解: 当产量由 15 增加到 18 时的总成本为
$$C = \int_{15}^{18}(10+0.02x)\,\mathrm{d}x = 30.99\,(万元)$$

这时,总收益为
$$R = \int_{15}^{18}(15-0.01x)\,\mathrm{d}x = 44.505\,(万元)$$

因此,总利润为
$$L = R - C = 44.505 - 30.99 = 13.515\,(万元)$$

例 4.61 某企业生产的产品的需求量 Q 与产品价格 P 的关系为 $Q=Q(P)$. 若已知需求量对价格的边际需求函数为 $f(P) = -3000P^{-2.5}+36P^{0.2}$(单位:元),试求产品价格由 1.2 元浮动到 1.5 元时,对市场的需求量的影响.

解: 已知 $Q'(P)=f(P)$ 即
$$\mathrm{d}Q = f(P)\mathrm{d}P$$

所以,价格由 1.2 元浮动到 1.5 元时,总需求量为
$$\begin{aligned}
Q &= \int_{1.2}^{1.5} f(P)\,\mathrm{d}P = \int_{1.2}^{1.5}(-3000P^{-2.5}+36P^{0.2})\,\mathrm{d}P \\
&= [2000P^{-1.5}+30P^{1.2}]_{1.2}^{1.5} \\
&\approx 1137.5 - 1558.8 \\
&= -421.3
\end{aligned}$$

所以,当价格由 1.2 元浮动到 1.5 元时,该产品的市场需求量减少了 421.3 个单位.

十一、定积分在力学中的应用

首先定义惯性矩,如图 4-59 所示.

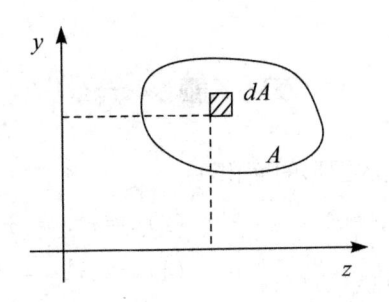

图 4-59

dA 与 dA 到 z 轴的距离平方的乘积,叫做面积 dA 对 z 轴惯性矩.即:$y^2 dA$.
利用微分法思想,可求得图形面积 A 对 z 轴的惯性矩.

$$I_z = \int_A y^2 dA$$

同理

$$I_y = \int_A z^2 dA$$

例 4.62 如图 4-60 所示,试计算矩形对其对称轴 y 和 z 的惯性矩.

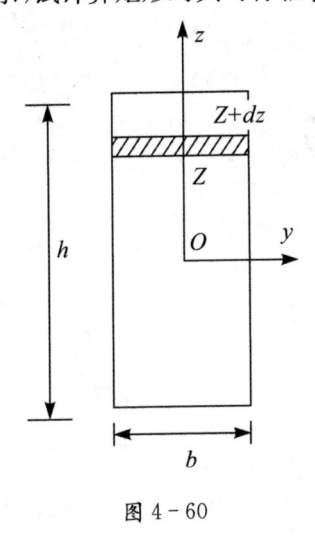

图 4-60

解:

$$dA = b dz$$

$$I_y = \int_A z^2 dA = \int_{-\frac{h}{2}}^{\frac{h}{2}} bz^2 dz$$

$$= 2\int_0^{\frac{h}{2}} bz^2 dz = \frac{bh^3}{12}$$

同法可得

$$I_z = \frac{hb^3}{12}$$

习 题 六

1. 求下列各曲线所围成的图形的面积：

   (1) $y=\sin x(0\leqslant x\leqslant \pi, y=0)$

   (2) $y=x^3, y=x$

   (3) $y=x^2, y=x^3$

   (4) $y=2x, y=x, y=2$

   (5) $y=\sqrt{x}, y=x^2$

   (6) $y=4-x^2, y=4-4x$

   (7) $y=x^2+1, y=x^2, x=1, x=3$

   (8) $y=x, y=\sqrt[4]{x}$

2. 求下列图形中阴影区域的面积：

   (1) $f(x)=2x+x^2-x^3, g(x)=0$

   (2) $f(x)=x^3+3x^2-9x-12, g(x)=4x+3$ 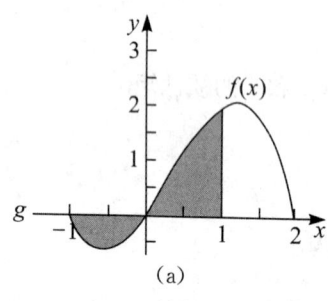

   (a) 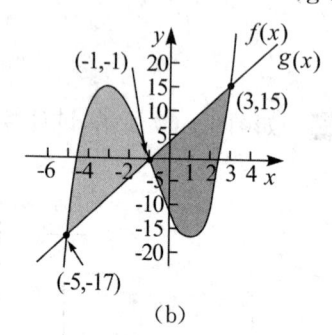

   (b)

   (3) $f(x)=x^4-8x^3+18x^2, g(x)=x+28$

   (4) $f(x)=4x-x^2, g(x)=x^2-6x+8$ 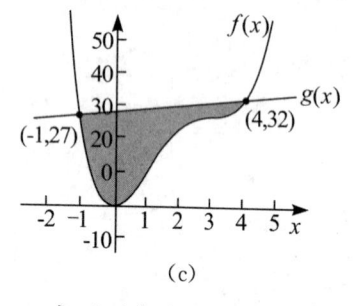

   (c) 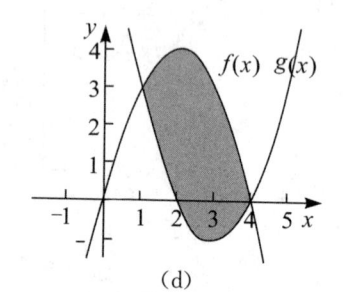

   (d)

3. 求下列曲线所围成的图形绕指定轴旋转所得的旋转体的体积：

   (1) $y=\sqrt{x}, x=2, y=0$，绕 x 轴；

   (2) $y=e^x, y=e, x=0$，绕 y 轴；

   (3) $y^2=x, x^2=y$，绕 x 轴.

4. 求下列曲线 $y=\ln x$ 上对应于 $\sqrt{3}\leqslant x\leqslant\sqrt{8}$ 的一段弧.

5. 弹簧原长 0.30 m，每压缩 0.01 m 需用大小为 2 N 的力，求把弹簧从 0.25 m 压缩到 0.20 m 所做的功.

6. 求下列函数在指定区域上的平均值：

   (1) $y=1+a\sin x+b\cos x, x\in[0,2\pi]$ (a,b 为常数)；

(2) $y = x\cos x, x \in [0, 2\pi]$.

7. 某产品在时刻 t 的总产量的变化率为 $f(x) = 100 + 12t - 0.6t^2$（单位/小时），试求从 $t=2$ 到 $t=4$ 这两小时内的总产量.

8. 某厂商测定，其边际利润可表示为：
$$P'(x) = 200e^{-0.032x}$$
假设厂商有可能无限度地生产这种产品，试问其总利润是多少？

9. 在 2001($t=0$) 年，铝土矿的需求是 135.7 百万吨，而且需求量正在以每年 3.9% 的比例呈指数增长. 如果需求持续以这个比例增长，试问由 2001 年到 2030 年全世界将要消耗多少吨铝土矿？

10. 一家生产晶体管的公司测定出一个晶体管的使用期 t 是 3～6 年，并且 t 的概率密度函数为
$$f(t) = \frac{24}{t^3}, 3 \leqslant t \leqslant 6$$
(1) 求一个晶体管能持续使用不超过 4 年的概率.
(2) 求一个晶体管能持续使用 $t = [4, 5]$ 的概率.

11. 某家庭每天电的消耗速率（以 kW·h 计）是
$$K(t) = 10te^{-t}$$
其中 t 是时间，以小时计. 即 t 在区间 $[0, 24]$ 中. 求：
(1) 这个家庭在一天的最初 T 小时（$t=0$ 到 $t=T$）内消耗了多少 kW·h 的电？
(2) 这个家庭在一天的最初 4 小时内消耗了多少 kW·h 的电？
(3) 这个家庭平均每小时内消耗了多少 kW·h 的电？

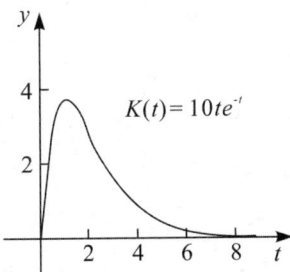

12. 普瓦瑟耶定律. 血管中血液的流动在血管中心比较快，而在中心之外比较慢. 血液的流速 V 为
$$V = \frac{p}{4Lv}(R^2 - r^2)$$
式中，R 是血管的半径，r 是由血管中心到测量点血液的距离，而 p、v 和 L 是与压力、血液黏度及血管的长度有关的物理常数. 如果 R 是常数，则可把 v 当作 r 的函数：
$$V(r) = \frac{p}{4Lv}(R^2 - r^2)$$

总的血流量为

$$Q = \int_0^R 2\pi \cdot v(r) \cdot r \cdot \mathrm{d}r$$

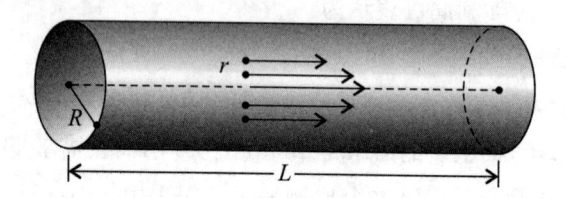

求 Q.

第七节　用 MathCAD 求积分

一、用 MathCAD 求定积分

用 MathCAD 可以快捷地求出绝大多数初等函数的定积分.计算方法如下：

第一步,单击微积分运算板上定积分的符号键,如图 4-61.

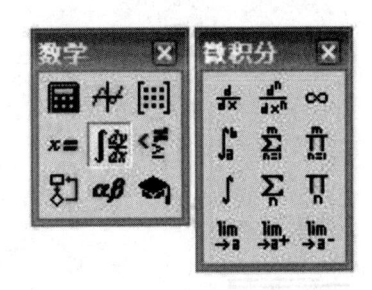

图 4-61

第二步,在其后的占位符处输入被积函数表达式、积分上限、积分下限、积分变量,如图 4-62,图 4-63.

$$\int_{\blacksquare}^{\blacksquare} \blacksquare \, d\blacksquare \qquad \Rightarrow \qquad \int_a^b f(x)\,dx$$

图 4-62　　　　　　图 4-63

第三步,点击计算运算板上符号计算的符号键计算这个函数的定积分.如图 4-64、图 4-65 所示.

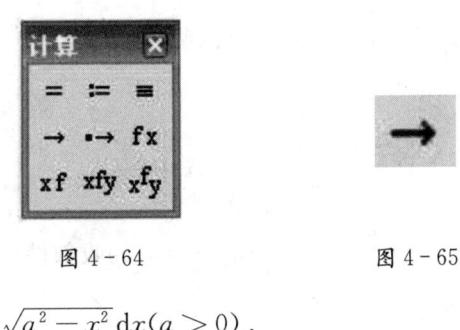

图 4-64　　　　　　图 4-65

例 4.61　计算 $\int_{-a}^{a} \sqrt{a^2-x^2}\,dx\,(a>0)$.

解：

$$\int_{-a}^{a} \sqrt{a^2-x^2}\,dx \to \frac{1}{2} \cdot a^2 \cdot \pi$$

例 4.62　计算 $\int_0^{\pi} \dfrac{1}{5+4\sin x}\,dx$.

解：

$$\int_0^\pi \frac{1}{5+4\sin(x)}\,\mathrm{d}x \rightarrow \frac{1}{3}\cdot\pi - \frac{2}{3}\cdot a\tan\left(\frac{4}{3}\right)$$

例 4.63 设变上限定积分定义的函数 $h(x)=\int_0^x t\mathrm{e}^{2t^2}\mathrm{d}t$，求 $\lim\limits_{x\to 1}h(x)$ 和 $h'(x)$．

解：定义函数

$$h(x):=\int_0^x t\cdot \mathrm{e}^{2\cdot t^2}\,\mathrm{d}t$$

$$\lim_{x\to 1}h(x) \rightarrow \frac{1}{4}\cdot\exp(2)-\frac{1}{4}$$

$$\frac{\mathrm{d}}{\mathrm{d}x}h(x)\rightarrow x\cdot\exp(2\cdot x^2)$$

例 4.64 求极限 $\lim\limits_{x\to 0}\dfrac{\int_0^{x^3}\cos t^2\,\mathrm{d}t}{\int_0^x t^2\mathrm{e}^{-t^2}\,\mathrm{d}t}$．

解：

$$\lim_{x\to 0}\frac{\int_0^{x^3}\cos(t^2)\,\mathrm{d}t}{\int_0^x t^2\cdot \mathrm{e}^{-t^2}\,\mathrm{d}t} \rightarrow 3$$

注意：有些函数无法用 MathCAD 辅助计算得到结果，如

$$\int_{-a}^a \frac{x^3}{x^4+\cos(x)}\,\mathrm{d}x \rightarrow \int_{-a}^a \frac{x^3}{(x^4+\cos(x))}\,\mathrm{d}x$$

二、用 MathCAD 判断广义积分的收敛性

例 4.65 判断广义积分 $\int_0^{+\infty} x^2\mathrm{e}^{-3x}\,\mathrm{d}x$ 的收敛性．

解：

$$\int_0^{+\infty} x^2\mathrm{e}^{-3x}\,\mathrm{d}x \rightarrow \frac{2}{27}$$

例 4.66 判断广义积分 $\int_{-\infty}^{+\infty}\dfrac{1}{a^2+x^2}\,\mathrm{d}x(a>0)$ 的收敛性．

解：

$$\int_{-\infty}^{+\infty}\frac{1}{a^2+x^2}\,\mathrm{d}x\,\text{assume},(a>0)\rightarrow\frac{\pi}{a}$$

本题使用符号运算板上的 assume 按钮，设置参数 a 的范围．如图 4-66 所示．
在用 MathCAD 辅助判断广义积分的收敛性时，如果输出结果为 ∞ 或 undefined（无意义），则可判断广义积分是发散的．

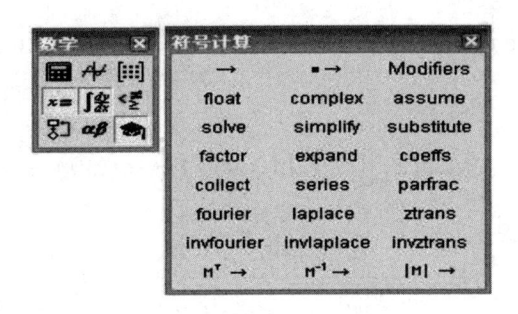

图 4-66

$$\int_0^\infty \sin(x) \cdot e^x \, dx \to \text{undefined}$$

$$\int_1^\infty x \cdot \ln(x) \, dx \to \infty$$

但也有一些广义积分 MathCAD 不能判断其收敛性,则不计算照原样输出. 例如:

$$\int_{-\infty}^\infty \frac{x}{1+x^2} \, dx \to \int_{-\infty}^\infty \frac{x}{(1+x^2)} \, dx$$

实际上这三个积分全是发散的.

三、用 MathCAD 求不定积分

用 MathCAD 可以快捷地求出绝大多数初等函数的不定积分. 类似用 MathCAD 求定积分,单击微积分运算板上求不定积分的符号键,在其后的占位符处输入被积函数表达式,可以计算这个函数的不定积分. 需要注意的是 MathCAD 做不定积分的结果中不包含任意常数.

例 4.67 求 $\int (3x+1)^8 \, dx$.

解:

$$\int (3x+1)^8 \, dx \to \frac{1}{27} \cdot (3 \cdot x + 1)^9$$

例 4.68 求 $\int 2x e^{x^2} \, dx$.

解:

$$\int 2x \cdot e^{x^2} \, dx \to \exp(x^2)$$

例 4.69 求 $\int \frac{1}{a^2+x^2} \, dx$.

解:

$$\int \frac{1}{a^2+x^2} \, dx \to \frac{1}{a} \cdot a\tan\left(\frac{x}{a}\right)$$

例 4.70 求 $\int \csc x \, \mathrm{d}x$.

解：
$$\int \csc(x) \, \mathrm{d}x \to \ln(\csc(x) - \cot(x))$$

例 4.71 求 $\int \dfrac{\mathrm{d}x}{1+\sqrt{x}}$.

解：
$$\int \frac{1}{1+\sqrt{x}} \mathrm{d}x \to \ln(-1+x) + 2 \cdot x^{\frac{1}{2}} - 2 \cdot a\tanh(x^{\frac{1}{2}})$$

例 4.72 求 $\int \dfrac{1}{\sqrt{x^2+a^2}} \mathrm{d}x$.

解：
$$\int \frac{1}{\sqrt{x^2+a^2}} \mathrm{d}x \to \ln\left[x + (x^2+a^2)^{\frac{1}{2}}\right]$$

例 4.73 求 $\int x \arctan x \, \mathrm{d}x$.

解：
$$\int x \cdot \arctan(x) \, \mathrm{d}x \to \frac{1}{2} \cdot x^2 \cdot \arctan(x) + \frac{1}{2} \cdot \arctan(x) - \frac{1}{2}x$$

例 4.74 求 $\int \mathrm{e}^x \cos x \, \mathrm{d}x$.

解：
$$\int \mathrm{e}^x \cos(x) \, \mathrm{d}x \to \frac{1}{2} \cdot \exp(x) \cdot \cos(x) + \frac{1}{2} \cdot \exp(x) \cdot \sin(x)$$

四、基于梯形法的 MathCAD 程序设计

$$\mathrm{TX}(f, a, b, N) := \begin{vmatrix} \text{for } k \in 0 \cdots N \\ x_0 \leftarrow 0 \\ x_k \leftarrow x_0 + k \cdot \dfrac{b-a}{N} \\ \mathrm{TX} \leftarrow \dfrac{b-a}{N} \cdot \sum_{k=0}^{N-1} \dfrac{f(x_k) + f(x_{k+1})}{2} \end{vmatrix}$$

$$f(x) := \sqrt{1 - \frac{1}{2} \cdot (\sin(x))^2}$$

$$\mathrm{TX}\left(f, 0, \frac{\pi}{2}, 6\right) = 1.35064388103561$$

$$\mathrm{TX}\left(f, 0, \frac{\pi}{2}, 60\right) = 1.35064388104768$$

五、基于抛物线法的 MathCAD 程序设计

$$\text{PWX}(f,a,b,N) := \begin{vmatrix} \text{for } k \in 0\cdots N \\ \begin{vmatrix} x_0 \leftarrow 0 \\ x_k \leftarrow x_0 + k \cdot \dfrac{b-a}{N} \end{vmatrix} \\ \text{TX} \leftarrow \dfrac{b-a}{3 \cdot N} \cdot \left[f(x_0) + f(x_N) + 2 \cdot \sum_{k=1}^{\frac{N-2}{2}} f(x_{2k}) + 4 \cdot \sum_{k=1}^{\frac{N}{2}} f(x_{2 \cdot k-1}) \right] \end{vmatrix}$$

$$f(x) := \sqrt{1 - \dfrac{1}{2} \cdot (\sin(x))^2}$$

$\text{PWX}\left(f, 0, \dfrac{\pi}{2}, 6\right) = 1.35064434319091$

$\text{PWX}\left(f, 0, \dfrac{\pi}{2}, 60\right) = 1.35064388104768$

说明:一般地,n 取得越大,近似程度就越好,当然计算量也越大,n 的选取要根据精度要求来定.一般情况下,抛物线法的近似程度好些.

例 4.75 $\int_0^{\frac{\pi}{2}} \sin x \, dx$ 的近似值及其精度比较

准确值:$\int_0^{\frac{\pi}{2}} \sin(x) \, dx \to 1$

$$\text{TX}(f,a,b,N) := \begin{vmatrix} \text{for } k \in 0\cdots N \\ \begin{vmatrix} x_0 \leftarrow 0 \\ x_k \leftarrow x_0 + k \cdot \dfrac{b-a}{N} \end{vmatrix} \\ \text{TX} \leftarrow \dfrac{b-a}{N} \cdot \sum_{k=0}^{N-1} \dfrac{f(x_k) + f(x_{k+1})}{2} \end{vmatrix}$$

$f(x) := \sin x$

$\text{TX}\left(f, 0, \dfrac{\pi}{2}, 6\right) = 0.994281888292158$

$\text{TX}\left(f, 0, \dfrac{\pi}{2}, 60\right) = 0.999942883581337$

误差为

$\Delta := |1 - 0.999942883581337| \to 5.7116418663 \cdot 10^{-5}$

$$\text{PWX}(f,a,b,N) := \begin{vmatrix} \text{for } k \in 0..N \\ \left| \begin{aligned} & x_0 \leftarrow 0 \\ & x_k \leftarrow x_0 + k \cdot \frac{b-a}{N} \end{aligned} \right. \\ \text{TX} \leftarrow \frac{b-a}{3 \cdot N} \cdot \left(f(x_0) + f(x_N) + 2 \cdot \sum_{k=1}^{\frac{N-2}{2}} f(x_2 \cdot k) + 4 \cdot \sum_{k=1}^{\frac{N}{2}} f(x_{2 \cdot k - 1}) \right) \end{vmatrix}$$

$$f(x) := \sin(x)$$

$$\text{PWX}\left(f, 0, \frac{\pi}{2}, 6\right) = 1.00002631217059$$

$$\text{PWX}\left(f, 0, \frac{\pi}{2}, 60\right) = 1.00000000260998$$

误差为

$$\Delta := |1 - 1.00000000260998| \to 2.60998 \cdot 10^{-9}$$

习 题 七

1. 用 MathCAD 计算下列定积分：

(1) $\int_1^{\sqrt{3}} \dfrac{\mathrm{d}x}{x^2 \sqrt{1+x^2}}$ (2) $\int_1^2 \dfrac{\mathrm{d}x}{x \sqrt{x^2-1}}$ (3) $\int_0^{\frac{1}{2}} \dfrac{1 - \arcsin x}{\sqrt{1-x^2}} \mathrm{d}x$

(4) $\int_0^1 \operatorname{arccot} x \, \mathrm{d}x$ (5) $\int_{-1}^1 \dfrac{\sqrt{2} - x}{\sqrt{2-x^2}} \mathrm{d}x$ (6) $\int_0^1 \arctan x \, \mathrm{d}x$

(7) $\int_0^{\pi} x \sin 2x \, \mathrm{d}x$ (8) $\int_0^1 x^2 e^{-x} \, \mathrm{d}x$ (9) $\int_3^4 \arctan \sqrt{x-3} \, \mathrm{d}x$

(10) $\int_0^{\frac{\pi}{2}} e^x \sin x \, \mathrm{d}x$ (11) $\int_0^{\ln 2} \sqrt{e^x - 1} \, \mathrm{d}x$ (12) $\int_{\frac{\pi}{4}}^{\frac{\pi}{3}} \dfrac{x \, \mathrm{d}x}{\sin^2 x}$

2. 用 MathCAD 判断下列广义积分是否收敛？若收敛，则求出它的值：

(1) $\int_{-\infty}^0 x e^{-x^2} \, \mathrm{d}x$ (2) $\int_e^{+\infty} \dfrac{1}{x \ln x} \mathrm{d}x$

(3) $\int_{-\infty}^0 x e^x \, \mathrm{d}x$ (4) $\int_{-\infty}^{+\infty} t e^{-t^2} \, \mathrm{d}t$

3. 用 MathCAD 求下列不定积分：

(1) $\int 3^{2x} \, \mathrm{d}x$ (2) $\int \dfrac{1}{x \ln x} \mathrm{d}x$

(3) $\int \dfrac{3}{1 + e^{2x}} \mathrm{d}x$ (4) $\int e^x \sqrt{e^x + 1} \, \mathrm{d}x$

(5) $\displaystyle\int \frac{1}{\sqrt{x}(1+x)} dx$

(6) $\displaystyle\int \frac{1}{x^2}\cos\frac{1}{x} dx$

(7) $\displaystyle\int \frac{\sin x}{\cos^2 x} dx$

(8) $\displaystyle\int \frac{\arcsin x}{\sqrt{1-x^2}} dx$

(9) $\displaystyle\int \frac{1}{\sqrt{1-x^2}\arcsin x} dx$

(10) $\displaystyle\int \frac{1}{1+x^2}\arctan x\, dx$

(11) $\displaystyle\int \frac{1}{1-\sqrt{2x+1}} dx$

(12) $\displaystyle\int \frac{x^2}{\sqrt{a^2-x^2}} dx$

(13) $\displaystyle\int \frac{\sqrt{1-x^2}}{x} dx$

(14) $\displaystyle\int \frac{dx}{x^2\sqrt{x^2-9}}$

(15) $\displaystyle\int \frac{1}{x\sqrt{1+x^2}} dx$

(16) $\displaystyle\int \frac{x^2}{\sqrt[3]{2-x}} dx$

(17) $\displaystyle\int x\sin^2 x\, dx$

(18) $\displaystyle\int \arctan\sqrt{x}\, dx$

(19) $\displaystyle\int e^{2x}\sin 3x\, dx$

(20) $\displaystyle\int x^2 e^{2x}\, dx$

(21) $\displaystyle\int e^{\sqrt{t}}\, dt$

(22) $\displaystyle\int x^2\sin x\, dx$

4. 用梯形法和抛物线法计算 $\displaystyle\int_0^1 e^{-x^2} dx$ 的近似值（提示，只需把例题程序中的被积函数 f、积分上限 a 和积分下限 b 以及划分次数 n 作修改即可）.

部分习题参考答案

第一章

习题一

1. (1) $x < -3$ 或 $x > 3$ (2) $0 \leqslant x < 2$ 或 $2 < x \leqslant 4$
   (3) $0 < x < 4$ (4) $x < -\dfrac{1}{2}$

2. (1) $x \in [-2,-1) \cup (-1,1) \cup (1,+\infty)$ (2) $x \in [(2k\pi)^2, (2k\pi+\pi)^2], k \in \mathbf{N}$

3. (1) $f(0)=1, f(-1)=0, f(1.5)=1.25$,当 $a>0$ 或 $a<-2$ 时,
   $f(1+a)=(1+a)^2-1$,当 $-2 \leqslant a \leqslant 0$ 时,$f(1+a)=\sqrt{1-(1+a)^2}$.
   (2) $f(0)=1, f(-1)=0, f(1.5)=6$,当 $a>0$ 时,$f(1+a)=2(1+a)+3=2a+5$,
   当 $a<0$ 时,$f(1+a)=(1+a)+1=a+2$.

4. (a)是,(b)是,(c)否,(d)是.

5. 设租金为 x 元,则收入为
$$f(x) = \begin{cases} 50(x-20), & x \leqslant 180 \\ \left(50 - \dfrac{x-180}{10}\right)(x-20), & x > 180 \end{cases}$$
   答:当 $x=350$ 元时收入最大.

6. 设原销售量为 q,则收入函数为
$$R(x) = 100(1+x\%)q(1-2x\%)$$
   答:当 $x=-25$ 时,收入最大.

7. 设某人的年收入为 $x(0 < x \leqslant 300000)$ 元,则年收入与纳税金额之间的函数关系为
$$f(x) = \begin{cases} 0, & x \leqslant 60000 \\ 3(x-60000)\%, & 60000 < x \leqslant 96000 \\ 1080+(x-96000)10\%, & 96000 < x \leqslant 204000 \\ 15480+(x-204000)20\%, & 204000 < x \leqslant 300000 \end{cases}$$

8. $f(t) = \sqrt{(400+400t)^2+(300t)^2}$.

习题二

1. (1) 在 $[0,1]$ 上递增，在 $[1,2]$ 上递减； (2) 在 $[0,+\infty)$ 上递增，在 $(-\infty,0]$ 上递减；
   (3) 在 $[\pi,2\pi]$ 上递增，在 $[0,\pi]$ 上递减； (4) 在 $[3,+\infty)$ 上递增，在 $(-\infty,3]$ 上递减.

2. (1) 奇函数；(2) 非奇非偶函数；(3) 奇函数；(4) 偶函数；
   (5) 偶函数；(6) 奇函数.

3. (1) 周期函数，$T=2\pi$； (2) 周期函数，$T=\pi$；
   (3) 周期函数，$T=\dfrac{\pi}{2}$； (4) 周期函数，$T=\dfrac{\pi}{3}$.

习题三

1. (1) $y=f^{-1}(x)=1-10^x, x\in(0,+\infty)$； (2) $y=f^{-1}(x)=-\sqrt{4-x^2}, x\in[0,2]$；
   (3) $y=f^{-1}(x)=\dfrac{1}{2}(\lg x-3), x\in(0,+\infty)$； (4) $y=f^{-1}(x)=\dfrac{3-x}{2+x}, x\neq -2$.

2. (1) $y=10^{1+x^2}, x\in \mathbf{R}$； (2) $y=(\sin(1+2x))^2, x\in \mathbf{R}$；
   (3) $y=\sqrt{1-e^x}, x\in(-\infty,0]$； (4) $y=\ln(x-x^2), x\in(0,1)$.

3. (1) $y=u^2, u=\ln v, v=1+\sqrt{x}$；
   (2) $y=\arcsin u, u=1+3x$；
   (3) $y=\dfrac{1}{3}u^2, u=\arctan v, v=1-2x$；
   (4) $y=e^u, u=\sin w, w=4x-1$.

习题四

1. $y=500000+1000x, x\in[0,2000], y\in[500000,2500000]$.

2. $y=\begin{cases} ax, & 0\leqslant x\leqslant 200, \\ 200a+0.7a(x-200), & x>200. \end{cases}$

习题五

略

第二章

习题一

1. (1)0　(2)0　(3)0　(4)19　(5)0　(6)1
2. (1)3　(2)2　(3)不存在　(4)1　(5)5　(6)−7
3. 因为 $\lim\limits_{x\to 0^-}f(x)=\lim\limits_{x\to 0^-}\dfrac{-x}{x}=-1$, $\lim\limits_{x\to 0^+}f(x)=\lim\limits_{x\to 0^+}\dfrac{x}{x}=1$, $\lim\limits_{x\to 0^-}f(x)\neq\lim\limits_{x\to 0^+}f(x)$,
所以 $\lim\limits_{x\to 0}f(x)$ 不存在.
因为 $\lim\limits_{x\to 0^-}f(x)=\lim\limits_{x\to 0^-}e^x=1$, $\lim\limits_{x\to 0^+}f(x)=\lim\limits_{x\to 0^+}(x+1)=1$, $\lim\limits_{x\to 0^-}f(x)\neq\lim\limits_{x\to 0^+}f(x)$,
所以 $\lim\limits_{x\to 0}f(x)$ 存在.

习题二

1. (1) $\lim\limits_{x\to 0^-}f(x)=2$, $\lim\limits_{x\to 0^+}f(x)=0$, $\lim\limits_{x\to 0}f(x)$ 不存在；
   (2) $f(0)=0$；(3)不连续；
   (4) $\lim\limits_{x\to 2}f(x)=4$；(5)连续.
2. (1)错　(2)错　(3)错　(4)对　(5)错　(6)对　(7)对　(8)错　(9)错　(10)对
3. (1)11　(2)11　(3)11　(4)9
4. (1)3　(2)0　(3)$\dfrac{3}{2}$　(4)0
   (5)$\dfrac{1}{4}$　(6)−3　(7)∞　(8)$\dfrac{-5}{x^2}$
   (9)$\dfrac{1}{2}$　(10)$\dfrac{1}{2}$　(11)0　(12)$\dfrac{1}{2}$
   (13)3　(14)0　(15)−3　(16)不存在

习题三

1. (1)$\dfrac{1}{3}$　(2)$\dfrac{2}{3}$　(3)2　(4)2
   (5)$\dfrac{3}{2}$　(6)$\dfrac{\beta}{\alpha}$　(7)$\dfrac{1}{12}$　(8)1
2. (1)e^3　(2)$e^{-\frac{1}{2}}$　(3)e^3　(4)$e^{-\frac{10}{3}}$

(5)e^2 (6)e^{2a} (7)e (8)e^8

习题四

1. (1)是比 x 高阶的无穷小 (2)是与 x 同阶的无穷小
   (3)是比 x 低阶的无穷小 (4)是与 x 同阶的无穷小

2. (1) $x \to 0$ 时，$2x-x^2$ 是 x^2-x^3 的低阶无穷小；

   (2)当 $x \to 1$ 时，$1-x$ 与 $\frac{1}{2}(1-x^2)$ 是等价无穷小；

   (3)当 $x \to 1$ 时，$1-x$ 与 $1-\sqrt[3]{x}$ 是同阶无穷小；

   (4)当 $x \to 9$ 时，$x-9$ 与 $\sqrt{x}-3$ 是同阶无穷小.

3. (1)6 (2)$\frac{3}{10}$ (3)$-\frac{1}{6}$ (4)$\frac{1}{2}$

习题五

略

第三章

习题一

1. (1)$v=-5$ $v_1=0$ $v=10-10\,t$

   (2)0 $10^x \ln 10$ $\frac{\sqrt{2}}{2}$ 0

   (3)$\frac{f(x_0+\Delta x)-f(x_0)}{\Delta x}$ (4)$y=f(x_0)$ (5)(0,1)

2. (1)$y'=a$ (2)$y'=-\sin x$

3. (1)$y'=\frac{5}{2}x^{\frac{3}{2}}$ (2)$y'=-3x^{-4}$ (3)$y'=\frac{3}{4}x^{-\frac{1}{4}}$

   (4)$y'=\frac{13}{6}x^{\frac{7}{6}}$ (5)$y'=0.07x^{-0.93}$ (6)$y'=0.78x^{-0.22}$

   (7)$y'=-\frac{8}{5}x^{-\frac{9}{5}}$ (8)$y'=\frac{4}{3}x^{\frac{1}{3}}$

4. (1)切线方程 $x+y-2=0$，法线方程 $x-y=0$
   (2)切线方程 $x-4y+4=0$，法线方程 $4x+y-18=0$

5. $k=12$,$(1,1)$或$(-1,-1)$

6. $y=\dfrac{3}{2}(x-1)$,$y-14=\dfrac{31}{4}(x-4)$,$y-78=\dfrac{107}{6}(x-9)$.

7. (1) $p'(t)=10000(0.86+2t)$　(2) 303000,108600

习题二

1. (1) $f'(0)=-3$,$f'(1)=2$　(2) $f'(0)=0$,$f'(\dfrac{\pi}{2})=\pi$

2. (1) $y'=3x^2-\dfrac{1}{\sqrt{x}}-\dfrac{1}{x^2}$　(2) $y'=2x+2^x\ln 2$　(3) $y'=\dfrac{-2\pi}{x^3}+2x\ln a$

(4) $y'=\dfrac{3-3x^2}{(x^2+1)^2}$　(5) $y'=\dfrac{1}{5}-\dfrac{5}{x^2}$　(6) $y'=-\dfrac{100}{x^6}-\dfrac{3}{x^4}+\dfrac{2}{x^2}$

(7) $y'=\dfrac{1}{2\sqrt{x}}-\dfrac{1}{4\sqrt[4]{x^3}}$　(8) $y'=\dfrac{3x^5+6x^4+2x^3+8x-8}{x^3}$

(9) $y'=\tan x+x\sec^2 x+\csc^2 x$　(10) $y'=e^x(\sin x+\cos x)$

(11) $y'=-\sin x\ln x+\dfrac{\cos x}{x}$　(12) $y'=(2x-3)\cot x-(x^2-3x+4)\csc^2 x$

(13) $y'=\dfrac{x^4+3x^2+4x}{(x^2+1)^2}$　(14) $y'=\dfrac{3x^2+4x\sqrt{x}+3}{2\sqrt{x}(\sqrt{x}+1)^2}$

3. 略

4. 当 $x=0$ 时 $y'=-1$;$(-1,0)$或$(\dfrac{1}{3},-\dfrac{32}{27})$

5. $(0,0)$或$(4,32)$

习题三

1. (1) $\dfrac{dy}{du}=-\dfrac{1}{2\sqrt{u}}$　$\dfrac{du}{dx}=2x$　$\dfrac{dy}{dx}=-\dfrac{x}{\sqrt{x^2+3}}$

(2) $\dfrac{dy}{du}=-\dfrac{40}{u^5}$　$\dfrac{du}{dx}=2$　$\dfrac{dy}{dx}=-\dfrac{80}{(2x+3)^5}$

(3) $\dfrac{dy}{du}=3\cos x\, 3u$　$\dfrac{du}{dx}=2e^{2x+1}$　$\dfrac{dy}{dx}=6e^{2x+1}\cos 3e^{2x+1}$

(4) $\dfrac{dy}{du}=\dfrac{8u+2}{1+(4u^2+2u-1)^2}$　$\dfrac{du}{dx}=\dfrac{2}{2x+3}$

$\dfrac{dy}{dx}=\dfrac{8\ln(2x+3)+2}{1+[4\ln^2(2x+3)+2\ln(2x+3)-1]^2}$

2. (1) $2\sin x\cos x$　(2) $2x\cos x^2$　(3) $2\cos 2x$　(4) $2xf'(x^2)$

3. (1) $y'=12\cos(3x-1)$　(2) $y'=-6\cos 3x\sin 3x$

(3) $y'=4(x^2+\cos^2 x)^3(2x-2\cos x\sin x)$　(4) $y'=\dfrac{3x^2}{(2x+1)^4}$

(5) $y' = \dfrac{3}{\sqrt{1+6x}}$

(6) $y' = \sqrt{2x+3} + \dfrac{x}{\sqrt{2x+3}}$

(7) $y' = \dfrac{2}{3\sqrt[3]{(2x+1)^2}} - 8(2x+3)^3$

(8) $y' = \dfrac{15(3x+4)^4(5x-6) - 35(3x+4)^5}{(5x-6)^8}$

4. (1) $\dfrac{dy}{dx} = -\dfrac{x}{y}$

(2) $\dfrac{dy}{dx} = -\dfrac{y}{x}$

(3) $\dfrac{dy}{dx} = \dfrac{y \ln y}{y-x}$

(4) $\dfrac{dy}{dx} = \dfrac{y^2}{1-xy}$

5. (1) e (2) $\dfrac{2}{3}$

6. (1) $y' = \dfrac{(x-1)(x-2)(3x-4)(2x+5)}{(x-5)(x-6)(x+7)(x+8)}\left(\dfrac{1}{x-1} + \dfrac{1}{x-2} + \dfrac{3}{3x-4} + \dfrac{2}{2x+5} - \dfrac{1}{x-5} - \dfrac{1}{x-6}\right.$

$\left. - \dfrac{1}{x+7} - \dfrac{1}{x+8}\right)$

(2) $y' = 2^{3x+4} 9^{5x-6}(3\ln 2 + 5\ln 9)$

7. (1) $y' = -\dfrac{1}{\sqrt{1-x^2}}$

(2) $y' = -\dfrac{1}{1+x^2}$

8. (1) $\dfrac{dy}{dx} = \dfrac{-2\sin 2t}{\cos t}$

(2) $\dfrac{dy}{dx} = \dfrac{t}{2}$

习题四

1. (1) $y' = ax^{a-1} + a^x \ln a$

(2) $y' = \dfrac{\cos x + \cos^2 x + \sin^2 x}{(1+\cos x)^2} = \dfrac{1}{1+\cos x}$

(3) $y' = \dfrac{2\sqrt{x}+1}{4\sqrt{x^2+x\sqrt{x}}}$

(4) $y' = \dfrac{6x}{\sqrt{1-(3x^2-1)^2}}$

(5) $y' = \dfrac{2\sin[\ln(1+2x)]}{1+2x}$

(6) $y' = \dfrac{2(1+(xy)^2) + y(2x-y)}{x(2x-y) - (1+(xy)^2)}$

(7) $y' = \dfrac{e^x e^y}{1-e^x e^y}$

(8) $y' = \dfrac{3(1+\tan^2 x)}{5\sec x \tan x} = \dfrac{3}{5}\csc t$

习题五

1. (1) $y'' = -4$

(2) $y'' = -\dfrac{\sin x}{x^2} + \dfrac{2\cos x}{x} - \sin x \ln x$

(3) $y'' = \dfrac{3}{4x^2 \sqrt{x}}$

(4) $y'' = 4e^{2x}$

(5) $y'' = 30(x^2-4x)^{28}(29(2x-4)^2 + 2(2x^2-4x))$

(6) $y'' = \dfrac{8x}{(1+x^2)^3} - \dfrac{2}{(1+x^2)^2}$

(7) $y'' = \dfrac{6}{x^4} - \dfrac{6}{x^5}$

(8) $y''=-2(2x^3-3x)^{-\frac{5}{3}}(2x^2-1)^2+4x(2x^3-3x)^{-\frac{2}{3}}$

2. $a(1)=-\dfrac{2\pi^2}{9}$ 3. $a=200000$

习题六

1. (1) $\Delta y=0.61, dy=0.6$ (2) $\Delta y=0.3, dy=0.3$
   (3) $\Delta y\approx-0.0025, dy=-0.0025$ (4) $\Delta y\approx 0.13, dy=-0.11$
2. (1) $dy=(6x+3)dx$ (2) $dy=(\ln x+1)dx$
   (3) $dy=\dfrac{2}{5}(2x-3)^{-\frac{4}{5}}dx$ (4) $dy=-\dfrac{6x-(3x^2+4y)y^3e^{xy^3}}{4-3xy^2(3x^2+4y)e^{xy^3}}dx$
3. (1) 3.167   (2) 4.25   (3) 3.034   (4) 10.1
4. 绝对误差 13.502，相对误差 0.93%
5. 0.0125V
6. 110
7. 绝对误差 12.56，相对误差 4%

习题七

1. (1) $\sqrt{7}$ (2) 恒为 0
2. 3   分别在 (1,2), (2,3), (3,4)
3. 略
4. 略
5. 略
6. $\xi=\dfrac{4-\sqrt{7}}{3}$

习题八

1. (1) 1   (2) 1
2. (1) -1 (2) $\ln a-\ln b$ (3) 0   (4) $\dfrac{1}{2}$
   (5) $\dfrac{1}{6}$ (6) $a^a(1-\ln a)$ (7) 1   (8) $\dfrac{2}{3}$
   (9) $\dfrac{1}{2}$ (10) 0   (11) -2 (12) 1
   (13) $-\dfrac{1}{2}$ (14) 0   (15) 0   (16) 0

(17)1　(18)$e^{-\frac{1}{6}}$　(19)e^{-1}　(20)e^6

习题九

1. (1)错　(2)错　(3)对　(4)错　(5)错　(6)错
2. (1)单调增区间$(-\infty,-1),(1,+\infty)$,单调减区间$(-1,1)$,极大值点$(-1,4)$,极小值点$(1,0)$

   (2)单调增区间$(-\infty,2)$,单调减区间$(2,\infty)$,极大值点$(2,4e^{-2})$

   (3)单调增区间$(-\infty,8),(24,+\infty)$,单调减区间$(8,24)$,极大值点$(8,8192)$,极小值点$(24,0)$

   (4)单调增区间$(-1,0),(1,+\infty)$,单调减区间$(-\infty,-1),(0,1)$,极大值点$(0,1)$,极小值点$(-1,-2),(1,-2)$

   (5)单调增区间$(1,+\infty)$,单调减区间$(-\infty,-1)$,极小值点$(1,6)$

   (6)单调增区间$(-\infty,-1),(3,+\infty)$,单调减区间$(-1,3)$,极大值点$(-1,13)$,极小值点$(3,-51)$

   (7)单调增区间$(-\infty,0)$,单调减区间$(0,+\infty)$,极大值点$(0,-1)$

   (8)单调增区间$(0,2)$,单调减区间$(-\infty,0),(2,+\infty)$,极大值点$(2,4)$,极小值点$(0,0)$

3. (1)最大值112,最小值0　(2)最大值6,最小值-6

   (3)最大值$\frac{\pi}{2}$,最小值$-\frac{\pi}{2}$　(4)最大值$\frac{4}{5}$,最小值0

4. 有盖$\frac{h}{r}=2$　无盖$\frac{h}{r}=1$

5. 2

6. $x=\frac{1}{9}$　0.000206

7. 80

8. 1

习题十

1. (1)$f''(x) \geqslant 0$　(2)连接凹凸区间　(3)$(-1,\ln 2)$和$(1,\ln 2)$
2. (1)凹区间$(-\infty,1)$,凸区间$(1,+\infty)$,拐点$(1,2)$

   (2)凹区间$(-\infty,-1)$和$(1,+\infty)$,凸区间$(-1,1)$,拐点$(-1,-4)$和$(1,-4)$

   (3)凹区间$(-\infty,2)$,凸区间$(2,+\infty)$,拐点$(2,-7)$

   (4)凹区间$(-\infty,1-\sigma)$和$(1+\sigma,+\infty)$,凸区间$(1-\sigma,1+\sigma)$,拐点$(1-\sigma,\frac{1}{\sqrt{2\pi}\sigma}e^{-\frac{1}{2}})$和

$(1+\sigma, \dfrac{1}{\sqrt{2\pi}\sigma}e^{-\frac{1}{2}})$

3. $a=-\dfrac{3}{2}, b=\dfrac{9}{2}$

4. (1)铅直渐近线 $x=-1$

(2)铅直渐近线 $x=1, x=-2$,水平渐近线 $y=0$

(3)铅直渐近线 $x=-1, x=4$,水平渐近线 $y=3$

(4)斜渐近线 $y=3x$ 和 $y=3x+2\pi$

5. 略

习题十一

1. 460 4.6 2.3

2. $y'=2^x 7 \ln 2$ $E_{yx}=\dfrac{x}{7 \cdot 2^x-14} 7 \cdot 2^x \ln 2$

3. 50 0 −100

4. (1)−24 (2)−1.85 (3)减少 1.7%

5. (1)$Q_M=-2P$,当 $P=3$ 时,$\dfrac{2P^2}{45-P^2}=-0.5$,

当 $P=5$ 时,$\dfrac{2P^2}{45-P^2}=-2.5$

(2)当 $P=3$ 时,若价格上涨 1%,收益将增加 0.5%,当 $P=5$ 时,若价格上涨 1%,收益将减少 1.5%

(3)$P=\sqrt{15}$

6. $L(P)=R(P)-C(P)-2Q=-80P^2+16160P-649000$,

$L'(P)=-160P+16160=0$,

所以 $P=101$ 时利润最大,最大利润为 167080.

7. (1)1000 (2)600

习题十二

1. (1)$k=0, R=\infty$ (2)$k=0, R=\infty$

2. $(\dfrac{\pi}{2}, 1), k_{\max}=1, R_{\min}=1$

3. $x=\dfrac{l}{2}$

习题十三

略

第四章

习题一

1. (1) $3, 1, [1, 3]$　(2) $\int_0^\pi \sin x \, dx$　(3) $\dfrac{1}{2}$

2. (1) 零　(2) 负　(3) 正　(4) 负

3. (1) $\int_{-2}^2 \left|\dfrac{1}{2}x\right| dx$

　(2) $\int_{-1}^1 |x| \, dx$

　(3) $\int_a^b [f(x) - g(x)] \, dx$

　(4) $\int_0^2 x^2 \, dx$

4. (1) 10　(2) 4　(3) $\dfrac{m}{2}a^2$　(4) $\dfrac{m}{2}a^2 + ab$

习题二

1. (1) $\dfrac{1}{3}$　(2) 0　(3) 0　(4) $\dfrac{2}{3}$

2. (1) $\dfrac{307}{6}$　(2) $\dfrac{5392}{15}$　(3) $\dfrac{\pi}{6}$　(4) $\dfrac{271}{6}$

　(5) $\dfrac{130977}{128}$　(6) $\dfrac{11}{6}$　(7) $\dfrac{11}{6} - 2\ln 3 + 2\ln 2$　(8) $2\arctan 2 + \dfrac{\pi}{2} + 3$

3. 1

4. (1) 35　(2) $\dfrac{140}{3}$

5. (1) $S_{\max} = 100$　$t = 10$　(2) $\dfrac{100}{3}$

习题三

1. (1) $\dfrac{1}{4}$ (2) $\dfrac{1}{2e}$

2. $\dfrac{1}{16}$

习题四

1. (1) D (2) D

2. (1) $\dfrac{1}{3}x^3+2x^{\frac{3}{2}}x\ln 2+C$ (2) $\dfrac{2}{7}x^{\frac{7}{2}}+C$

   (3) $\dfrac{(2e)^x}{\ln 2e}+C$ (4) $x-\arctan x+C$

   (5) $-\dfrac{1}{x}+\ln|x|+C$ (6) $\dfrac{x^3}{3}+\dfrac{2^x}{\ln 2}+2\ln|x|+C$

   (7) $\dfrac{x^4}{4}-\dfrac{7}{15}x^{\frac{15}{7}}+C$ (8) $\dfrac{2}{5}x^{\frac{5}{2}}+\dfrac{6}{11}x^{\frac{11}{6}}+C$

   (9) $\dfrac{2}{3}x^{\frac{3}{2}}+C$ (10) $2\sqrt{x}+C$

3. (1) $f(x)=\dfrac{x^2}{2}-3x+13$ (2) $f(x)=\dfrac{x^2}{2}+5x+\dfrac{1}{2}$

   (3) $f(x)=\dfrac{x^3}{3}+4x+7$ (4) $f(x)=-\cos x-x+9$

4. (1) $-\dfrac{\cos 3x}{3}+C$ (2) $-\dfrac{1}{3}(1-2x)^{\frac{3}{2}}+C$

   (3) $\ln|1+x|+C$ (4) $-\dfrac{1}{27}(1-3x)^9+C$

   (5) $\dfrac{3^{2x}}{2\ln 3}+C$ (6) $\ln|\ln x|+C$

   (7) $\arctan e^x+C$ (8) $\dfrac{2}{3}(e^x+1)^{\frac{3}{2}}+C$

   (9) $2\arctan\sqrt{x}+C$ (10) $-\sin\dfrac{1}{x}+C$

   (11) $\sec x+C$ (12) $-\dfrac{1}{2}\arctan^2 x+C$

   (13) $\ln|\arcsin x|+C$ (14) $\dfrac{1}{2}\arctan^2 x+C$

5. (1) $\dfrac{2}{5}(x-3)^{\frac{5}{2}}+2(x-3)^{\frac{3}{2}}+C$ (2) $\arcsin\dfrac{x}{2}+C$

(3) $-\ln|-\sqrt{2x+1}+1|-\sqrt{2x+1}+C$ (4) $\dfrac{a^2}{2}\arcsin\dfrac{x}{a}-\dfrac{x}{2}\sqrt{a^2-x^2}+C$

(5) $-\sqrt{1-x^2}+C$ (6) $\dfrac{\sqrt{x^2-9}}{9x}+C$

(7) $\ln\left|\dfrac{\sqrt{1+x^2}-1}{x}\right|+C$ (8) $-\dfrac{3}{8}(2-x)^{\frac{8}{3}}+\dfrac{12}{5}(2-x)^{\frac{5}{3}}-6(2-x)^{\frac{2}{3}}+C$

6. (1) $\sin x - x\cos x + C$ (2) $-e^{-x}(x+1)+C$

(3) $\dfrac{1}{4}(x^2-x\sin 2x-\dfrac{1}{2}\cos 2x)+C$ (4) $(x+1)\arctan\sqrt{x}-\sqrt{x}+C$

(5) $\dfrac{1}{13}e^{2x}(-3\cos 3x+2\sin 3x)+C$ (6) $\dfrac{1}{2}e^{2x}(x^2-x+\dfrac{1}{2})+C$

(7) $x\ln x - x + C$ (8) $-x^2\cos x + 2x\sin x + 2\cos x + C$

7. $y = x^4 - x + 3$

8. $S(p) = 0.08p^3 + 2p^2 + 10p + 11$

9. 250 m

10. (1) $E(t) = 40t - 5t^2 + 12$

 (2) $E(4) = 92, E(8) = 12$

11. (1) $t = 3$ (2) $\dfrac{2}{3}t^3$ (3) 18

12. $S(p) = \dfrac{2000}{20-p} + 100\ln(20-p)$

习题五

1. (1) $2 + 2\ln 2 - 2\ln 3$ (2) $\dfrac{26}{3}$

 (3) $2\ln 3$ (4) π

 (5) $\ln 19$ (6) $e^8 - 1$

 (7) $\dfrac{21}{512}$ (8) 5

 (9) $\sqrt{2} - \dfrac{2\sqrt{3}}{3}$ (10) $\dfrac{\pi}{3}$

 (11) $\dfrac{\pi}{6} - \dfrac{1}{72}\pi^2$ (12) $\dfrac{\sqrt{2}}{2}\pi$

2. (1) 1 (2) π

 (3) $\dfrac{2}{9}e^3 + \dfrac{1}{9}$ (4) $e - 2$

 (5) $\dfrac{8}{3}\ln 2 - \dfrac{7}{9}$ (6) $-\dfrac{51}{8e^2} + \dfrac{19}{8}$

 (7) $\dfrac{\pi}{2} - 1$ (8) $\dfrac{1}{2}e(\sin 1 - \cos 1) + \dfrac{1}{2}$

(9) $\dfrac{\pi}{2}-1$ (10) $2-\dfrac{\pi}{2}$

(11) $-\dfrac{\pi}{2}$ (12) $2-\dfrac{5}{e}$

3. (1) 0 (2) 0

习题六

1. (1) 2 (2) $\dfrac{1}{2}$

(3) $\dfrac{1}{12}$ (4) 1

(5) $\dfrac{1}{3}$ (6) $\dfrac{32}{3}$

(7) 2 (8) $\dfrac{3}{10}$

2. (1) $\dfrac{3}{2}$ (2) 128

(3) $\dfrac{125}{2}$ (4) $\dfrac{79}{3}$

3. (1) 2π (2) $\pi(e-2)$ (3) $\dfrac{3}{10}\pi$

4. $1+\dfrac{1}{2}\ln 3-\dfrac{1}{2}\ln 2$

5. 解:因为 $F=kx$,所以 $0.01k=2$,所以 $k=200$,所以 $F=200x$,
把弹簧从 0.25 m 压缩到 0.20 m 时,压缩量为从 0.05 m 到 0.1 m,所以
$W=\int_{0.05}^{0.1} 200x\,dx = 100x^2 \big|_{0.05}^{0.1} = 0.75.$

6. (1) 1 (2) 0

7. 130.4

8. 6250

9. 7630

10. (1) $\dfrac{7}{12}$ (2) $\dfrac{27}{100}$

11. (1) $10-250e^{-24}$ (2) $10-50e^{-4}$ (3) $\dfrac{10-250e^{-24}}{24}$

12. $\dfrac{\pi}{8Lv}R^4 p$

习题七

略

附录Ⅰ 常用积分简表

一、含有 $ax+b$ 的积分($a \neq 0$)

1. $\int \dfrac{\mathrm{d}x}{ax+b} = \dfrac{1}{a}\ln|ax+b| + C$

2. $\int (ax+b)^\mu \mathrm{d}x = \dfrac{1}{a(\mu+1)}(ax+b)^{\mu+1} + C (\mu \neq -1)$

3. $\int \dfrac{x}{ax+b}\mathrm{d}x = \dfrac{1}{a^2}(ax+b-b\ln|ax+b|) + C$

4. $\int \dfrac{x^2}{ax+b}\mathrm{d}x = \dfrac{1}{a^3}\left[\dfrac{1}{2}(ax+b)^2 - 2b(ax+b) + b^2\ln|ax+b|\right] + C$

5. $\int \dfrac{\mathrm{d}x}{x(ax+b)} = -\dfrac{1}{b}\ln\left|\dfrac{ax+b}{x}\right| + C$

二、含有 $\sqrt{ax+b}$ 的积分

6. $\int \sqrt{ax+b}\,\mathrm{d}x = \dfrac{2}{3a}\sqrt{(ax+b)^3} + C$

7. $\int x\sqrt{ax+b}\,\mathrm{d}x = \dfrac{2}{15a^2}(3ax-2b)\sqrt{(ax+b)^3} + C$

三、含有 $x^2 \pm a^2$ 的积分

8. $\int \dfrac{\mathrm{d}x}{x^2+a^2} = \dfrac{1}{a}\arctan\dfrac{x}{a} + C$

9. $\int \dfrac{\mathrm{d}x}{(x^2+a^2)^n} = \dfrac{x}{2(n-1)a^2(x^2+a^2)^{n-1}} + \dfrac{2n-3}{2(n-1)a^2}\int \dfrac{\mathrm{d}x}{(x^2+a^2)^{n-1}}$

10. $\int \dfrac{\mathrm{d}x}{x^2-a^2} = \dfrac{1}{2a}\ln\left|\dfrac{x-a}{x+a}\right| + C$

四、含有 $ax^2+b(a>0)$ 的积分

11. $\int \dfrac{\mathrm{d}x}{ax^2+b} = \begin{cases} \dfrac{1}{\sqrt{ab}}\arctan\sqrt{\dfrac{a}{b}}x + C(b>0) \\ \dfrac{1}{2\sqrt{-ab}}\ln\left|\dfrac{\sqrt{ax}-\sqrt{-b}}{\sqrt{ax}+\sqrt{-b}}\right| + C(b>0) \end{cases}$

12. $\int \dfrac{x}{ax^2+b}dx = \dfrac{1}{2a}\ln|ax^2+b|+C$

五、含有 $ax^2+bx+c(a>0)$ 的积分

13. $\int \dfrac{dx}{ax^2+bx+c} = \begin{cases} \dfrac{2}{\sqrt{4ac-b^2}}\arctan\dfrac{2ax+b}{\sqrt{4ac-b^2}}+C(b^2<4ac) \\ \dfrac{1}{\sqrt{b^2-4ac}}\ln\left|\dfrac{2ax+b-\sqrt{b^2-4ac}}{2ax+b+\sqrt{b^2-4ac}}\right|+C(b^2>4ac) \end{cases}$

14. $\int \dfrac{x}{ax^2+bx+c}dx = \dfrac{1}{2a}\ln|ax^2+bx+c|-\dfrac{b}{2a}\int\dfrac{dx}{ax^2+bx+c}$

六、含有 $\sqrt{x^2+a^2}(a>0)$ 的积分

15. $\int \dfrac{dx}{\sqrt{x^2+a^2}} = \operatorname{arcsh}\dfrac{x}{a}+C = \ln(x+\sqrt{x^2+a^2})+C$

16. $\int \dfrac{dx}{\sqrt{(x^2+a^2)^3}} = \dfrac{x}{a^2\sqrt{x^2+a^2}}+C$

17. $\int \dfrac{x^2}{\sqrt{x^2+a^2}}dx = \dfrac{x}{2}\sqrt{x^2+a^2}-\dfrac{a^2}{2}\ln(x+\sqrt{x^2+a^2})+C$

18. $\int \dfrac{x^2}{\sqrt{(x^2+a^2)^3}}dx = -\dfrac{x}{\sqrt{x^2+a^2}}+\ln(x+\sqrt{x^2+a^2})+C$

七、含有 $\sqrt{x^2-a^2}(a>0)$ 的积分

19. $\int \dfrac{dx}{\sqrt{x^2-a^2}} = \dfrac{x}{|x|}\operatorname{arcch}\dfrac{|x|}{a}+C = \ln|x+\sqrt{x^2-a^2}|+C$

20. $\int \dfrac{dx}{\sqrt{(x^2-a^2)^3}} = -\dfrac{x}{a^2\sqrt{x^2-a^2}}+C$

21. $\int \dfrac{x}{\sqrt{x^2-a^2}}dx = \sqrt{x^2-a^2}+C$

22. $\int \dfrac{x}{\sqrt{(x^2-a^2)^3}}dx = -\dfrac{1}{\sqrt{x^2-a^2}}+C$

八、含有 $\sqrt{a^2-x^2}(a>0)$ 的积分

23. $\int \dfrac{dx}{\sqrt{a^2-x^2}} = \arcsin\dfrac{x}{a}+C$

24. $\int \dfrac{dx}{\sqrt{(a^2-x^2)^3}} = \dfrac{x}{a^2\sqrt{a^2-x^2}}+C$

25. $\int \dfrac{x}{\sqrt{a^2-x^2}}dx = -\sqrt{a^2-x^2}+C$

26. $\int \sqrt{a^2-x^2}\,dx = \dfrac{x}{2}\sqrt{a^2-x^2}+\dfrac{a^2}{2}\arcsin\dfrac{x}{a}+C$

九、含有 $\sqrt{\pm\dfrac{x-a}{x-b}}$ 的积分

27. $\displaystyle\int\sqrt{\dfrac{x-a}{x-b}}\,\mathrm{d}x=(x-b)\sqrt{\dfrac{x-a}{x-b}}+(b-a)\ln(\sqrt{|x-a|}+\sqrt{|x-b|})+C$

28. $\displaystyle\int\sqrt{\dfrac{x-a}{b-x}}\,\mathrm{d}x=(x-b)\sqrt{\dfrac{x-a}{b-x}}+(b-a)\arcsin\sqrt{\dfrac{x-a}{b-x}}+C$

十、含有三角函数的积分

29. $\displaystyle\int\sin x\,\mathrm{d}x=-\cos x+C$

30. $\displaystyle\int\cos x\,\mathrm{d}x=\sin x+C$

31. $\displaystyle\int\tan x\,\mathrm{d}x=-\ln|\cos x|+C$

32. $\displaystyle\int\cot x\,\mathrm{d}x=\ln|\sin x|+C$

33. $\displaystyle\int\sec x\,\mathrm{d}x=\ln\left|\tan\left(\dfrac{\pi}{4}+\dfrac{x}{2}\right)\right|+C=\ln|\sec x+\tan x|+C$

34. $\displaystyle\int\csc x\,\mathrm{d}x=\ln\left|\tan\dfrac{x}{2}\right|+C=\ln|\csc x-\cot x|+C$

35. $\displaystyle\int\sec^2 x\,\mathrm{d}x=\tan x+C$

36. $\displaystyle\int\csc^2 x\,\mathrm{d}x=-\cot x+C$

37. $\displaystyle\int\sec x\tan x\,\mathrm{d}x=\sec x+C$

38. $\displaystyle\int\csc x\cot x\,\mathrm{d}x=-\csc x+C$

39. $\displaystyle\int\sin^2 x\,\mathrm{d}x=\dfrac{x}{2}-\dfrac{1}{4}\sin 2x+C$

40. $\displaystyle\int\cos^2 x\,\mathrm{d}x=\dfrac{x}{2}+\dfrac{1}{4}\sin 2x+C$

41. $\displaystyle\int\sin^n x\,\mathrm{d}x=-\dfrac{1}{n}\sin^{n-1}x\cos x+\dfrac{n-1}{n}\int\sin^{n-2}x\,\mathrm{d}x$

42. $\displaystyle\int\cos^n x\,\mathrm{d}x=-\dfrac{1}{n}\cos^{n-1}x\sin x+\dfrac{n-1}{n}\int\cos^{n-2}x\,\mathrm{d}x$

43. $\displaystyle\int\dfrac{\mathrm{d}x}{\sin^n x}=-\dfrac{1}{n-1}\cdot\dfrac{\cos x}{\sin^{n-1}x}+\dfrac{n-2}{n-1}\int\dfrac{\mathrm{d}x}{\sin^{n-2}x}$

44. $\displaystyle\int\dfrac{\mathrm{d}x}{\cos^n x}=-\dfrac{1}{n-1}\cdot\dfrac{\sin x}{\cos^{n-1}x}+\dfrac{n-2}{n-1}\int\dfrac{\mathrm{d}x}{\cos^{n-2}x}$

45. $\displaystyle\int\cos^m x\cdot\sin^n x\,\mathrm{d}x=\dfrac{1}{m+n}\cos^{m-1}x\sin^{n+1}x+\dfrac{m-1}{m+n}\int\cos^{m-2}x\sin^n x\,\mathrm{d}x$

$$= \frac{1}{m+n}\cos^{m+1}x\sin^{n-1}x + \frac{n-1}{m+n}\int \cos^m x \sin^{n-2} x \, dx$$

46. $\int \sin ax \cos bx \, dx = \frac{1}{2(a+b)}\cos(a+b)x - \frac{1}{2(a-b)}\cos(a-b)x + C$

47. $\int \sin ax \sin bx \, dx = -\frac{1}{2(a+b)}\sin(a+b)x + \frac{1}{2(a-b)}\sin(a-b)x + C$

48. $\int \cos ax \cos bx \, dx = \frac{1}{2(a+b)}\sin(a+b)x + \frac{1}{2(a-b)}\sin(a-b)x + C$

49. $\int x \sin ax \, dx = \frac{1}{a^2}\sin ax - \frac{1}{a}x\cos ax + C$

50. $\int x^2 \sin ax \, dx = -\frac{1}{a}x^2 \cos ax + \frac{2}{a^2}x\sin ax + \frac{2}{a^3}\cos ax + C$

51. $\int x \cos ax \, dx = \frac{1}{a^2}\cos ax + \frac{1}{a}x\sin ax + C$

52. $\int x^2 \cos ax \, dx = \frac{1}{a}x^2 \sin ax + \frac{2}{a^2}x\cos ax - \frac{2}{a^3}\sin ax + C$

十一、含有反三角函数的积分（其中 $a > 0$）

53. $\int \arcsin\frac{x}{a} \, dx = x\arcsin\frac{x}{a} + \sqrt{a^2 - x^2} + C$

54. $\int x\arcsin\frac{x}{a} \, dx = (\frac{x^2}{2} - \frac{a^2}{4})\arcsin\frac{x}{a} + \frac{x}{4}\sqrt{a^2 - x^2} + C$

55. $\int x^2 \arcsin\frac{x}{a} \, dx = \frac{x^3}{3}\arcsin\frac{x}{a} + \frac{1}{9}(x^2 + 2a^2)\sqrt{a^2 - x^2} + C$

56. $\int \arccos\frac{x}{a} \, dx = x\arccos\frac{x}{a} - \sqrt{a^2 - x^2} + C$

57. $\int x\arccos\frac{x}{a} \, dx = (\frac{x^2}{2} - \frac{a^2}{4})\arccos\frac{x}{a} - \frac{x}{4}\sqrt{a^2 - x^2} + C$

58. $\int x^2 \arccos\frac{x}{a} \, dx = \frac{x^3}{3}\arccos\frac{x}{a} - \frac{1}{9}(x^2 + 2a^2)\sqrt{a^2 - x^2} + C$

59. $\int \arctan\frac{x}{a} \, dx = x\arctan\frac{x}{a} - \frac{x}{a}\ln(a^2 + x^2) + C$

60. $\int x\arctan\frac{x}{a} \, dx = \frac{1}{2}(a^2 + x^2)\arctan\frac{x}{a} - \frac{a}{2}x + C$

61. $\int x^2 \arctan\frac{x}{a} \, dx = \frac{x^3}{3}\arctan\frac{x}{a} - \frac{a}{6}x^2 + \frac{a^3}{6}\ln(a^2 + x^2) + C$

十二、含有指数函数的积分

62. $\int a^x \, dx = \frac{1}{\ln a}a^x + C$

63. $\int e^{ax} \, dx = \frac{1}{\ln a}e^{ax} + C$

64. $\int x e^{ax} \, dx = \dfrac{1}{a^2}(ax-1)e^{ax} + C$

65. $\int x^n e^{ax} \, dx = \dfrac{1}{a} x^n e^{ax} - \dfrac{n}{a} \int x^{n-1} e^{ax} \, dx$

66. $\int x a^x \, dx = \dfrac{1}{\ln a} a^x - \dfrac{1}{(\ln a)^2} a^x + C$

67. $\int x^n a^x \, dx = \dfrac{1}{\ln a} x^n a^x - \dfrac{n}{\ln a} \int x^{n-1} a^x \, dx$

68. $\int e^{ax} \sin bx \, dx = \dfrac{1}{a^2 + b^2} e^{ax} (a \sin bx - b \cos bx) + C$

69. $\int e^{ax} \cos bx \, dx = \dfrac{1}{a^2 + b^2} e^{ax} (a \sin bx + b \cos bx) + C$

70. $\int e^{ax} \sin^n bx \, dx = \dfrac{1}{a^2 + b^2 n^2} e^{ax} \sin^{n-1} bx \, (a \sin bx - nb \cos bx)$
$\qquad + \dfrac{n(n-1)b^2}{a^2 + b^2 n^2} \int e^{ax} \sin^{n-2} bx \, dx$

71. $\int e^{ax} \cos^n bx \, dx = \dfrac{1}{a^2 + b^2 n^2} e^{ax} \cos^{n-1} bx \, (a \cos bx + nb \sin bx)$
$\qquad + \dfrac{n(n-1)b^2}{a^2 + b^2 n^2} \int e^{ax} \cos^{n-2} bx \, dx$

十三、含有对数的函数的积分

72. $\int \ln x \, dx = x \ln x - x + C$

73. $\int \dfrac{dx}{x \ln x} = \ln |\ln x| + C$

74. $\int x^n \ln x \, dx = \dfrac{1}{n+1} x^{n+1} \left(\ln x - \dfrac{1}{n+1} \right) + C$

75. $\int (\ln x)^n \, dx = x(\ln x)^n - n \int (\ln x)^{n-1} \, dx$

76. $\int x^m (\ln x)^n \, dx = \dfrac{1}{m+1} x^{m+1} (\ln x)^n - \dfrac{n}{m+1} \int x^m (\ln x)^{n-1} \, dx$

十四、定积分

77. $\int_{-\pi}^{\pi} \cos nx \, dx = \int_{-\pi}^{\pi} \sin nx \, dx = 0$

78. $\int_{-\pi}^{\pi} \cos mx \sin nx \, dx = 0$

79. $\int_{-\pi}^{\pi} \cos mx \cos nx \, dx = \begin{cases} 0, & m \neq n \\ \pi, & m = n \end{cases}$

80. $\int_{-\pi}^{\pi} \sin mx \sin nx \, dx = \begin{cases} 0, m \neq n \\ \pi, m = n \end{cases}$

81. $\int_{0}^{\pi} \sin mx \sin nx \, dx = \int_{0}^{\pi} \cos mx \cos nx \, dx = \begin{cases} 0, m \neq n \\ \dfrac{\pi}{2}, m = n \end{cases}$

82. $I_n = \int_{0}^{\frac{\pi}{2}} \sin^n x \, dx = \int_{0}^{\frac{\pi}{2}} \cos^n x \, dx$

$I_n = \dfrac{n-1}{n} I_{n-2}$

$I_n = \dfrac{n-1}{n} \cdot \dfrac{n-3}{n-2} \cdot \cdots \cdot \dfrac{4}{5} \cdot \dfrac{2}{3}$ (n 为大于 1 的正奇数), $I_1 = 1$

$I_n = \dfrac{n-1}{n} \cdot \dfrac{n-3}{n-2} \cdot \cdots \cdot \dfrac{3}{4} \cdot \dfrac{1}{2} \cdot \dfrac{\pi}{2}$ (n 为正偶数), $I_0 = \dfrac{\pi}{2}$

附录Ⅱ　Matlab手机版注册及使用说明

一、下载

在手机的应用商店搜索 Matlab 并下载,注意苹果手机下载 Matlab 软件时,ios 系统须更新到 ios.11.

二、注册

(1) 下载完成后点击进入,点击创建 MathWorks 账户.如图附 2-1 所示.

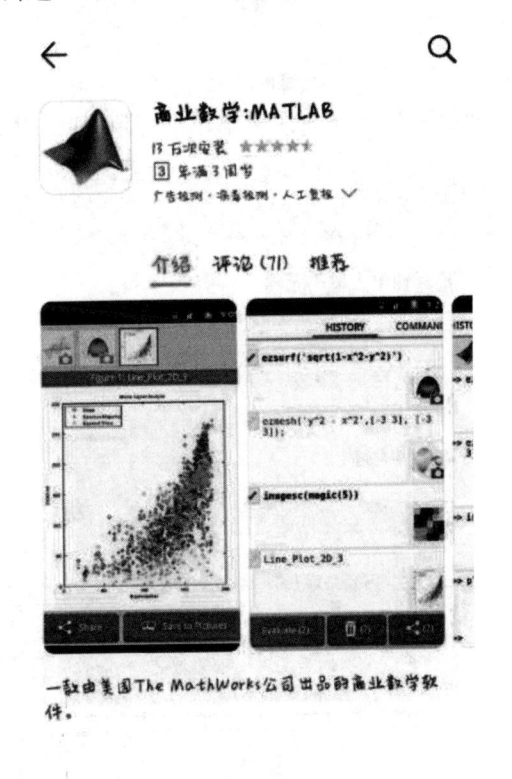

图附 2-1

(2) 电子邮箱建议使用常用的邮箱,例如 QQ 邮箱等.

▶ 应用数学基础

　　(3) 姓氏(英语)和名字(英语)使用拼音即可. 如图附 2-2 所示.

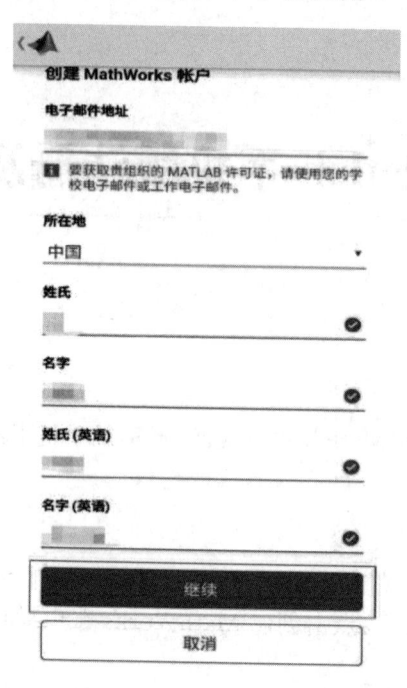

图附 2-2

　　(4) 检测到个人电子邮件时,务必与注册邮箱号一致. 如图附 2-3 所示.

图附 2-3

（5）进行到验证 MathWorks 账户时，将 Matlab 软件置于后台运行，并进入个人邮箱进行验证操作.如图附 2-4 所示.

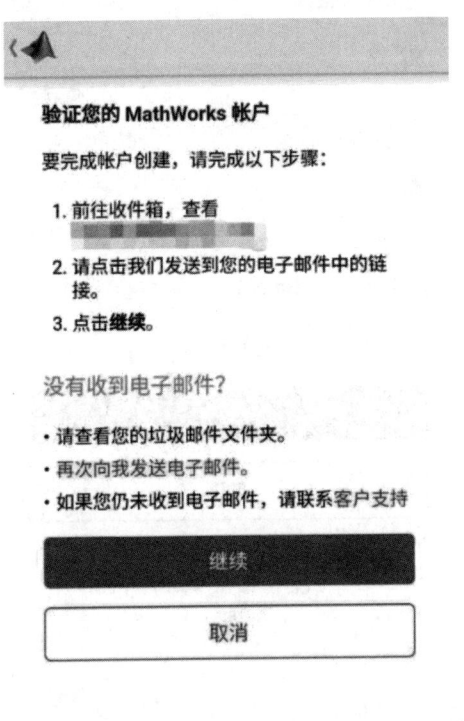

图附 2-4

（6）点击进入 service 邮件并进行验证，操作完成后，返回 Matlab 软件，点击继续.如图附 2-5 所示.

图附 2-5

▶应用数学基础

(7) 完成登录 ID 与密码的注册. 如图附 2-6 所示.

图附 2-6

(8) 点击"否". 如图附 2-7 所示.

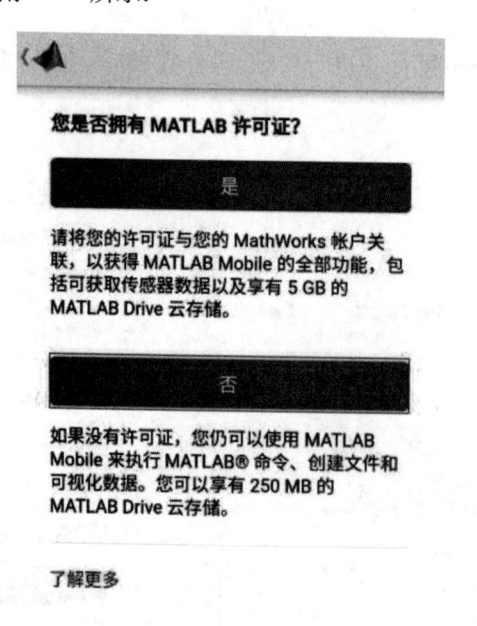

图附 2-7

(9)点击"继续",完成注册.如图附2-8所示.

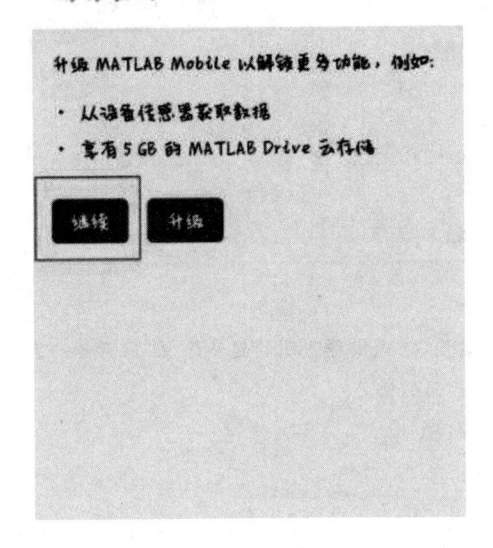

图附2-8

三、使用

(1)Matlab 矩阵的应用:

a) 矩阵的建立

利用直接输入法建立矩阵:将矩阵的元素用中括号括起来,按矩阵行的顺序输入各元素,同一行的各元素之间用逗号或空格分隔,不同行的元素用分号分隔开.

例1 在 Matlab 中建立方阵 $A = \begin{bmatrix} 1 & 2 & 3 \\ 4 & 5 & 6 \\ 7 & 8 & 9 \end{bmatrix}$.

点击软件图标,并登录直接进入的界面是命令窗口.如下图,可以在>>后面输入相应的命令,然后按键盘上的回车键,即可运行.命令行下面出现需要显示的结果,如图附2-9所示.

▶ 应用数学基础

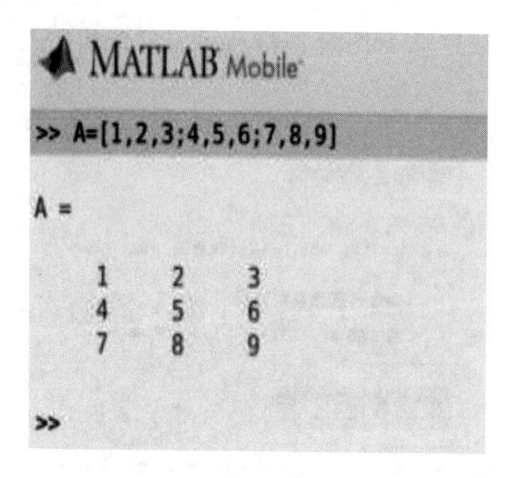

图附 2-9

注意：在学习matlab的时候，%是解释说明的起始符，自%开始一直到这一行的末尾，所有字符只起解释说明的作用，并不运行后面的语句.

$A=[1,2,3;4,5,6;7,8,9]$　　　　　　　　　　　　　　　　　% 建立矩阵 A

b) 矩阵加减法

例 2　$A=\begin{bmatrix}1&2&3\\4&5&6\\7&8&9\end{bmatrix}, B=\begin{bmatrix}0&1&2\\3&4&5\\6&7&8\end{bmatrix}$. 求 $A+B$ 与 $A-B$.

$A=[1,2,3;4,5,6;7,8,9];$　　　　　　　　　　% 同行元素用逗号隔开
$B=[0\ 1\ 2;3\ 4\ 5;6\ 7\ 8];$　　　　　　　　　　% 同行元素用空格隔开

注意：一个矩阵不能部分用逗号隔开，部分用空格隔开.

$A+B$　　　　　　　　　　　　　　　　　　% 对应位置元素相加
$A-B$　　　　　　　　　　　　　　　　　　% 对应位置元素相减. 如图附 2-10 所示

图附 2-10

230

注意：$A+B$ 和 $A-B$ 的结果没有符号接收，软件会自动默认用 ans 接收结果，但是 ans 只保存最后一次的运算结果，前面的运算结果会被覆盖掉，所以凡后续运算还要使用的结果，都必须指定一个符号接收．符号名不能与自带的内置函数和变量同名．符号是否是内置函数名，可以通过 help 验证，可以通过在命令行输入"help 函数名"，查看函数的功能．

c) 矩阵乘法

给定矩阵 $A = \begin{pmatrix} a & b \\ c & d \end{pmatrix}$ 与 $B = \begin{pmatrix} d & c \\ b & a \end{pmatrix}$，在高等数学中，矩阵乘法 $A \times B$ 的结果为 $A \times B = \begin{pmatrix} a \times d + b \times b & a \times c + b \times a \\ c \times d + d \times b & c \times c + d \times a \end{pmatrix}$．（第一个矩阵的列数必须等于第二个矩阵的行，否则出错）

例 3 给定矩阵 $A = \begin{pmatrix} 1 & 2 \\ 3 & 4 \end{pmatrix}$ 与 $B = \begin{pmatrix} 4 & 3 \\ 2 & 1 \end{pmatrix}$，动笔算一算 $A \times B$ 与 $B \times A$，并在手机 Matlab 软件中验证．如图附 2-11 所示．

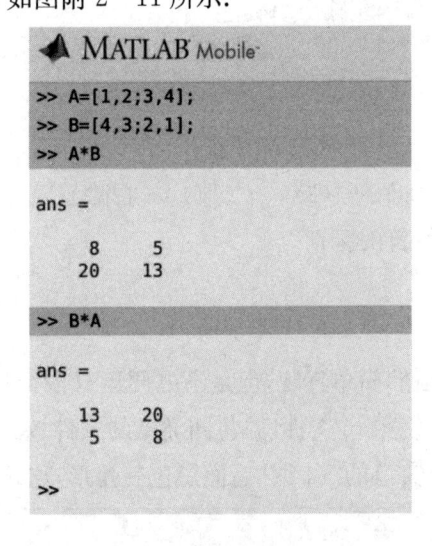

图附 2-11

d) Matlab 中特殊的点乘运算

给定矩阵 $A = \begin{pmatrix} a & b \\ c & d \end{pmatrix}$ 与 $B = \begin{pmatrix} d & c \\ b & a \end{pmatrix}$，在 Matlab 中，矩阵点乘的结果为 $A.*B = \begin{pmatrix} a \times d & b \times c \\ c \times b & d \times a \end{pmatrix}$．

例 4 给定矩阵 $A = \begin{pmatrix} 1 & 2 \\ 3 & 4 \end{pmatrix}$ 与 $B = \begin{pmatrix} 4 & 3 \\ 2 & 1 \end{pmatrix}$，动笔算一算 $A.*B$，并在手机 Matlab 软件中验证．如图附 2-12 所示．

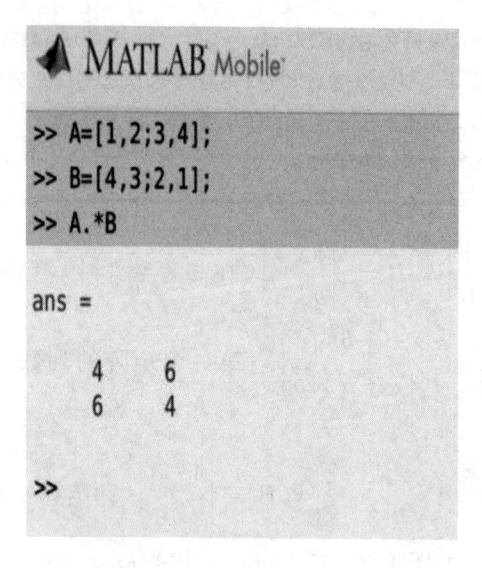

图附 2-12

(2) Matlab 基本运算

基本算术运算

基本算术运算符：+（加）、-（减）、*（乘）、/（右除）、\（左除）、^（乘方），注意"/（右除）"与"\（左除）"两种运算符的区别.

(3) 符号函数

a) 文件夹的创建

命令行窗口运行程序虽然简单直观，但是不方便运行多行的程序，也不便保存. 为方便后续的学习方便，有必要使用 m 文件，并将同类型的文件放到同一个文件夹.

文件夹创建，点击命令窗口的"命令"后面黑色三角形，出现如图附 2-13 所示界面.

图附 2-13

我们用的最多的就是"命令"和"文件"窗口. 点击文件，进入如图附 2-14 所示界面.

图附 2-14

注意右上角的"＋",点击它选择文件夹,并输入"函数",点击"创建"即创建了一个名为"函数"的文件夹.如图附 2-15 所示.

图附 2-15

在图附 2-16 界面下,点击函数,再次点击右上角"＋",即可创建文件,注意文件夹名可以是中文,但是文件名必须为英文.

图附 2-16

b) 创建 m 文件,编写符号函数并求值

注意 sym 是用于创建单个符号变量,syms 是用于创建多个符号变量.

例 5 定义一个符号函数 $y = x^3 - x^2$,并求出 $x = 7$ 时的函数值.

编写 m 文件,进入"函数"文件夹,点击右上角"+",并点击文件,取名 fhhs 并创建("符号函数"的拼音声母,建议以后都可以这么命名,函数名尽可能做到见名知意).进入 m 文件编写界面.如图附 2-17 所示.

图附 2-17

syms $x\ y$; % 注意创建多个符号变量时,变量之间只能用空格隔开,不能使用逗号.后面的分号可以不写.

$y = x\char`^3 - x\char`^2$

如图附 2-18 编写好 m 文件后,点击中间的绿色三角形按钮运行程序.程序运行完成直接跳至命令行窗口,并在在命令窗口输入:$y = \text{subs}(y, 7)$,得到 x 用 7 代入的 y 值.如图附 2-19 所示.

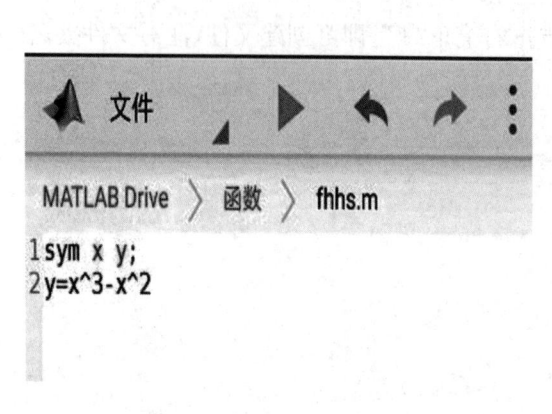

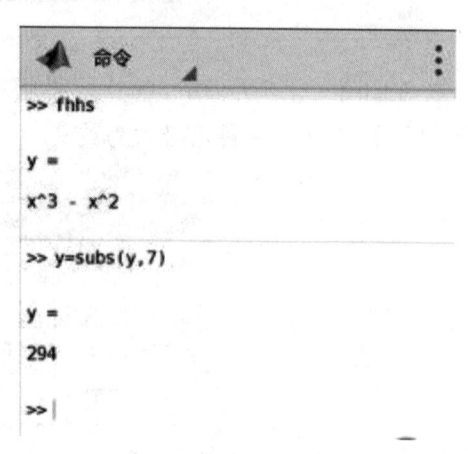

图附 2-18

图附 2-19

c) 符号函数相关运算

例 6 合并同类项 $x^3 y - x^2 + 2x^2 - 5xy + 3x$.

syms $x\ y\ z$ % 后面的分号可以不写

$z = x\hat{\ }3*y - x\hat{\ }2 + 2*x\hat{\ }2 - 5*x*y + 3*x$

collect(z,x)   % 对 x 合并同类项

collect(z,y)   % 对 y 合并同类项. 如图附 2-20 所示

图附 2-20

例7 展开 $(x-2)(x-4)(y-t)$.

syms $x\ y\ t$ % 注意因变量 z 可以不定义成符号

$z = (x-2)*(x-4)*(y-t)$

expand(z)

如图附 2-21 所示.

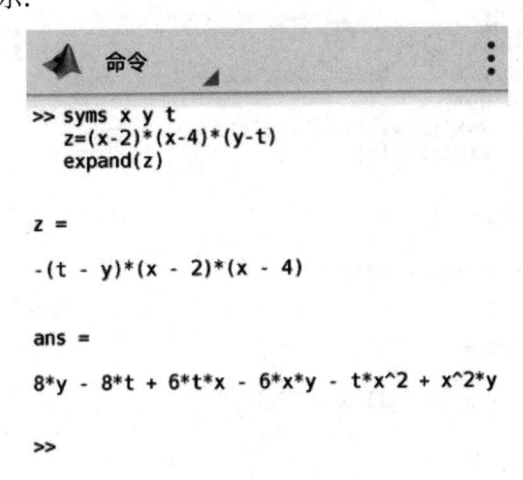

图附 2-21

例8 分解因式 $x^4 - y^4$.

▶ 应用数学基础

syms $x\ y$

$z = x\hat{\ }4 - y\hat{\ }4$

factor(z)

如图附 2 – 22 所示.

```
>> syms x y
   z=x^4-y^4
   factor(z)

z =

x^4 - y^4


ans =

[x - y, x + y, x^2 + y^2]

>>
```

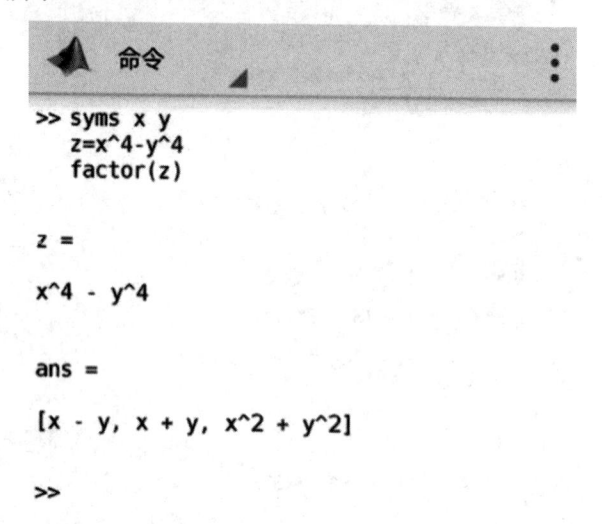

图附 2 – 22

注意:结果是以字符矩阵的形式给出的,纸上结果为 $(x-y)(x+y)(x^2+y^2)$.

例 9　化简 $x(x+1)(x+1)+x$.

syms x

$z = x*(x+1)*(x-1)+x$

simplify(z)

如图附 2 – 23 所示.

```
>> syms x
   z=x*(x-+1)*(x-1)+x
   simplify(z)

z =

x + x*(x - 1)^2


ans =

x + x*(x - 1)^2

>>
```

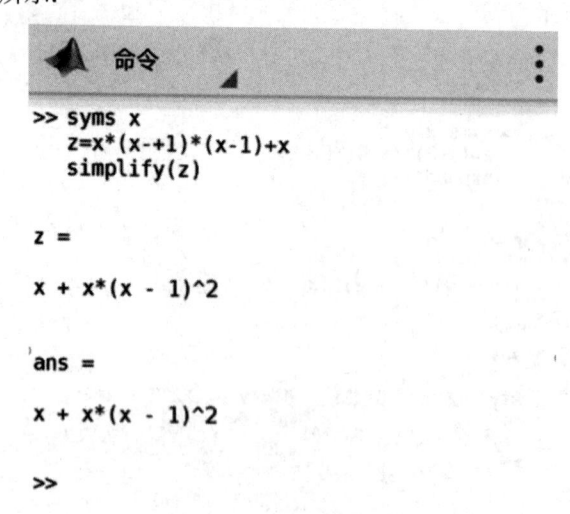

图附 2 – 23

(4) Matlab 内部常用函数

表 1　Matlab 内部常用函数

常用函数	Matlab 函数	常用函数	Matlab 函数	常用函数	Matlab 函数
$\sin x$	$\sin(x)$	$\arcsin x$	$a\sin(x)$	e^x	$\exp(x)$
$\sinh x$	$\sinh(x)$	$\text{arcsinh} x$	$a\sinh(x)$	$\ln x$	$\log(x)$
$\cos x$	$\cos(x)$	$\arccos x$	$a\cos(x)$	$\log_{10} x$	$\log 10(x)$
$\cosh x$	$\cosh(x)$	$\text{arcosh} x$	$a\cosh(x)$	$\lvert x \rvert$	$\text{abs}(x)$
$\tan x$	$\tan(x)$	$\arctan x$	$a\tan(x)$	C_n^k	$\text{nchoosek}(n,k)$
$\tanh x$	$\tanh(x)$	$\text{arctanh} x$	$a\tanh(x)$	向 0 取整	$\text{fix}(x)$
$\cot x$	$\cot(x)$	$\text{arccot} x$	$a\cot(x)$	去尾	$\text{floor}(x)$
$\coth x$	$\coth(x)$	$\text{arccoth} x$	$a\coth(x)$	收尾(即在 Matlab 中去掉小数点的函数)	$\text{ceil}(x)$
$\sec x$	$\sec(x)$	$\text{arcsec} x$	$a\sec(x)$	四舍五入	$\text{round}(x)$
$\text{sech} x$	$\text{sech}(x)$	$\text{arcsech} x$	$a\text{sech}(x)$	排序	$\text{sort}(x)$
$\csc x$	$\csc(x)$	$\text{arccsc} x$	$a\csc(x)$	创建复数	$\text{complex}(a,b)$
$\text{csch} x$	$\text{csch}(x)$	$\text{arccsch} x$	$a\text{csch}(x)$	复数相角	$\text{angle}(Z)$

(5) Matlab 自定义函数

例 10　用 Matlab 自定义函数 $f(x)=x^3-x^2$，并求 $f(7)$.

编写 m 文件如图附 2-24，注意文件名必须和函数名 fun 相同，否则文件内部报错. 并点击绿色三角形按钮，跳出命令行窗口出现红色报错，原因是此时的 x 不是字符也不是具体数值，不能运算，只需要在命令行窗口再次输入 $y=\text{fun}(7)$，如图附 2-25 所示.

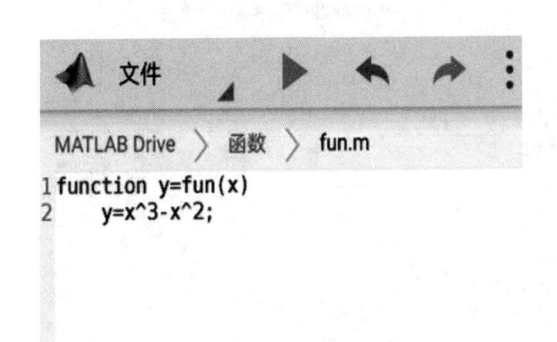

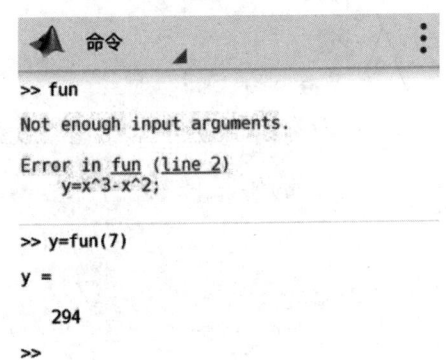

图附 2-24

图附 2-25

(6) Matlab 绘制隐函数图象

例 11 绘制隐函数 $2x^4 - y^9 = 0$ 的图象.

syms x y

ezplot($2*x\hat{\ }4-y\hat{\ }9$)   % 注意"=0"可以省略不写

% 如果写,必须写成"==0",因为单个"="是赋值符号. 如图附 2-26 所示.

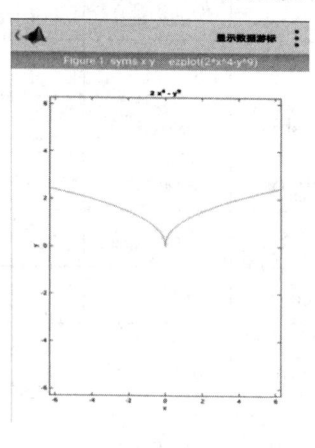

图附 2-26

(7) Matlab 绘制函数图象

a) plot 函数的基本用法：

plot(x,y), 其中 x 和 y 分别存储 x 坐标与 y 坐标的数据.

例 12 用 Matlab 绘制 $y = x^2, x \in [-5,5]$ 的图象.

$x = [-5:0.1:5]$;   % -5 为起始值,5 为终止值,0.1 为步长

$y = x.\hat{\ }2$;   % 注意这里必须使用点运算

plot(x,y)

如图附 2-27, 2-28 所示.

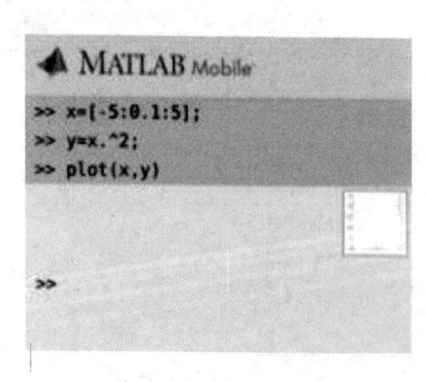

图附 2-27

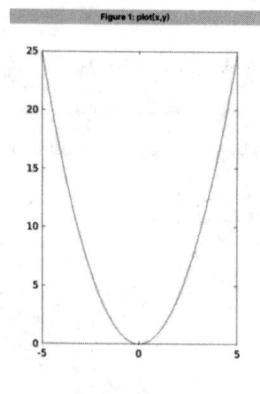

图附 2-28

例 13 绘制函数 $f = x\sin(10\pi x) + 2, x \in [-1, 2]$ 的图象

$x = \text{linspace}(-1, 2, 1000);$ %linspace 函数是 Matlab 中的均分计算指令,其中 -1 为起始值,2 为终止值,1000 为元素个数.

$y = x.* \sin(10*pi*x) + 2;$ % 注意使用的点运算符

$\text{plot}(x, y)$

如图附 2-29, 2-30 所示.

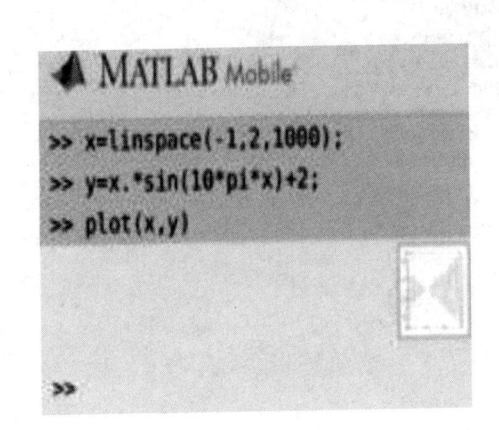

图附 2-29

图附 2-30

b) fplot 函数的基本用法:

$\text{fplot}(\text{fun}, \text{limits})$

fun:函数名,可以是 Matlab 已有的函数,自定义的 M 函数或者字符串定义的函数.

limits:表示绘制图形的坐标轴取值范围,有两种方式:$[x\min, x\max]$ 和 $[x\min, x\max, y\min, y\max]$.

例 14 利用 fplot 函数绘制曲线 $y = \cos(1/x), x \in [-1, 1]$ 的图象.

$f = @(x)\cos(1./x);$

$\text{fplot}(f, [-1, 1])$

如图附 2-31, 2-32 所示.

图附 2-31

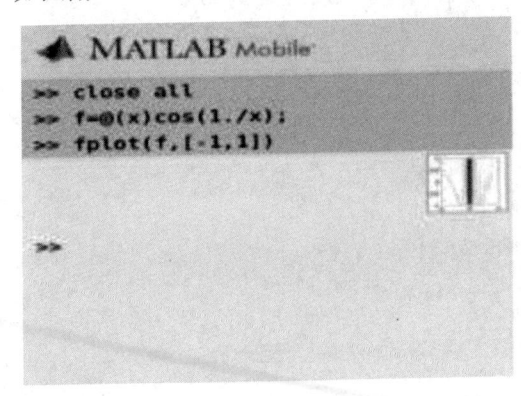

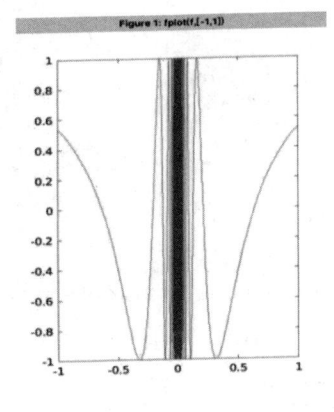

图附 2-32

(8) 运用 Matlab 求解方程组

例 15 求下列方程组的解：$\begin{cases} 3x_1 + x_2 - x_3 = 3, \\ x_1 + 2x_2 + 4x_3 = 2, \\ -x_1 + 4x_2 + 5x_3 = -1. \end{cases}$

a) 左除法：如图附 2-33 所示.

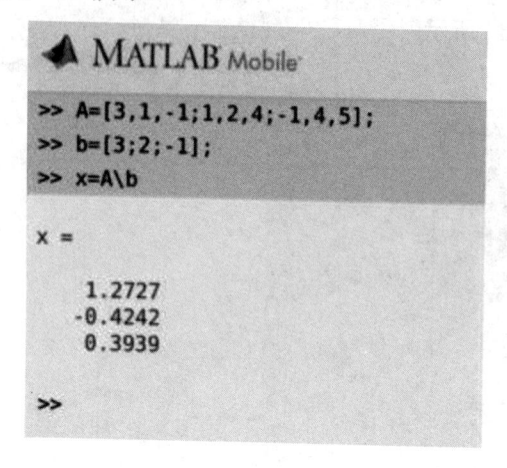

图附 2-33

$A = [3,1,-1;1,2,4;-1,4,5];$
$b = [3,2,-1];$
$x = A\backslash b$

b) 求逆法：如图附 2-34 所示.

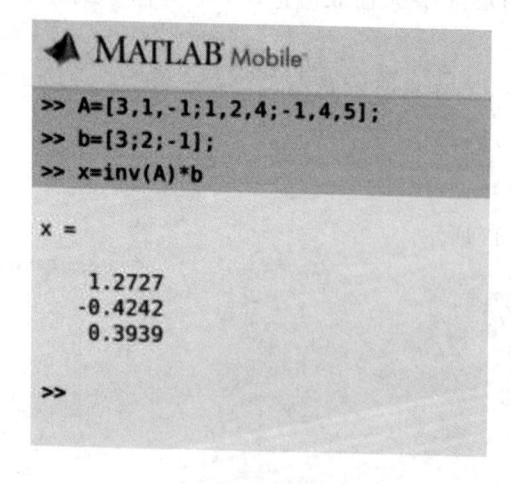

图附 2-34

$A = [3,1,-1;1,2,4;-1,4,5];$
$b = [3,2,-1];$
$x = \text{inv}(A) * b$

c) 用 linsolve 函数求解：如图附 2-35 所示.

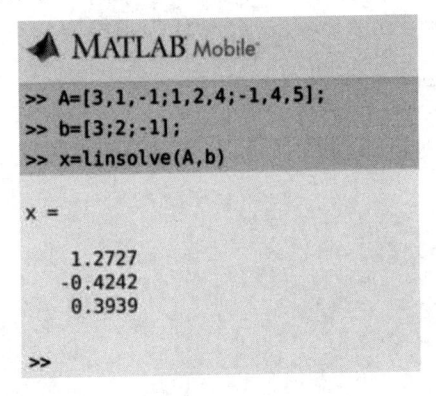

图附 2-35

$A = [3,1,-1;1,2,4;-1,4,5];$

$b = [3,2,-1];$

$x = \text{linsolve}(A,b)$

(9) Matlab 求解符号方程

例 16 求下列方程组的解：$\begin{cases} 3x_1 + x_2 - x_3 = 3, \\ x_1 + 2x_2 + 4x_3 = 2, \\ -x_1 + 4x_2 + 5x_3 = -1. \end{cases}$

$\text{syms } x1 \; x2 \; x3;$

$[x1,x2,x3] = \text{solve}(3*x1+x2-x3==3, x1+2*x2+4*x3==2, -x1+4*x2+5*x3==-1)$

输出：$x1 = 14/11 \quad x2 = -14/33 \quad x3 = 13/33$

如图附 2-36 所示.

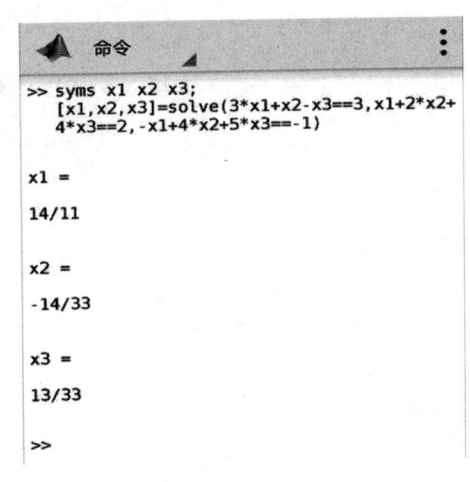

图附 2-36

241

(10) Matlab 求函数的极限

在 Matlab 中调用函数 limit(f, x, x_0),x_0 代表求极限的点.

例 17 求 $\lim\limits_{x \to 0} \dfrac{\sin x}{x}$.

在 Matlab 中调用函数 limit(f, x, x_0),x_0 代表求极限的点.

syms $x\ f$;   % 定义一个变量 x

$f = \sin(x)/x$;   % 定义要求的函数

limit($f, x, 0$)   % $\dfrac{\sin x}{x}$ 在 0 这一点处的极限

如图附 2 - 37 所示.

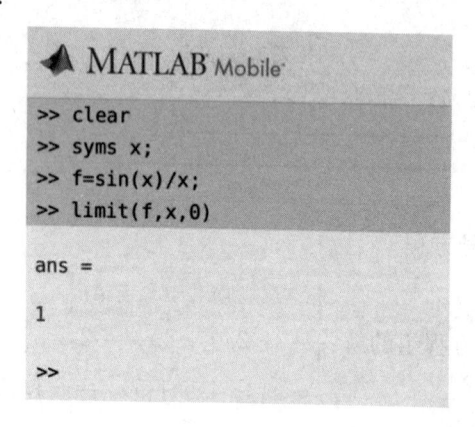

图附 2 - 37

注意:clear 可清除以前所有变量,防止以前内存中存在的变量对后续程序的干扰.clc 可清除屏幕中的所有显示内容.

例 18 求右极限 $\lim\limits_{x \to 0^+} \dfrac{\sin\sqrt{x}}{\sqrt{x}}$.

syms $x\ f$;   % 定义一个变量 x

$f = \sin(\text{sqrt}(x))/\text{sqrt}(x)$;   % 定义要求的函数,注意 sqrt($x$) 就是 $\sqrt{x}$

limit($f, x, 0, \text{"right"}$)   % $\dfrac{\sin\sqrt{x}}{\sqrt{x}}$ 在 0 这一点处的右极限

如图附 2 - 38 所示.

```
>> syms x f;
   f=sin(sqrt(x))/ sqrt(x);
   limit(f, x, 0,'right')

   ans =

   1
```

图附 2 - 38

% 同理:左极限只需要把'right',改成'left'即可.

例19 求极限 $\lim\limits_{x \to +\infty} \dfrac{\sin\sqrt{x}}{\sqrt{x}}$.

syms $x\ f$;   % 定义一个变量 x
$f = \sin(\text{sqrt}(x))/\text{sqrt}(x)$;   % 定义要求的函数,注意 sqrt($x$) 就是 $\sqrt{x}$
limit(f,x,inf)   % $\dfrac{\sin\sqrt{x}}{\sqrt{x}}$ 在 $x \to +\infty$ 时的极限

如图附 2-39 所示.

```
>> syms x f;
   f=sin(sqrt(x))/ sqrt(x);
   limit(f, x, inf)

ans =

0
```

图附 2-39

% 同理:求 $x \to -\infty$ 时的极限只需要把'inf',改成'-inf'即可.但是需要注意的是,求 $x \to \infty$ 时的极限,需要计算两个,然后再人工判断.

(11) Matlab 对函数求导数

在 Matlab 中调用函数 diff(f,n),n 代表对 f 求导的次数.

例20 对 $\sin 2x$ 求导数.

syms $x\ f$;   % 定义一个变量 x
$f = \sin(2*x)$;   % 定义要求导的函数
diff($f,1$)   % 对函数求一次导数

如图附 2-40 所示.

```
>> clear
>> syms x;
>> f=sin(2*x);
>> diff(f,1)

ans =

2*cos(2*x)

>>
```

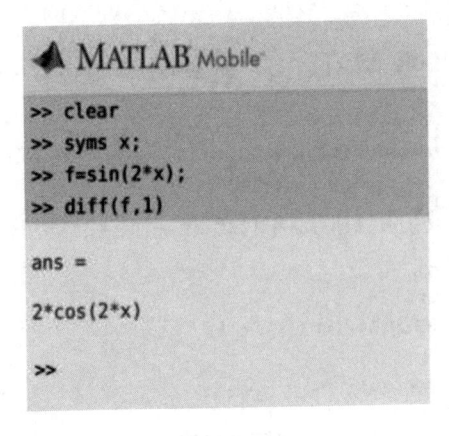

图附 2-40

例21 对 $x^2 - 2y^3$ 分别对 x 和 y 求导数.

243

```
syms x y;                    % 定义一个变量 x
f = x^2 - 2*y^3;             % 定义要求导的函数
fx = diff(f,x,1)             % 对 x 求一阶导数
fy = diff(f,y,1)             % 对 y 求一阶导数
```
如图附 2-41 所示.

```
>> syms x y;
   f=x^2-2*y^3;
   fx=diff(f,x,1)
   fy=diff(f,y,1)

fx =
2*x

fy =
-6*y^2

>>
```

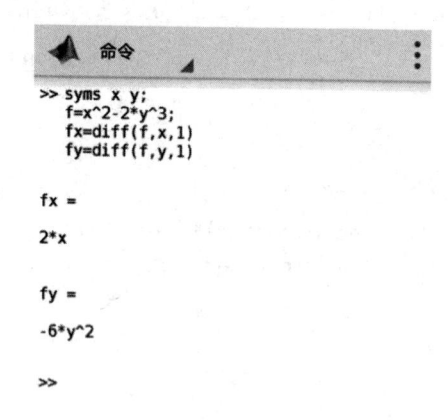

图附 2-41

由参数方程 $\begin{cases} x = x(t) \\ y = y(t) \end{cases}$ 所确定的函数 $y = f(x)$，则 $y = f(x)$ 的导数 $\dfrac{dy}{dx} = \dfrac{\dfrac{dy}{dt}}{\dfrac{dx}{dt}}$.

例 22 给定参数方程 $\begin{cases} x = a(t - \sin t) \\ y = a(1 - \cos t) \end{cases}$，求 $\dfrac{dy}{dx}$.

```
syms a t;
x = a*(t - sin(t));
y = a*(1 - cos(t));
diff(y,t)/diff(x,t)
```
如图附 2-42 所示.

```
>> syms a t;
>> x=a*(t-sin(t));
>> y=a*(1-cos(t));
>> diff(y,t)/diff(x,t)

ans =

-sin(t)/(cos(t) - 1)

>>
```

图附 2-42

(12) Matlab 对函数求不定积分

例 23 对 $\dfrac{x}{1+z^2}$ 求不定积分.

syms $x\ z$;
$f = x/(1+z\char`^2)$;
$sx = \text{int}(f,x)$　　　　　　　　　　　　% 对变量 x 求不定积分
$sz = \text{int}(f,z)$　　　　　　　　　　　　% 对变量 z 求不定积分

如图附 2-43 所示.

图附 2-43

注意:结果都不含有常数 C.

(12)Matlab 对函数求定积分

在 Matlab 中调用函数 $\text{int}(f,x,a,b)$，a 代表积分上限，b 代表积分下限.

例 24 求 $\int_0^1 x\,\mathrm{d}x$.

syms x;　　　　　　　　　　　　　　　　% 定义一个变量 x
$f = x$;　　　　　　　　　　　　　　　　　% 定义被积函数
$\text{int}(f,x,0,1)$　　　　　　　　　　　　% 对函数 f 在区间 $[0,1]$ 上求定积分

如图附 2-44 所示.

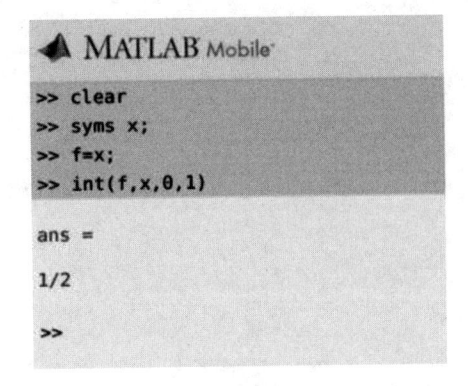

图附 2-44

参考文献

[1] 周金玉,邓总纲,欧阳章东. 应用数学[M]. 北京:北京理工大学出版社,2008.
[2] 杨军强. 大学应用数学基础[M]. 长沙:湖南教育出版社,2006.
[3] 曾庆柏. 高等数学[M]. 长沙:湖南教育出版社,2005.
[4] 唐瑞娜,姜成建. 高等数学(经管类)[M]. 北京:清华大学出版社,北京交通大学出版社,2004.
[5] 方鸿珠,蔡承文. 应用数学(电气类)[M]. 北京:机械工业出版社,2005.
[6] 盛祥耀. 高等数学[M]. 北京:高等教育出版社,2003.
[7] 侯风波,蔡谋全. 经济数学[M]. 沈阳:辽宁大学出版,2006.
[8] 顾国章,孙芳烈,周嘉健. 微积分[M]. 北京:中国财政经济出版社.2007.
[9] 杨奇,毛云英. 微积分及其应用[M]. 北京:机械工业出版社.2006.
[10] 精锐创作组. MathCAD 2001 数学运算完整解决方案[M]. 北京:人民邮电出版社,2001.
[11] 郝黎仁. MathCAD 2001 及概率统计应用[M]. 北京:中国水利水电出版社,2002.
[12] 纪哲锐. MathCAD 2001 详解[M]. 北京:清华大学出版社,2002.